Transistor
Gijutsu
Special
for Freshers

トランジスタ技術 SPECIAL for フレッシャーズ

No.116

徹底図解

安定・安全・安心！ 3拍子揃った装置の心臓部を作る

はじめての電源回路設計 Q&A集

Transistor Gijutsu Special for Freshers

トランジスタ技術 SPECIAL for フレッシャーズ

No.116

はじめに

電力不足と節電が騒がれた長い夏もなんとか過ぎましたが，電源というものの重要さをあらためて痛感させられています．今回のトランジスタ技術SPECIALは電源特集で行こう，という話は2月頃から進めていたのですが，結果的にタイムリーだったようです．

比較的短いQ&A形式の記事をたくさん集めてみました．基本常識から高度なノウハウまでいろいろ揃えています．電源回路そのものだけでなく，測定器やノイズ，熱，保護回路などの話題も幅広く取り上げています．本書によって，知りたかったこと，分からなかったことが解決できれば幸いです．

かつて，石油ショックで街の明かりが暗くなり，テレビの放送時間が短くなったことがありました．それは一時的でしたが，日本の省電力技術はその頃から培われてきました．これからも，大切なエネルギーを無駄にしないという方向性はなくしたくないものです．

宮崎 仁

CONTENTS

徹底図解
安定・安全・安心！3拍子揃った装置の心臓部を作る

はじめての電源回路設計 Q&A集

イントロダクション
知ってる人も再確認しよう
電源回路とは何か，負荷とは何か … 6

第1章 回路動作の概要から，よく使う測定器まで
設計前に知っておきたい基礎知識 … 8

1-1 役割をしっかり理解してから設計を始めよう
電源回路の役割は？ … 8

1-2 2種類の方式の違いと特徴を理解して，使い分ける
リニア電源とスイッチング電源はどうやって出力を制御している？ … 10

1-3 主なものは二つ，その特徴を理解しよう
スイッチング方式にはどんな種類がある？ … 11

1-4 波形コントロールにより効率を上げる力率改善とは？
エネルギー有効活用に必要なPFC機能とは？ … 12

1-5 電子負荷，オシロスコープ，ディジタル・マルチメータ，ディジタル・パワー・メータなどを使いこなす
電源の基本的な特性はどのように測定する？ … 13

1-6 正確な測定には不向き，低抵抗挿入による電圧測定が高精度測定に向く
高di/dt測定に電流プローブは使える？ … 15

1-7 ワイド入力電源設計時に必要な知識
世界の電源電圧はどうなっている？ … 16

1-8 各国，各地域によってさまざまな規格と規制があるので注意
電源に関する規格，安全規制にはどのようなものがありますか？ … 17

第2章 AC入力電源，DC入力電源の基本を知る
電源回路の基本構成と必要なもの … 18

2-1 商用電源ラインに接続するため，安全対策やノイズ対策の部品が必要
AC入力の電源回路に必要なものは？ … 18

2-2 トランス・スイッチ素子やトランスの使い方でいくつかに分類される
AC入力の電源回路にはどんな種類がある？ … 20

2-3 連続電流を伝えるか断続電流か，インダクタを用いるかどうかでいくつかの方式に分かれる
DC入力の電源回路にはどんな種類がある？ … 22

2-4 蓄えつつ負荷にも供給する降圧型と，蓄える期間は負荷に供給できないのが昇圧型
降圧型チョッパと昇圧型チョッパの違いは？ … 24

2-5	高性能のCPUやFPGAでは負荷の直近で電源を作り出す必要がある **POL電源とは何か？**	25
2-6	一つの特性を良くすれば別の特性が悪化するという関係 **電源回路設計のトレードオフとは何か？**	26
2-7	入力から負荷に供給するエネルギーをスイッチで断続する **降圧型DC-DCコンバータの基本動作は？**	27
2-8	スイッチがオンの期間にインダクタ電流が増加，オフの期間に減少する繰り返しとなる **インダクタを流れるリプル電流とは何か？**	28
2-9	インダクタの電気的な特性は，物理的な大きさや形状と関連する **インダクタの選択で考慮すべきトレードオフとは何か？**	30
2-10	互いに補い合う性質を持つ素子であり，うまく組み合わせることが大切 **降圧型DC-DCコンバータのインダクタとコンデンサの選び方は？**	32
2-11	電圧を安定化するためのフィードバック制御は，制御ICや素子の特性によって発振することがあるので注意が必要 **出力コンデンサを積層セラミックにすると発振するというのはなぜですか？**	33
2-12	入力から取り込んだ電力の何％を出力できるか **電源回路の効率と損失の関係は？**	34
2-13	電源IC，素子などさまざまな部分で損失を発生する **降圧型DC-DCコンバータの損失の発生要因は？**	35
2-14	個々の損失には見積もりやすいものと見積もりにくいものがある **損失の具体的な見積もり方は？**	36
2-15	計算すべき事項はとても多いが，その順番や方法はだいたい決まっている **降圧型DC-DCコンバータの設計手順を教えてください**	39

第3章 DC-DCコンバータを安定動作させる
電源回路用部品の種類と選び方 40

3-1	種類と容量を組み合わせて希望の特性を得るには **コンデンサの周波数特性とフィルタ効果についての注意点は？**	40
3-2	いろいろなコンデンサで実験して確かめよう **コンデンサのリード・インダクタンスの影響でリプル電圧はどう変わる？**	41
3-3	実験して波形を見てみよう **デカップリング・コンデンサの限界は？**	42
3-4	電解コンデンサの温度特性を実験で確かめる **DC-DCコンバータの低温時のリプル・ノイズの原因は？**	43
3-5	配線インダクタンスや抵抗に気をつけよう **POLコンバータの不適切なレイアウトとそれによる電源異常とは？**	44

3-6	互いの距離感とコンデンサの付加が大切 **高速POLの理想的配置方法は？**	45
3-7	分岐点に工夫しよう **DC-DCコンバータに多数の負荷を配線する場合の注意点は？**	46
3-8	実際に実験して確かめる **市販のPOLコンバータにコンデンサを付加して応答速度は改善できる？**	47
3-9	付加コンデンサの効果について実験した **超高速POLコンバータを最高速で超安定に使いこなすには？**	48
3-10	コンバータ自身の機能を活用する **市販コンバータで簡単に立ち上がりシーケンス回路を作る方法は？**	49
3-11	市販モジュールで構成する **ディジタル，アナログ混在回路用の電源回路をモジュールで作る際のポイントは？**	50
3-12	実際に実験して確かめる **ショットキー・バリア・ダイオードを高温で動作させたときの問題点は？**	51

第4章 POLからチャージ・ポンプ，高電圧品まで
電源回路の種類と特徴 52

4-1	三つのタイプを概観する **DC-DCコンバータの回路方式と特徴は？**	52
4-2	パルス幅変調の基本について学ぼう **PWM制御の使い方と回路のしくみは？**	53
4-3	効率と損失の関係を見積もる **効率が1％低下するとどのくらい損失が増える？**	54
4-4	実験回路を使って位相余裕と実際の電圧波形の関係のようすを調べよう **負帰還の位相/ゲイン特性を確認する簡単な方法は？**	55
4-5	降圧型DC-DCコンバータの3種類の回路方式について検討してみる **スイッチング素子と転流素子の選定で効率はどのように変わる？**	56
4-6	専用ICの特徴と価格を考慮して検討しよう **ダイオード整流と同期整流の違いは？**	57
4-7	負荷変動に対する過渡応答に優れる **同期整流方式のメリットは何ですか？**	58
4-8	同期整流では入力側にエネルギーを戻すことができ安定した出力電圧を維持できる **無負荷時におけるダイオード整流と同期整流の動作の違いは？**	59
4-9	インダクタ電流が不連続になるときにリンギングが発生することがある **ダイオード整流で軽負荷時のノイズが重負荷時よりも大きくなる場合があるのはなぜか？**	60

Transistor Gijutsu Special for Freshers

トランジスタ技術
SPECIAL
forフレッシャーズ
No.116

表紙・扉・目次デザイン＝千村勝紀
表紙・目次イラストレーション＝水野真帆
本文イラストレーション＝神崎真理子
表紙撮影＝矢野 渉

4-10	各部の動作波形のタイミングで回路動作を整理しよう **フォワード・コンバータ, アクティブ・クランプの同期整流回路はどのように動作するのか？**	60
4-11	負荷の電圧を正確に知るために配線経路を出力電流と別に設ける **DC-DCコンバータのリモート・センシングとは何か？**	62
4-12	センシング線を引き延ばして実験し, ノイズやリプルの大きさを評価 **リモート・センシングの配線はどのようにしたら誤動作しにくいか？**	63
4-13	二つの専用ICを使った回路を紹介する. チャージ・ポンプは小型小電力用途 **チャージ・ポンプとインダクタを使うDC-DCコンバータはどのように使い分ければよいか？**	64
4-14	NチャネルのときはBOOTピンに昇圧コンデンサが必要 **ハイ・サイド・スイッチにMOSFETを使った場合PチャネルとNチャネルではゲート電位はどのように違うのか？**	65
4-15	MOSFETの耐圧を超えないように対策が必要 **ハイ・サイド・スイッチのNチャネルMOSFETを駆動するチャージ・ポンプ回路の動作は？**	66
4-16	軽負荷動作には不向きだが, 動作できるように対策済みのICもある **ダイオード整流＋NチャネルMOSFET駆動用チャージ・ポンプ回路が電池駆動機器に使われないのはなぜか？**	67
4-17	ハイ・サイド側のスイッチングが不安定になり, ついには100％オンになる **放電で電圧が下がる電池をエネルギー供給源としたとき降圧型DC-DCコンバータはどのように動作する？**	68
4-18	高速負荷変動時の出力電圧応答を調べる **入力が低下すると降圧型DC-DCコンバータの応答特性はどのように変わるか？**	69
4-19	入出力間電位差が大きいときの出力電圧の振る舞いを調べる **降圧型コンバータの動作電圧範囲に関する注意点は？**	70
4-20	電圧精度を確保するためには多くの要求項目がある **大電流低電圧出力のPOLコンバータに求められる仕様はどのようなものがあるか？**	71
4-21	出力電圧は段数に応じて増やすことができる **高電圧を生成するコッククロフト・ウォルトン回路の動作は？**	72
4-22	線間をクロスさせるハニカム巻き線が使われる **高圧電源のトランスは巻き線間結合容量との戦いというのはなぜか？**	73
第5章	保護回路や熱/ノイズ対策の常識を身に付けよう **電源回路の実装の注意点**	74
5-1	考え方をマスタして, しっかり計算できるようになろう **半導体の使用温度と熱抵抗, 許容損失の考え方は？**	74
5-2	ディレーティングを考慮して放熱器の熱抵抗を決める **放熱器の選ぶための方法は？**	76

5-3	比較実験してみよう **ベタ・グラウンド・パターンのノイズ低減効果は?**	78
5-4	アモルファス材料は*B-H*カーブの特徴から サージ電流や急峻な電流変化の緩和に最適 **アモルファス・ビーズのノイズ低減効果は?**	79
5-5	スイッチのある一次側から変動電流ノイズがトランスの 寄生容量やFGと放熱フィンの容量結合により入力側へ戻る **スイッチング電源のノイズ発生経路は?**	80
5-6	出力特性変化と出力遮断の二通りがある **過電流保護回路の種類と使い方は?**	81
5-7	過電圧の発生要因と対策について **過電圧保護回路の使い方は?**	82
5-8	アブソーバとクランプ回路を紹介する **コンデンサを利用してノイズを 抑えるにはどのような回路がある?**	83
5-9	知っていないとノイズ規制がクリアできないかも **スイッチング周波数の選定とノイズ規制の関係は?**	84

第6章 誰でも実用設計や部品選定の手法を学べる
オンライン電源設計ツールの活用法 85

Prologue	オンライン設計ツール「WEBENCH」で 電源回路を一発で自動生成 **ツールを利用するのが今風のやり方**	85
6-1	回路構成は基本回路そのもの,仕様に合わせて インダクタやコンデンサの定数を求める **LM2596を用いた降圧型 DC-DCコンバータの設計例は?**	86
6-2	WEBENCHツールでは設計に必要な計算値を 表やグラフで確認できる **動作特性表と特性グラフの見方は?**	89
6-3	WEBENCHツールでは設計に採用した 部品データを部品表で確認できる **部品表(BOM)の見方は?**	91
6-4	効率とサイズの両立は難しい,効率重視で最適化するか, サイズ重視で最適化するか **トレードオフを考慮した最適化の事例は?**	92
6-5	それぞれの設計でサイズ,効率,コストを計算して比較する **どんなデータを比較して最適化するか**	94
6-6	インダクタ,コンデンサ,ダイオードなどの代替部品を検討する **どの部品をどう変えて最適化するか**	96
6-7	元々損失やサイズが大きい部品は,改善効果も大きい **最適化の効果が大きい部品を見つける方法は?**	98

第7章 最近のICで実用設計を体験する
LM22676による降圧型DC-DCコンバータの設計 100

7-1	パワーMOSFET内蔵で小型,低コストを両立した **LM22676を用いた降圧型 DC-DCコンバータの設計例は?**	100
7-2	小型・低コスト化の余地は少ないが,効率はさらに向上できる **LM22676ではどのような最適化が可能か?**	101
7-3	損失が大きいのはダイオードとインダクタ, サイズについては最適化の余地は少ない **LM22676での設計で最適化の 効果が大きい部品は何か?**	104
7-4	入力電圧が高くなれば,一般にオフ時間を長くしなければ ならないので,それに見合った設計が必要 **入力電圧が変わると設計はどう変わるか?**	105
7-5	出力電圧が高くなれば,一般にオン時間を長くしなければ ならないので,それに見合った設計が必要 **出力電圧が変わると設計はどう変わるか?**	108
7-6	出力電流が大きくなれば,一般にインダクタンスを大きくし, 各部品の電流容量やESRも検討しなければならない **出力電流が変わると設計はどう変わるか?**	111
Appendix	制御ICが変わると電源回路は大きく変わる **LM2596とLM22676の設計を比べる**	114

第8章 スイッチング周波数可変型制御ICを使った電源設計と最適化
LM22670による降圧型DC-DCコンバータの設計 116

8-1	まずスイッチング周波数を決めてから,それに合わせて定数を計算する **LM22670を用いた降圧型 DC-DCコンバータの設計例は?**	116
8-2	スイッチング周波数を変更することで, 効率やコストを最適化できる **LM22670ではどのような最適化が可能か?**	118
8-3	スイッチング周波数を低めに選び,部品も効率重視で選択する **効率を重視した最適化の事例は?**	120
8-4	スイッチング周波数を高めに選び,部品もサイズ重視で選択する **サイズを重視した最適化の事例は?**	122
Appendix	WEBENCHツールで計算した結果を比較・整理してみよう **効率,サイズ,コストの 関係を整理すると**	124

第9章 電子負荷で実験検証
低電圧・高速応答電源を調べる 125

9-1	サイズや効率などを考えて目的にあったものを選ぼう **POLとLDOのしくみと動作は?**	126
9-2	7種類のデバイスを試験した **高速応答試験の方法と ターゲット・デバイスの種類は?**	127
9-3	10種類のデバイスを試験した **電子負荷装置を使った 高速応答テストの結果は?**	132

Supplement	136
索引	140
執筆担当一覧	143

Introduction

知ってる人も再確認しよう
電源回路とは何か，負荷とは何か

　IC，LSIを初めとする電子部品，電子回路は，大部分が一定電圧のDC電源で動作するように作られています．電源回路は，入力側から何らかの電気エネルギーの供給を受けて，電子回路の動作に必要な一定電圧の電気エネルギーを供給します．電気エネルギーの供給を受ける電子部品，電子回路は，電源回路から見れば負荷となります（図1）．

■ 電源回路の働き(1) 出力電圧の生成と安定化

　電源回路の最も重要な働きは，負荷となる電子回路に対して必要な電源電圧を作り出すことと，電圧を一定に保ちつつ回路の動作に必要な電流を供給することの二つです（図2）．

　多くの電源回路は基準電圧生成回路を内蔵しており，その基準電圧を元にして，必要な出力電圧を作り出します．また，入力電圧や負荷電流などの条件が変動しても，出力電圧を一定に保つように，安定化動作を行います．通常は，出力電圧をフィードバックして基準電圧と比較し，いつでも一致するようにフィードバック制御を行います．

　負荷に必要な電流を供給するために，入力側から出

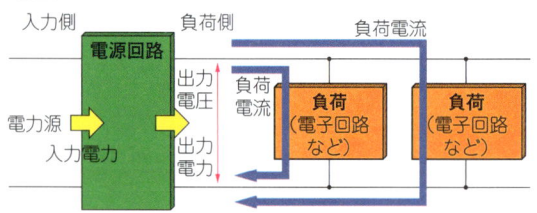

図1 電源回路と負荷

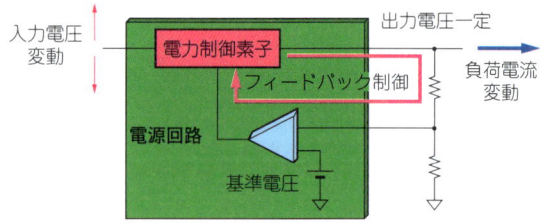

図2 出力電圧の生成と安定化

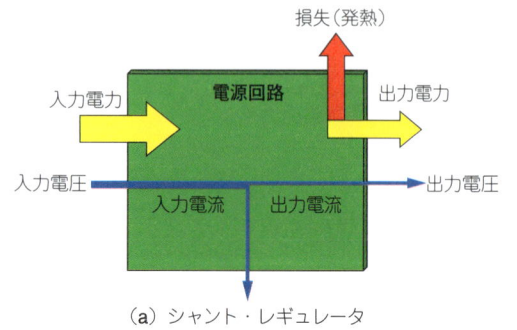

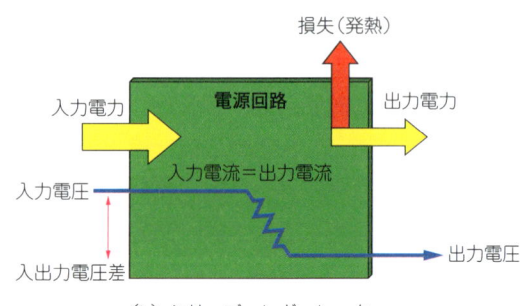

図3 シャント・レギュレータとシリーズ・レギュレータ

(a) シャント・レギュレータ　　　(b) シリーズ・レギュレータ

力側に伝達する電力の大きさを，電力制御素子で制御します．出力電圧は一定なので，負荷電流は電力に比例します．

■ 電源回路の働き(2)　電力の制御

電源回路自体が電力を作り出したり，長時間保存することはできません．負荷に供給する電力はリアルタイムに入力側から供給を受け，負荷側で必要な電力に合わせて，制御しながら伝達する必要があります．

また，DC回路で連続的に電流が流れている場合，キルヒホフの法則により，入力電流と出力電流の大きさは同じで，出力電圧は入力電圧より低い電圧になります．そのため，連続型の電源回路では，入力電流の一部をGND側に捨てることで電力を制御するか，電力制御素子で電力を消費して降圧することで電力を制御するしかありません．前者をシャント・レギュレータ，後者をシリーズ・レギュレータと呼びますが，いずれも損失(電源回路で失われる電力)が大きく効率が低い問題があります．損失の分だけ素子が発熱する問題もあります(図3)．

■ 電源回路の働き(3)　電力のスイッチング制御

現在主流となっているスイッチング方式(チョッパ方式)のレギュレータは，入力電流を断続して取り込むことにより，出力電力と同じだけの入力電力を取り込めます．電力をむだに捨てないので，原理的には損失が発生せず，きわめて高い効率が得られます．また，降圧だけでなく昇圧，反転，昇降圧などさまざまなレ

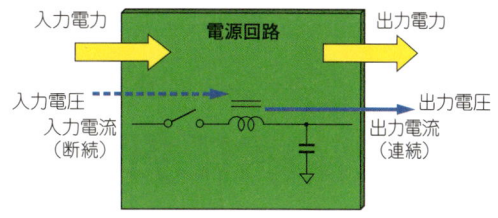

図4 スイッチング・レギュレータ

ギュレータを作ることができます．

そのかわり，断続的な入力電流から連続的な出力電流を得るためには，電流を平滑化するインダクタや，電圧を平滑化するキャパシタの働きが重要です．大電流をスイッチングするため，DC特性からAC特性までさまざまな特性の影響を受けるので，部品や実装にもさまざまな注意が必要です(図4)．

■ 電源回路の働き(4)　負荷の保護など

実際の電源回路は，さまざまな保護回路を内蔵しています．

特に，負荷側をショートさせるなど負荷抵抗が異常に低下した場合，電源回路が出力電圧を保ち続けると，過大な負荷電流が流れる危険があります．電源回路は，出力電流が過大になった場合に出力電圧を下げたり入出力間を遮断して，負荷や電源回路自身を過電流から保護する短絡保護を備える必要があります．

また，電力制御素子が高温になって壊れてしまうのを防ぐために，電源回路は熱保護回路を備える必要があります．

〈宮崎 仁〉

■ 本書の構成

本書では，電源回路設計に必要な技術を疑問と答えというかたちでいろいろ解説していきます．第1章～第4章は基礎編として，いろいろな電源回路設計で共通して問題になることを取り上げます．

まず，電源全般に関する基本常識を第1章で解説します．電源回路の基本的な構成については第2章で解説します．その上で，電源回路部品に関する具体的な問題を第3章で，電源回路に関する具体的な問題を第4章で解説します．

第5章～第9章は実践編として，実装に関する問題や設計手法に関する問題を取り上げます．

第5章では，電源回路全般の実装技術を取り上げます．第6章～第8章では，設計ツールを用いた設計手法および設計事例を紹介します．

第9章ではPOLとLDOについて評価実験を行います．

最後に，SupplementとしてDC-DCコンバータICのいろいろを紹介します．

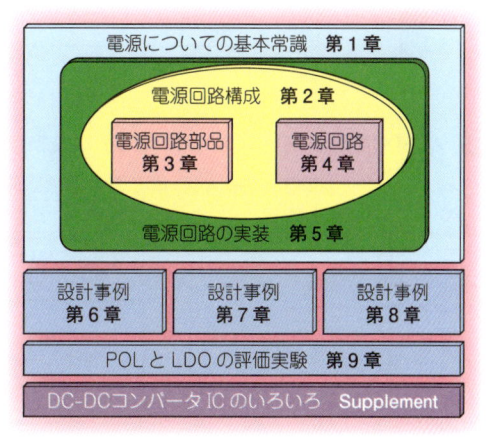

第1章
回路動作の概要から，よく使う測定器まで

設計前に知っておきたい基礎知識

1-1 電源回路の役割は？
役割をしっかり理解してから設計を始めよう

● 役割は電池や商用電圧からの必要な電圧の生成

電子機器回路は，各種各様な電圧を必要とします．ところが，電池を使う機器は電池の直流電圧，家庭のコンセントを使う場合は交流電圧（商用電圧）100 Vと大もとの電圧は決まっています．

電源回路は電池や商用電圧などの「大もとの電圧」と「各電子回路が必要とする電圧」のギャップを埋める機能を持っています．

● 構成と各部の機能
▶ AC-DC変換

電子機器が必要な電圧は，ほとんどがDCです．したがってコンセントから電圧を得る場合は，交流（AC；Alternating Current）を直流（DC；Direct Current）に変換するAC-DC変換回路が必要です．**図1**にAC電圧とDC電圧の違いを示します．

AC電圧からDC電圧を得るには，ダイオードで構成する整流回路を用います．**図2**に入力100 V$_{RMS}$，出力DC5 Vの電源回路を，**図3**に整流回路の波形例

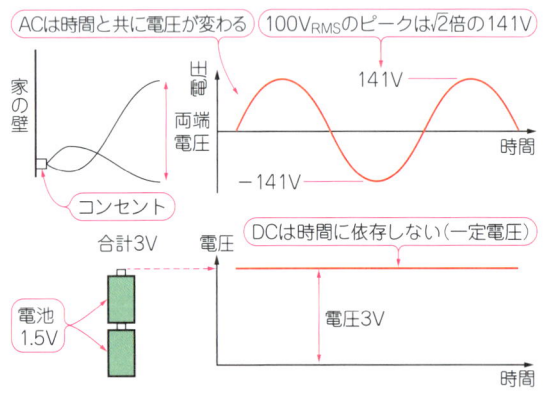

図1 コンセントのAC，電池のDCから必要な電圧に電源回路で変換する

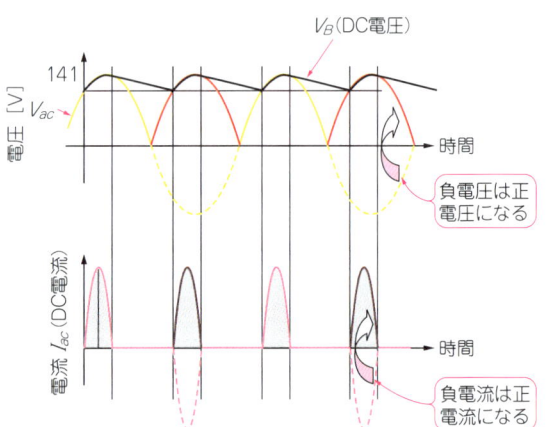

図3 全波整流回路の電圧／電流波形

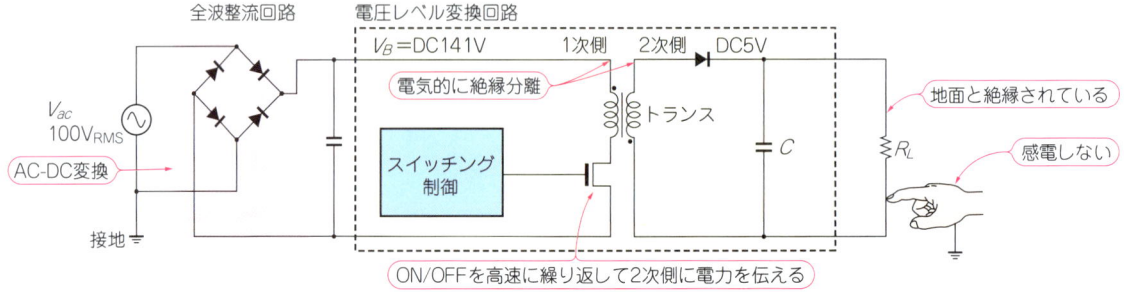

図2 AC-DC電源はAC-DC変換や電圧レベル変換回路などで構成される

を示します．

整流回路でACをDCに変換した電圧をV_Bと言うことがあります．V_BのVは電圧（Voltage）を表し，Bはバルク（Bulk）です．

▶電圧レベル変換

AC電圧100 V_{RMS}の場合，単に整流しただけのDC電圧は$\sqrt{2}$倍の約141 Vと非常に高い電圧になります．実際の電子機器の必要電圧は数V～数十Vですから，電圧レベル変換が必要です．

電圧レベルの変換はレギュレータとも呼ばれる電源回路のことです．電圧レベル変換電源回路は実際にはトランスまたはインダクタを使うDC-DC電源です．

図2中のトランスを使った電圧レベル変換回路はAC-DC電源とも呼ばれることがありますが，扱う整流後のDC入力電圧が数100 Vと高いだけで実際にはDC-DC電源です．

▶絶縁

商用AC電圧の2線のうち，片方は接地されています．商用AC電圧を整流したDC電圧は，数100 Vと高い電圧であるとともに片方が接地されているため，感電防止対策が必要です．

図2のようなAC-DC電圧変換回路では感電防止のためにトランスを用います．トランスによって1次側の商用高電圧側と実際に電子機器に供給する2次側電圧を電気的に絶縁分離します．

図4に示す，電池などのように入力電圧が低く，片方が接地していない回路では，感電防止のための絶縁分離は必要ありません．入力と出力電圧側が絶縁されないインダクタを使うDC-DC電源が一般的です．

▶出力フィルタ回路

スイッチング電源回路は，出力パルスのオンとオフのデューティ比を制御して一定のDC出力電圧を得ます．このためにオン/オフ端子（図4のV_X）とDC出力端子の間に，パルスをDC電圧に変換する回路が必要です．これが出力LCフィルタです．図5にフィルタ回路を示します．

図4 入力電圧が低く片方の電位が接地していない回路はインダクタを使う非絶縁型DC-DC電源回路でも感電しない

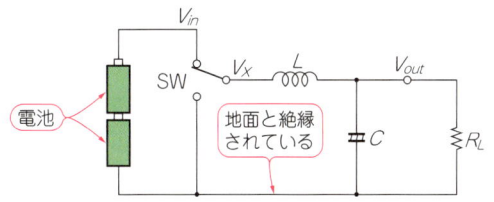

出力LCフィルタは，トランスを使うAC-DCやインダクタを使うDC-DCにも，スイッチング電源には必要な回路です．

▶レギュレーション

電源のレギュレーションとは，出力電圧の安定性を指します．

電源回路は，時間が経過しても，あるいは温度が変わっても定められた一定の電圧を電子回路に供給しなければなりません．しかしどんなに注意深く電源回路を設計しても多少電圧が変動します．この変動する電圧が小さい場合，レギュレーションが良いと言います．逆に電源電圧が変動する場合は，レギュレーションが悪い電源と言います．

▶保護回路

小信号を扱う電子回路に比べて電源回路は電力を扱うために，電源回路内の各電子部品には過電圧，過電流や高温度などのストレスが加わることがあります．「絶対に壊れない電源」を作ることは不可能です．電源は壊れる物だ！と言う発想で設計しなければなりません．電源が壊れる場合に絶対に避けなければならないのは，発音・発煙・発火です．

これらを避けるため，電源回路は前述のストレスなどに対する保護回路を内蔵しているのが普通です．

〈嵯峨 良平〉

図5 スイッチング電源はデューティ比可変のパルスを出力フィルタ回路でDCに変換して一定の出力電圧を得る

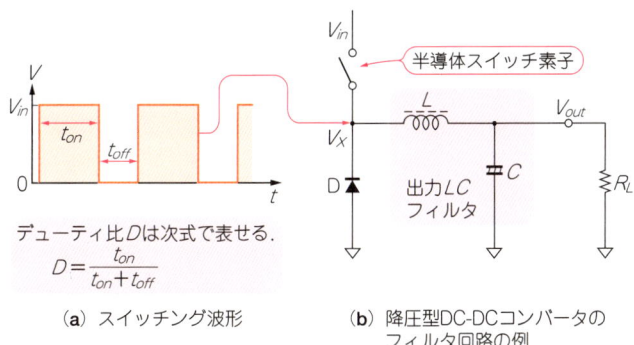

デューティ比Dは次式で表せる．
$$D = \frac{t_{on}}{t_{on} + t_{off}}$$

（a）スイッチング波形　　（b）降圧型DC-DCコンバータのフィルタ回路の例

1-2 リニア電源とスイッチング電源はどうやって出力を制御している？

2種類の方式の違いと特徴を理解して，使い分ける

● リニア電源とスイッチング電源の制御方法の違い

電源回路には，**図6**のリニア電源と，**図7**のスイッチング電源があります．

リニア電源はスイッチング・ノイズはありません．ただし電力損失が大きく放熱板が必要な場合があり，スイッチング電源に比べて「大きい・重い」という特徴があります．リニア方式の電源は，シリーズやシャントなどに分類されます．

最近は，高効率なため電源モジュール全体を小型・軽量化できるスイッチング電源が一般的です．スイッチング電源の出力フィルタのインダクタ(L)やコンデンサ(C)は，スイッチング周波数が高いほど小型化できます．ただし，スイッチング・ノイズとスイッチング損失が増加するので，むやみにスイッチング周波数を上げることはできません．

● スイッチング電源回路の制御方式

▶電圧モードは最終出力電圧だけを帰還して定電圧出力を得る

図8は電圧モード制御方式です．出力電圧を直接あるいは抵抗分割を用いて負帰還します．スイッチング電源回路は，出力端子にHigh-Lowのパルス電圧を平均化するために，必ずインダクタ(L)とキャパシタ(C)の出力フィルタがあります．このLとCは，負帰還回路の位相を，LCのポール周波数で180°回転させます．負帰還理論から，入出力間の位相が180°回ると負帰還が正帰還になり，その点で発振してしまいます．

スイッチング電源回路は，出力LCフィルタのほかに誤差増幅器(エラー・アンプ)などでも位相回転するため発振しやすく，設計者を悩ませていました．

▶電流モードはL電流を帰還して定電流源にする

発想を変えて，定電圧電源ではなく定電流電源を作るとどうなるか考えてみましょう．

電流モード制御方式の電源回路の例を**図9**に示します．位相はCにより90°遅れますが，電流帰還の効果でLによる遅れは非常に小さくなります．

電圧モードと比較して発振しにくい特性が得られるので帰還ループ内の周波数特性を高くでき，電圧モードよりも良い応答特性を得ることができます．

負荷が重くなったら出力定電流値を増やし，軽くなったら減じて，出力電圧が変わらないように制御すれば，結果的に定電圧出力を得られます．**図9**に示すように2重帰還にして，直接的には定電流出力にしておき，出力電圧は定電流負帰還回路の外側で負帰還を掛けると，定電流出力電源でありながら定電圧出力を得られます．

〈嵯峨 良平〉

図6 リニア電源の等価回路

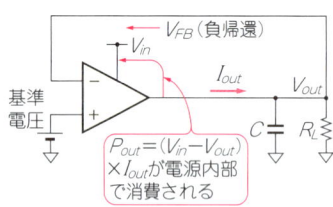

図7 スイッチング電源の等価回路

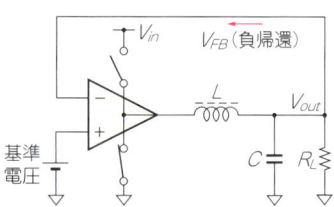

図8 電圧モードは出力LCフィルタなどで位相が回転するため発振しやすい

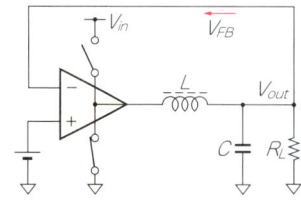

図9 電流モードは電圧モードよりも発振しにくく高い応答性を得やすい

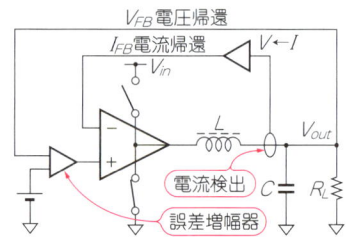

1-3 スイッチング方式にはどんな種類がある？
主なものは二つ，その特徴を理解しよう

● **ハード・スイッチング技術**

電源回路のごく一般的なスイッチング方式は**図10**に示すハード・スイッチングです．スイッチの変わり目で急激に電流を変化させるので，スイッチング損失やスイッチング・ノイズを発生します．スイッチング周波数が高いほど損失やノイズは大きくなるため，スイッチング周波数を上げて電源の小型化を図るときの阻害になっています．さらに，スイッチング・ノイズがあっては困る用途，例えば映像／オーディオ機器などにスイッチング電源を使いにくくしています．

● **ソフト・スイッチング（ゼロ・スイッチング）技術**

▶ 共振電源

共振電源はゼロ・スイッチができる回路で，電流共振電源や電圧共振電源技術があります．例として**図11**に示す電流共振電源回路の原理を説明します．ハイ・サイド・スイッチとロー・サイド・スイッチのMOSトランジスタの中間点から，共振インダクタンスL_rと共振キャパシタンスC_r，負荷であるトランスを直列接続します．L_r，C_r直列接続によって電流(I_{r1})が共振します．並列接続すると電圧共振をします．なお，L_rとC_rのrは，共振(Resonance)の頭文字です．

電流がゼロ点になった時に，ハイ・サイドとロー・サイド・スイッチを切り替えるので，ZCS動作をします．電流共振電源と言っても実際には共振点は使わずに，**図11(c)**のように共振点の近傍を使います．

▶ 非共振電源

電流または電圧がゼロの時にスイッチしたら，スイッチング損失やスイッチング・ノイズも少なくなります．スイッチング損失が少なくなるように電圧や電流がスイッチするタイミングを意図的に動かしたのが，非共振ゼロ・スイッチ技術です．電流がゼロになってからスイッチするのをZCS(ゼロ電流スイッチ：Zero Current Switch)，電圧がゼロになってからスイッチするZVS(ゼロ電圧スイッチ：Zero Voltage Switch)と言い，応用例として疑似共振電源などが挙げられます．

図12に疑似共振回路の例として，フライバック・ゼロ・スイッチ電源回路を示します．実際には共振を使わず不連続スイッチ・モードを使います．どんな負荷でも不連続モードになるように制御するため，入出力条件によってスイッチング周波数は変動します．不連続モードは，スイッチ電流がゼロになってからスイッチが切り替わるのでZCSの動作をします．その結果スイッチング損失とスイッチング・ノイズが低減します．

〈嵯峨 良平〉

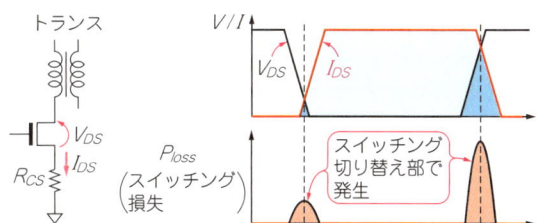

図10 ハード・スイッチング方式はスイッチング切り替え部で損失やノイズが発生する

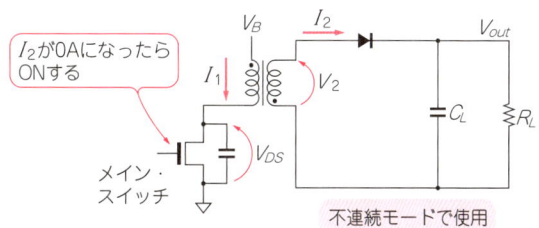

図12 疑似共振電源回路の一つであるフライバック・ゼロ・スイッチング電源の回路例

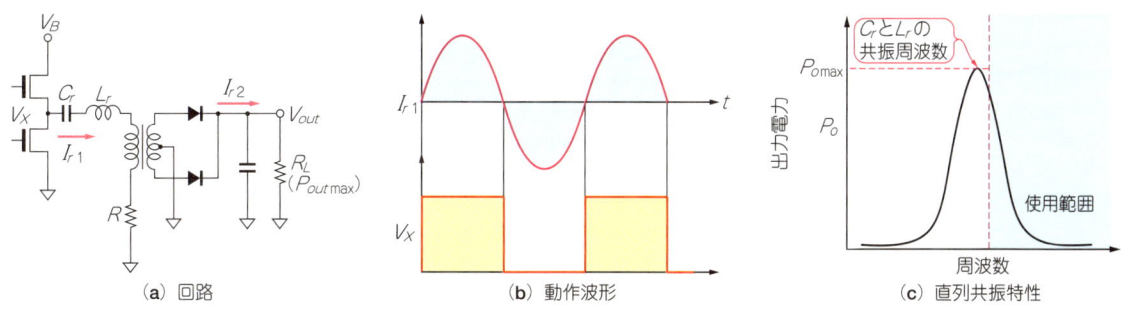

図11 ゼロ・スイッチができる共振電源の一つである電流共振電源の回路例

(a) 回路　(b) 動作波形　(c) 直列共振特性

1-4 エネルギー有効活用に必要なPFC機能とは？
波形コントロールにより効率を上げる力率改善とは？

　PFC（Power Factor Correction：力率改善）は，高調波を含むひずんだ交流電源の入力電流を正弦波に近づけて，電流ひずみを低減する機能です．交流入力電流が高調波を含んでいると電流利用率が悪くなります．機器までの配電の間に大きな電力損失が発生したり，ノイズを発生して他の電子機器に誤動作をさせたりする可能性があります．電気を使う手前の配電での電力損失は，地球の温暖化からも良くないことです．

　また，PFC機能がないスイッチング電源の交流入力電流は，図13のようにピーク値が大きい波形になり，環境に優しくない電源と言えます．

　図14にPFC機能を付加した電源回路構成を紹介します．PFC機能は，PWM（Pulse Width Modulation）スイッチング電源回路の前段で交流入力電流を正弦波に補正します．補正するために，入力電流を正弦波である交流入力電圧に追従するように制御します．

　PFC回路は普通，昇圧型DC-DCスイッチング電源で作ります．AC入力電圧は正弦波です．従って全波整流後の電圧は，0Vからピーク電圧（AC＝100 V_{RMS}の場合ピーク電圧は141 V）まで変化します．力率を良くするということは，AC入力電圧のどの時点の電圧でも図14のV_BにAC入力電流を流せなければなりません．AC入力電圧がV_Bより低くても電流を流すには，PFC回路は昇圧型のDC-DCスイッチング電源である必要があります．

　またPFC昇圧型DC-DCスイッチング電源は，PFCのDC出力電圧（V_B）も一定電圧に制御します．世界の交流電圧は，最も低い日本の100 V_{RMS}から，最も高い欧州などの240 V_{RMS}まであります．ここでV_Bを380～400 V位に設定すると，世界のどこの商用電圧でも自由に入力できる，フリー・インプット仕様の電子機器にすることができます．先に挙げたV_Bは，最も高い交流電圧（電圧変動を考慮）を整流したDC電圧にほぼ等しい値です．フリー・インプット仕様の回路におけるV_Bの値は次式で得られます．

$$V_B = V_P \times R_M \times \sqrt{2} = 240\,V_{RMS} \times 15\% \times \sqrt{2}$$
$$\fallingdotseq 380\,V$$

ただし，V_P：最も高い交流電圧［V_{RMS}］，R_M：マージン［%］

〈嵯峨 良平〉

図13 PFC回路がないと入力電流はひずみが大きく電流利用率も低い（100 V/div, 2 A/div, 5 ms/div）
AC100 V_{RMS}入力, V_{out} = 3.3 V, I_{out} = 50 A時の例．

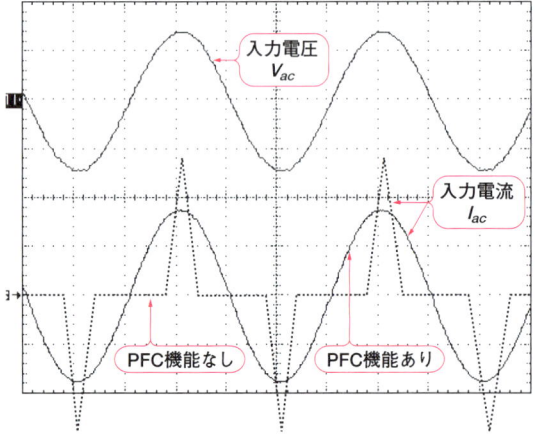

図14 PFC電源は入力電流と出力電圧の2重帰還により入力電流を正弦波に出力電圧を一定に制御する

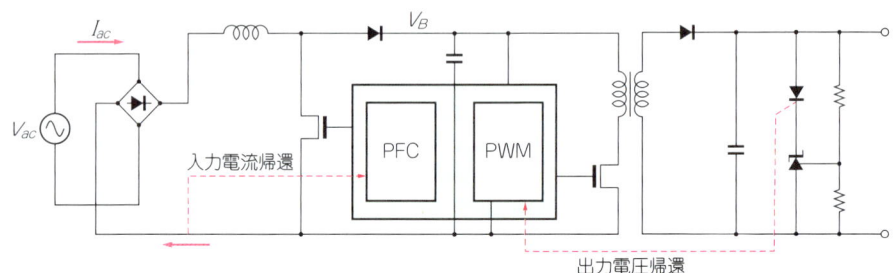

1-5 電源の基本的な特性はどのように測定する？

電子負荷,オシロスコープ,ディジタル・マルチメータ,ディジタル・パワー・メータなどを使いこなす

● 電源回路の入力に相当する実験用電源を用意する

電源回路は，所定のAC電圧またはDC電圧を入力して使うことが一般的です．従って，電源の特性を測定するには，まず入力電圧源に相当する実験用電源が必要です．実験用電源を選定するポイントは次のとおりです．まず，測定する電源が，AC入力とDC入力によって用意する実験用電源が大きく変わります．それぞれに合わせて，AC出力型，DC出力型の実験用電源を選びましょう．特にAC入力型の電源の場合，実験用電源としてAC100 V$_{RMS}$など商用電源を使用すると，商用電源の波形が大きくひずんでいることが多いので注意が必要です．また電源は仕様によって入力電圧範囲が決められているので，そうした入力範囲をカバーする実験用電源を用意します．

次に，実験用電源の出力電流がどの程度必要か検討します．電源がDC入力のスイッチング方式の場合，実験用電源の電流容量は，次式で求まる実験する電源の入力最大電流$I_{DUTinmax}$から決めます．

$$I_{DUTinmax} \geq \frac{出力電圧 \times 最大出力電流}{効率 \times 最小入力電圧} \quad \cdots\cdots (1-1)$$

効率が非常に悪い場合を想定して効率に0.7を代入して計算するとよいでしょう．

電源がAC入力の場合は，さらに入力側から見た力率を考慮に入れる必要があります．PFC回路と呼ばれる入力側の力率を改善する回路が具備している場合は式(1-1)でよいと思います．PFC回路がないＡＣ入力の電源では，入力力率を考慮する必要があり，式(1-1)の計算結果に対しさらに0.6（＝入力力率を想定）で割った電流値を採用してください．

● 電源の実際の負荷に相当する負荷を用意する

測定する電源の出力側に注目します．電源の出力特性が不明な段階で実際の負荷を接続してはいけません．一般的には電源がDC出力ならば実際の負荷の代わりに電子負荷（写真1）を用意します．電子負荷は，入力電圧幅や入力電流幅が広く各種電源に対応できるのが特徴ですが，上限があります．電源の出力電圧，出力電流など仕様に合わせて選んでください．

● 電子負荷の動作は4通り，動作電圧にも注目

▶定抵抗／定電流／定電圧／定電力の四つの動作モード

各モードの動作をまとめると次のとおりです．
- 定抵抗モード：負荷となる抵抗が一定で動作．抵抗値を可変して電流を可変
- 定電流モード：負荷となる電流が一定で動作．電流値を可変
- 定電圧モード：負荷となる電圧が一定で動作．電圧値を可変
- 定電力モード：負荷となる電圧と電流の積．つまり電力一定で動作，電力値を可変

DC出力の電源の測定では，定抵抗モードや定電流モードで行うことが普通です．

▶動作モードで注意すべき点

電源の試験中に動作モードの切り替えを行うと，前後のモード間で電圧，電流の相関がとれず，切り替えると電圧，電流が変化するケースや，ひどい例は無負荷状態になる電子負荷が存在します．これは電源から見ると負荷の急変を意味し，定数の確定していない調整中の電源では，破損のおそれもあります．電子負荷にそのような特性の有無を確認し，最悪は電源の測定中に動作モードの切り替えを行わないことをお勧めします．

また，DC電源の出力電圧が0.8 Vや1.2 Vのような低電圧となると，電子負荷も動作が厳しくなります．もちろん0.8 V以下の電圧に十分に対応した電子負荷があります．

● 電流，電圧の測定にはディジタル・マルチメータ，ディジタル・パワー・メータを使う

さて，電源の特性を測定するのに入力側も出力側も用意できたので，電圧や電流を測定しましょう．測定するパラメータは，主なものは入力電圧，入力電流，出力電圧，出力電流です．

こうした電圧，電流の測定にはディジタル・マルチ

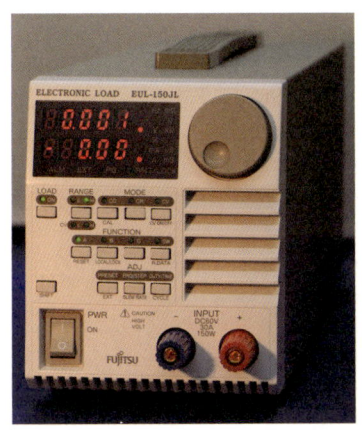

写真1 実際の負荷の代わりに使う電子負荷の外観例
EUL-150JL（富士通テレコムネットワークス）．

メータ（写真2）が非常に多く使われていて推薦できます．一方，上記の電圧，電流を測定するためには，入力と出力で4台のディジタル・マルチメータが必要であったり，直接測定できる電流の上限が3Aであったり，と不便を感じるときもあります．

そのような場合には，ディジタル・パワー・メータ（写真3）の採用を提案します．1台で電圧，電流を測定ができて1台2役です．さらに交流測定では，実効値，周波数，有効電力，皮相電力，無効電力，力率，位相角などの測定が可能です．

● パワー・スイッチングのようすを確認するには，オシロスコープと電流プローブを使う

現在電源機器では，スイッチングによって電圧，電流が変換されていることが主流です．こうしたスイッチング・コンバータでは，スイッチングの特性を測定することは広く普及しています．スイッチング時の電圧波形の立ち上がり／立ち下がり時間に加え，電流波形によるインダクタ，トランスなどの磁束飽和，コンデンサのリプル電流まで測定します．

こうした測定に役立つのが写真4に示すオシロスコープです．オシロスコープの選定のポイントとなる帯域幅は，100 MHz以上あれば十分です．さらに電流波形を測定する電流プローブ［写真5(a)］が必須です．また100 V以上の高電圧を測定するには差動プローブ［写真5(b)］も役に立つでしょう．

● デバイスの温度測定には，放射温度計を使う

電気的な特性は以上でほとんどが測定できるでしょう．しかし，電源などパワーを扱う機器にはもう一つ測定する項目があります．それはデバイスの温度です．特にパワーMOSFET，ダイオードなどのパワー半導体，パワー回路部のコンデンサ，インダクタ，トランスの温度上昇が過大だと，使用中に破損や焼損の可能性があり，そうした障害が結果的に人命にかかわる場合もあるので非常に重要です．

それらのデバイス温度の測定は簡単です．お勧めは放射温度計（写真6）です．測定箇所が金属の鏡面になる場合は正確な値の測定は難しいのですが，それ以外は簡単に温度測定ができるので非常に重宝すると思います．

〈瀬川 毅〉

写真2 電圧，電流の測定に使うディジタル・マルチメータ

写真3 電圧，電流を1台で測定ができる上さまざまな交流の測定ができるディジタル・パワー・メータ WT210（横河電機）．

写真4 スイッチングの確認に使うオシロスコープの外観例
MSO7104A（アジレント・テクノロジー）．

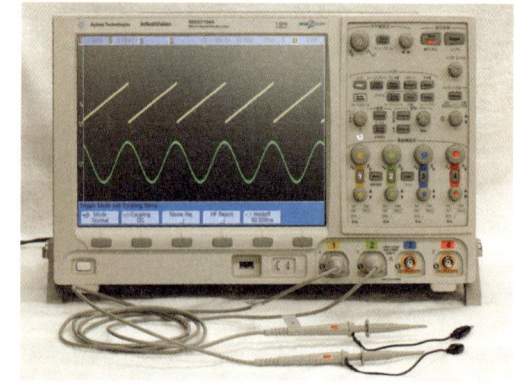

写真5 オシロスコープに波形を入力するプローブ例

（a）電流プローブ　　　　（b）差動プローブ

写真6
デバイスの温度を簡単に測定できる放射温度計

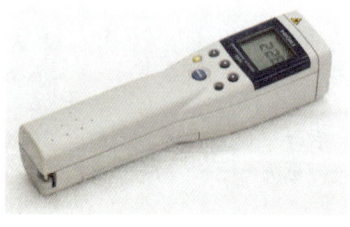

1-6 高di/dt測定に電流プローブは使える？

正確な測定には不向き，低抵抗挿入による電圧測定が高精度測定に向く

高速負荷応答速度の測定は，結構手間がかかります．

電流が流れている状態を測定する方法として電流プローブがあります．電流プローブは，回路を切らずに電流を測定できるので大変便利です．

さてFPGAなどは動作中，急峻な電流の変化があります．このFPGAの動作電流は電流プローブで測定できるのでしょうか？答えは「できるが，真のdi/dtは測定できない」です．電流プローブは，リングのフェライトを二つに分割して測定時に電線を挟み込んで使います．このフェライトがインダクタとなり急峻な電流を緩和させてしまうのです．

図15は高速応答のDC-DCコンバータに，写真7に示す高速電子負荷を接続して急峻な電流変化の測定を行ったときの図です．高速電子負荷に付いている電流モニタは高精密の低抵抗を使い，電圧降下を測定して電流を換算しています．計測技術研究所から発売されている電子負荷には，高速応答で試験できる製品が多数あります．図16(a)のデータは高速電子負荷付属の電流モニタ端子で測定したものです．一方，図16(b)は超高速DC-DCコンバータと電子負荷間に電流プローブを挿入して電流を測定したものです．

図16(b)の場合，急峻な電流変化でなく緩和された電流波形となってしまいました．前述のとおり，電流プローブの先端にあるリング・フェライトがインダクタンスを持ち，急峻な電流変化を緩和させたためです．真の急峻な電流を観測するには，回路に直列に高精度な低抵抗を入れて電圧に変換して測定してください．

なお，過渡負荷に対する電源回路の応答特性は，写真8のようになるべく端子の近くで測定します．

〈鈴木 正太郎〉

図15 DC-DCコンバータの負荷応答特性を測定するための回路例

写真7 実験に使った高速電子負荷装置ELS-304（計測技術研究所）の外観

写真8 過渡負荷応答特性を測定しているようす

図16 電流プローブを使うと電流変化が緩和することが分かる

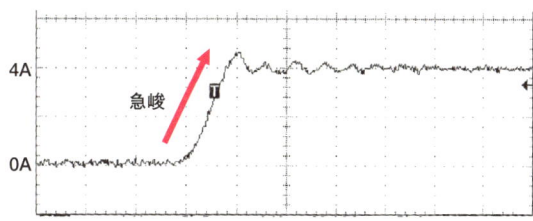

電子負荷に内蔵されている電流検出抵抗器で電流変化を測定した場合

(a) ELS-304内蔵電流モニタ端子波形（2A/div，100ns/div）

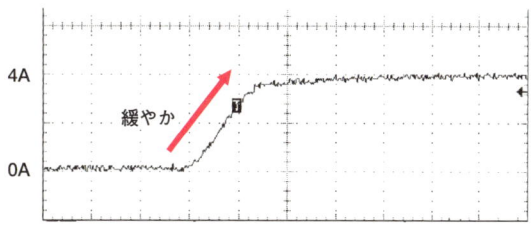

電流プローブのフェライトによるインダクタンスが急峻な電流変化を緩和させてしまう

(b) 外部で電流プローブを使用した波形（2A/div，100ns/div）

1-7 ワイド入力電源設計時に必要な知識
世界の電源電圧はどうなっている？

各国の電源電圧（商用電圧）をまとめたマップを **図17** と **図18** に，データを **表4** に示します．日本は電力供給地域によって50 Hzと60 Hzに分かれます[1]．

本資料の各数値は参考レベルとして活用してください．
〈庄司 孝〉

◆参考文献◆
(1) 中部電力のホームページ，地域と周波数，http://www.chuden.co.jp/manabu/shikumi/area/index.html

図17 単相電源の電圧値

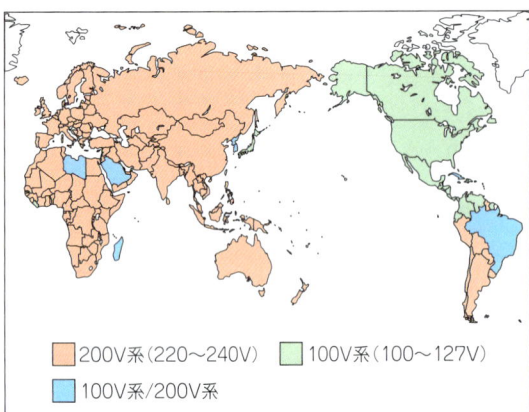

- 200V系（220～240V）
- 100V系（100～127V）
- 100V系/200V系

図18 3相電源の電圧値

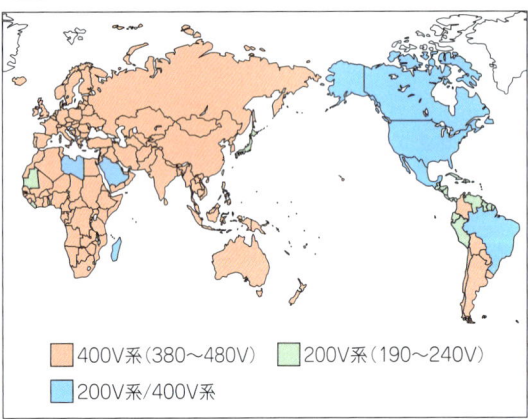

- 400V系（380～480V）
- 200V系（190～240V）
- 200V系/400V系

図19 単相電源の周波数

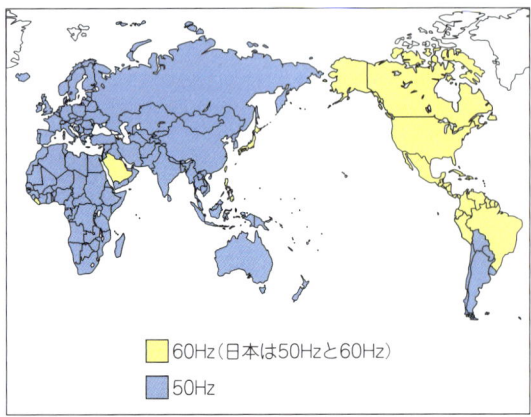

- 60Hz（日本は50Hzと60Hz）
- 50Hz

表4 各国の単相/3相の公称電圧と周波数データ

国名		単相 公称電圧 V_{RMS}	周波数 [Hz]	3相 公称電圧 V_{RMS}	周波数 [Hz]
アジア/オセアニア	日本	100	50/60	200	50/60
	台湾	110	60	190	60
	韓国	110/220	60	380	60
	中国	220	50	380	50
	オーストラリア	240	50	415	50
	フィリピン	220	60	380	60
北米/中南米	アメリカ	120	60	208/460/480	60
	カナダ	120	60	208/480	60
	メキシコ	127	60	220/480	60
	ブラジル	127/220	60	220/380/440	60
	アルゼンチン	220	50	380	50
	チリ	220	50	380	50
ヨーロッパ	イギリス	230	50	400	50
	フランス	230	50	400	50
	ロシア	230	50	400	50
	ドイツ	230	50	400	50
	オランダ	230	50	400	50
	スイス	230	50	400	50
アフリカ	マダガスカル	117/220	50	220/380	50
	アルジェリア	230	50	400	50
	ケニア	240	50	415	50
	エジプト	220	50	380	50
	ガーナ	230	50	400	50
	南アフリカ	230	50	400	50
中近東諸国	サウジアラビア	110/220	60	190/380	60
	トルコ	230	50	400	50
	アラブ首長国連邦	240	50	415	50
	オマーン	240	50	415	50
	シリア	220	50	380	50
	レバノン	230	50	400	50

1-8 電源に関する規格，安全規制にはどのようなものがありますか？

各国，各地域によってさまざまな規格と規制があるので注意

　電源というより，電気製品全般に関してさまざまな規格や規制があります．大別すると，感電や火災の防止を中心とした安全に関する規格・規制と，ノイズに関する規格・規制に分かれます．最近では，各国が独自の規制を行うことは自由貿易の妨げになるという考えから，国際規格IECをベースとして各国の規格・規制が作られることが多くなっています．

● 安全規格

　電気製品の安全規格は，米国のUL，ドイツのVDE，日本の電気用品取締法(現在は電気用品安全法)などが有名でした．現在ではいろいろな分野にIECの安全規格があり，たとえば情報機器，事務機器ではIEC60950をベースとして米国ではUL60950，欧州ではEN60950などの規制が，オーディオ機器，ビデオ機器ではIEC60065をベースとして米国ではUL60065，欧州ではEN60065などの規制が行われています．

　また，医用電気機器などはIEC60601をベースとして，安全性やノイズに関してトータルな規制が行われています．米国ではFDA，欧州ではEN60601，日本ではJIS T0601などがあります．日本の電気用品安全法は，個別に指定された特定電気用品は認証が必要ですが，それ以外の対象製品は一般品目として届出が必要とされています（表1）．ただし，どちらも一定の技術基準に従うことが必要です．また，電気用品安全法ではノイズについても技術基準があります．欧州では，製品の安全性全般に関して，さらに幅広い基準への適合を求めるEC指令が出されています（表2）．これらの指令に適合した製品であることを表示するため，CEマーキングが義務づけられています．

　さらに，欧州では環境負荷物質(水銀，カドミウム，鉛など)への規制も厳しく行われており，RoHS指令と呼ばれています．

● EMC規格

　ノイズに関しては，ノイズの発生(エミッション)を抑えることと，ノイズへの耐性(イミュニティ)を高めることの両面が必要で，前者はEMI(Electromagnetic Interference，電磁妨害)規制，後者はEMS(Electromagnetic Susceptibility，電磁妨害耐量)規制と呼ばれており，それぞれ規制が行われています（表3）．この二つを両立させるという考え方がEMC(Electromagnetic Compatibility，電磁環境両立性)です．

　EMI規制は，もともとはラジオや無線通信への雑音防止から始まったため，主にCISPR(国際無線障害特別委員会)で規格が作られてきました．なお，最近は電磁波だけでなく，AC電源に対する高調波電流が他の機器や電力供給設備に障害を与えることが問題となり，IECで高調波規制の規格(IEC61000-3-2)が作られています．EMS規制は，外部からのノイズで機器が誤動作しない安全性の規格としてIEC61000シリーズが作られています．

　日本では，電波法や電気用品安全法で規制が行われていますが，電気用品安全法の対象品目でない情報機器などについてはVCCIで自主規制が行われています．〈宮崎 仁〉

(初出：「トランジスタ技術」2009年5月号 特集第1章)

表1 特定電気用品とそれ以外の電気用品の例

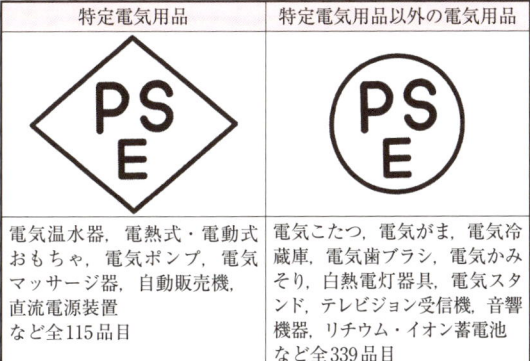

特定電気用品	特定電気用品以外の電気用品
電気温水器，電熱式・電動式おもちゃ，電気ポンプ，電気マッサージ器，自動販売機，直流電源装置 など全115品目	電気こたつ，電気がま，電気冷蔵庫，電気歯ブラシ，電気かみそり，白熱電灯器具，電気スタンド，テレビジョン受信機，音響機器，リチウム・イオン蓄電池 など全339品目

表2 EC指令の例

機械指令	EMC指令	低電圧指令
工作機械ロボットなど	各種電気・電子機器使用環境で分類(住宅環境，工業環境)個別機器で分類	AC50～1000 VDC75～1500V で動作する電気・電子機器
EN50178 EN60950-1 など	EMS規格 EN61000-6-1 EN61000-6-2 など EMC規格 EN61000-6-3 EN61000-6-4 など	EN60950-1 など

表3 EMI規格とEMS規格の例

EMI(エミッション)		EMS(イミュニティ)	
電磁放射妨害	CISPR11	静電気放電	IEC61000-4-2
電源端子妨害電圧	CISPR11	RF放射電磁界	IEC61000-4-3
高調波弾	IEX61000-3-2	EFT，バースト	IEC61000-4-4
電圧変動，フレッカ	IEX61000-3-2	サージ	IEC61000-4-5
		RF伝導妨害	IEC61000-4-6
		電源周波数磁界	IEC61000-4-8
		電圧ディップ，瞬断	IEC61000-4-11

徹底図解★はじめての電源回路設計 Q&A集

第2章
AC入力電源，DC入力電源の基本を知る

電源回路の基本構成と必要なもの

2-1 AC入力の電源回路に必要なものは？
商用電源ラインに接続するため，安全対策やノイズ対策の部品が必要

　電源は大別すると商用AC電源から給電するものと，バッテリなどのDC電源から給電するものがあります．AC入力の場合は，ACをDCに変換することが必要ですが，それ以外にさまざまな安全対策やノイズ対策を考慮する必要があるため，必要な部品は多くなります．

　AC入力の電源構成の例を 図1 に示します．大きく分けて，前処理，絶縁・降圧，整流・平滑化，安定化などの機能が必要です．これらの機能をどの順番で処理するかは，電源の構成のしかたによって変わります．

　前処理は，商用AC電源に対する安全対策，ノイズ対策を行う部分です．サージ，ノイズ，高調波電流の抑制や，短絡時などの過電流の抑制を行います．具体的には，フェライト・コア ［写真1(a)］，サージ・アブソーバ ［写真1(b)］，電源スイッチ，ヒューズ，ACライン・フィルタ ［写真1(c)］ などが必要となります（図2）．

　商用AC電源を利用する場合，使用者の安全のために絶縁を行うのが普通です．トランスを用いれば，一次側と二次側を切り離して，電気的エネルギーだけを二次側に伝えることができます．また，トランスは巻線比を変えることによって電圧を降圧できます．

　このトランスは，かつては電源周波数（50〜60 Hz）をそのまま絶縁していましたが，周波数が低いほど大型になり，巻き線数も多くなる難点があります．それで，高周波でスイッチングしてトランス絶縁するスイッチング電源が主流になっています（図3）．スイッチング電源の場合は，その後の処理の順番にも若干違いが生じます．

　スイッチング・レギュレータは，最初に高電圧のまま整流・平滑化を行い，スイッチングして絶縁・降圧と安定化を同時に行う方式が主流です．しかし，これだとコンデンサ入力の整流・平滑化回路から大きな高調波電流が発生することなどから，最近では高調波電流抑制のための力率コントローラ（プリ・レギュレータ）を初段に置き，DC-DCコンバータで安定化する方式も多くなっています．

図1　AC入力電源構成の例

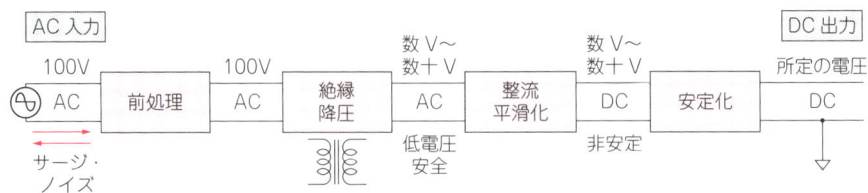

図2　前処理のいろいろ

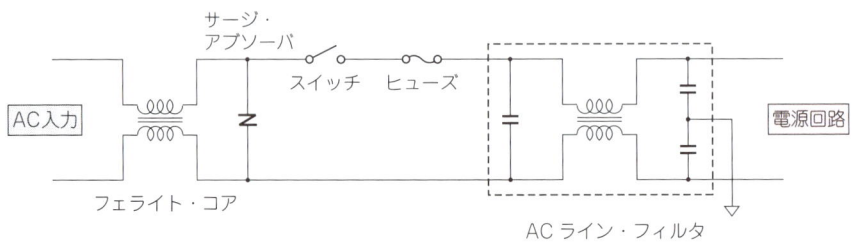

写真1 前処理（図2）に使われるいろいろな部品

（a）フェライト・コア
円筒形のコアを半分に割って，ケーブルを挟み込むように使用できるタイプのもの［星和電気 SR/SS シリーズ（PDF カタログより）］．

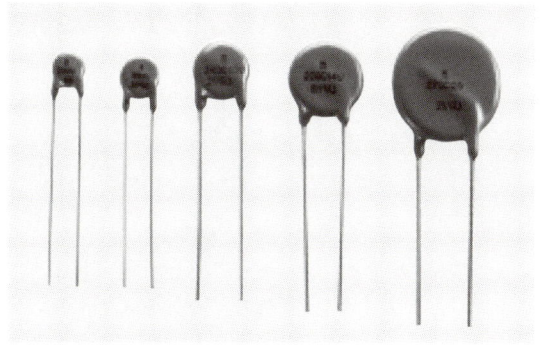

（b）サージ・アブソーバ
酸化亜鉛などの金属酸化物を用いたバリスタ・タイプのアブソーバ［KOA NV シリーズ（PDF カタログより）］．

（c）AC ライン・フィルタ
［岡谷電機産業（PDF カタログより）］

図3 トランス絶縁方式のいろいろ

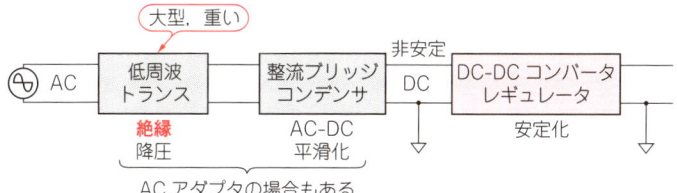

（a）低周波トランス方式

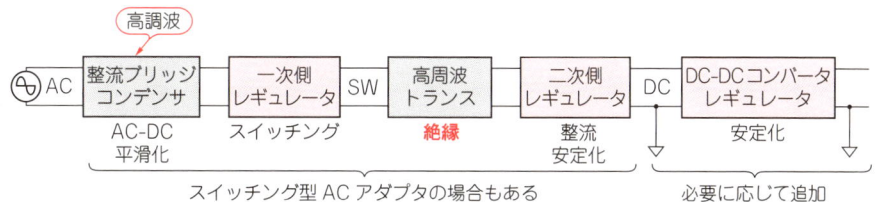

（b）スイッチング方式

（c）PFC 付きスイッチング方式

2-2 AC入力の電源回路にはどんな種類がある？
トランス・スイッチ素子やトランスの使い方でいくつかに分類される

　AC入力を直接スイッチングして，トランスで絶縁，降圧，安定化するものを通常スイッチング・レギュレータと呼んでいます．これには，いくつかの回路方式があります．

　基本原理を簡単に説明します（図4）．

　AC入力をダイオード・ブリッジで整流，平滑化して高電圧・非安定のDCを作り，それをスイッチングしてトランスに断続的な電流を流します．スイッチングが高速なほどトランスを小型にできますが，トランスのコアの損失やスイッチング素子の損失が大きくなるので，通常は数kHz～数百kHz（DC-DCコンバータでは数十kHz～数MHz）程度です．

　トランスの二次側からは絶縁された断続電流が得られるので，インダクタにエネルギーを蓄えることによって連続電流に戻し，コンデンサを用いて平滑化して，さらにフィードバック制御で安定化します．

　安定化は通常PWM制御で行います．出力電圧が高ければ一次側のスイッチングのデューティを下げ，出力電圧が低ければ1次側のスイッチングのデューティを上げることによって，一定の出力電圧に制御します．このとき，二次側で生成したPWMの制御信号を，フォト・カプラなどで絶縁して一次側に伝える必要があります．

　AC入力電源回路は，断続電流を作り，それを連続電流に戻す方法の違いでいくつかの方式に分かれます．まず，スイッチ素子が1個，2個，4個という違いがあり，スイッチ数が多いほど構造は複雑でコストはかかりますが，トランスを効率良く使えるので大電力向きになります（表1，図5）．

● フライバック・コンバータ

　最も構造が簡単で素子数が少ないのは，フライバック・コンバータです．これは他の方式とはトランスの使い方が異なっており，スイッチがオンのときは一次側だけ，オフのときは二次側だけ電流が流れます．スイッチがオンのときトランスにエネルギーを蓄え，オフのとき放出すると考えられ，オン/オフ・タイプの電源回路と呼ばれます．

　フライバック・コンバータは，二次側電流がオフの期間はコンデンサが電流を供給するため駆動能力が低く，小電力の用途に適します．

● フォワード・コンバータ

　フォワード・コンバータは，1個のスイッチで一次側の電流を断続する点はフライバック・コンバータと同じですが，二次側の電流の流れ方が違います．スイッチがオンのときは一次側にも二次側にも電流が流れ，オフのときは一次側にも二次側にも電流が流れません．トランスはエネルギーを蓄えずに，一次側から二次側にすぐさまエネルギーを伝達します．トランスとしてはこの方が本来の使い方です．オン/オン・タイプの電源回路と呼ばれます．

　二次側に流れる電流でインダクタにエネルギーを蓄え，二次側の電流がオフのときは還流ダイオードが電流を流します．フライバック・コンバータよりも駆動能力が高く，小～中電力の用途に適します．

図4 AC入力電源の原理

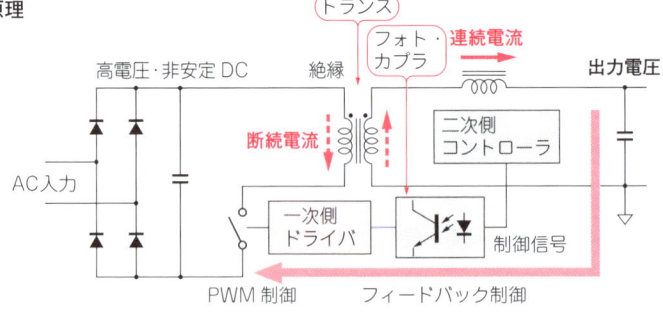

表1 代表的なAC入力電源

タイプ	オン/オフ	オン/オン		
スイッチ	1石	1石	2石	4石
名称	フライバック	フォワード	プッシュプル	ハーフ・ブリッジ	フルブリッジ
特徴	構造が簡単 最も小電力向き	小～中電力向き	中電力向き	中電力向き	大電力向き

図5 AC入力電源回路のいろいろ

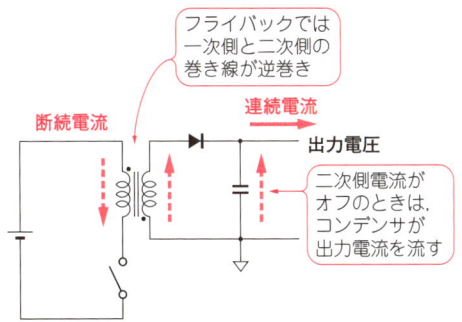

(a) フライバック・コンバータ

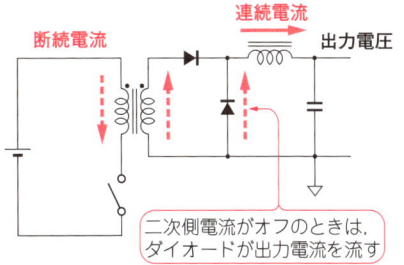

(b) フォワード・コンバータ

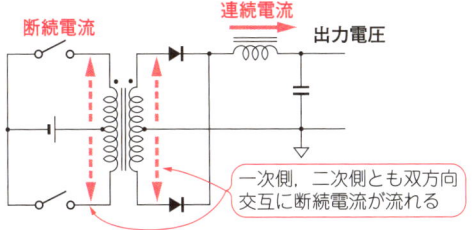

(c) プッシュプル・コンバータ

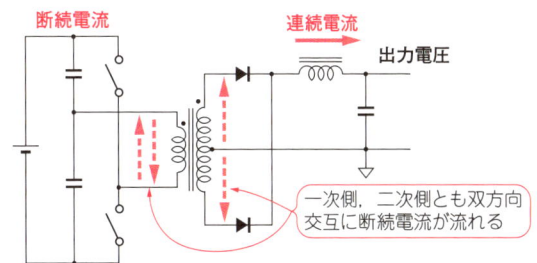

(d) ハーフ・ブリッジ・コンバータ

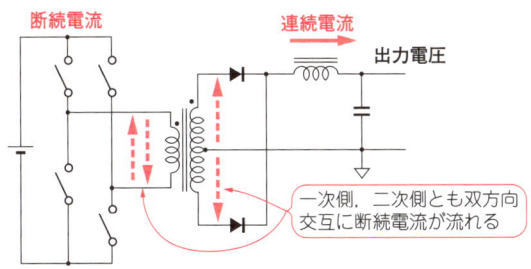

(e) フルブリッジ・コンバータ

● プッシュプル・コンバータとブリッジ・コンバータ

プッシュプル・コンバータとブリッジ・コンバータは，トランスの一次側に交互に逆向きの電流を流すことによって，効率良く電力を伝達できる方式です．そのかわり，スイッチ素子の数が多くなり，トランスも中点タップ付きが必要です．中～大電力の用途に適します．

プッシュプル・コンバータは，一次側にも中点タップ付きのトランスを用いて，スイッチを2個ですませる方式です．フルブリッジ・コンバータは，スイッチを4個用いることによって，一次側は中点タップなしのトランスですませる方式です．ハーフ・ブリッジ・コンバータは，フルブリッジのトランジスタのうち2個をコンデンサに置き換えて，スイッチ素子を2個に減らしたものです．

自励式フライバック・コンバータ（RCC） column

フライバック・コンバータの一種に，RCC（リンギング・チョーク・コンバータ）と呼ばれるものがあります．これは，トランジスタと3巻き線タイプのトランスを用いて，自分自身で発振とスイッチングを行う自励式コンバータです．

RCCは最も部品点数が少ないスイッチング・レギュレータ方式として広く用いられてきました．しかし，スイッチ素子と発振回路，PWM制御回路などを一体化した電源ICが普及するにつれて，部品点数が少ないというメリットは薄れてきました．逆に，RCCは原理的に負荷電流が減るほど発振周波数が高くなり，軽負荷時の効率が低下する性質があるため，スタンバイを活用して省電力をはかる最近の電源設計には適していません．

図A RCC（リンギング・チョーク・コンバータ）

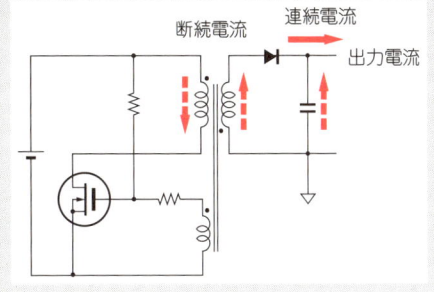

2-3 DC入力の電源回路にはどんな種類がある？

連続電流を伝えるか断続電流か，インダクタを用いるかどうかでいくつかの方式に分かれる

　DC入力の電源回路は，リニア，チョッパ，チャージ・ポンプの三つに大別されます（表2，図6）．リニア動作のものとしてはシリーズ・レギュレータとシャント・レギュレータがあります．レギュレータは電圧を安定化するものという意味です．これらは，原理的に入力電力を内部で消費することで出力電圧を安定化するため，入力電圧を下げることしかできない降圧型電源です．昇圧型や反転型は作れません．

　チョッパとチャージ・ポンプは，原理的に降圧，昇圧，反転はすべて可能です．DC入力電圧を別のDC電圧に変換して出力するという観点から，DC-DCコンバータと呼ばれます．ただし，チョッパはフィードバック制御で出力電圧を安定化しており，DC-DCコンバータといってもレギュレータ機能ももっています．チャージ・ポンプは元の電圧に対して倍電圧や負電圧を作る性質をもっているため元々は非安定化DC-DCコンバータとして使われていました．最近では，チャージ・ポンプにレギュレータを組み込んだ安定化チャージ・ポンプも多くなっています．

　シリーズ・レギュレータやシャント・レギュレータはスイッチング・ノイズを出さないことや，回路構成が簡単という利点がありますが，出力電流が大きくなるほど損失が大きく，効率が低くなります．さらに，その損失の分だけ発熱しますから，放熱が大変です．

　チョッパは必要な電力だけを入力側から取り込むので，原理的には損失が発生せず，きわめて高効率が得られます．インダクタを用いて連続電流を出力するため駆動能力が高く，大電力の用途にも適しています．ただし，現実には素子のもつ抵抗成分や，スイッチング時の過渡的な損失によって効率が低下し，発熱します．実際の設計では，損失の見積もりがきわめて重要です．

表2 DC入力の代表的な電源回路

	リニア		チョッパ	チャージ・ポンプ
降圧型	シリーズ・レギュレータ	シャント・レギュレータ	バック・コンバータ 降圧型チョッパ	
昇圧型	──	──	ブースト・コンバータ 昇圧型チョッパ	昇圧チャージ・ポンプ
昇降圧型	──	──	バック／ブースト・コンバータ 昇降圧型チョッパ	
反転型	──	──	インバーティング・コンバータ 反転型チョッパ	反転チャージ・ポンプ
特徴	・小〜中電流に適する ・小電流時に高効率 ・インダクタ不要 ・低ノイズ	・小電流に適する ・低効率 ・インダクタ不要 ・低ノイズ	・中〜大電流に適する ・大電流時に高効率 ・さまざまな動作が可能	・小電流に適する ・小電流時に高効率 ・インダクタ不要

チャージ・ポンプはインダクタを使わず簡単に回路を構成できる利点があります．出力電流はすべてコンデンサから供給するため，駆動能力が低く，小電力の用途に適しています．

図6 DC入力電源回路のいろいろ

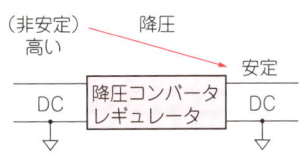
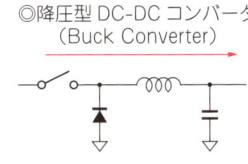

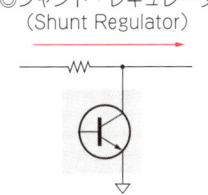

(a) 降圧型

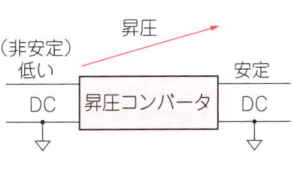
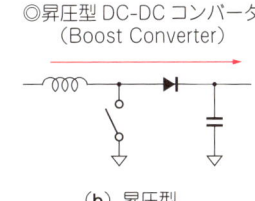
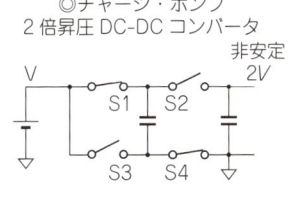

(b) 昇圧型

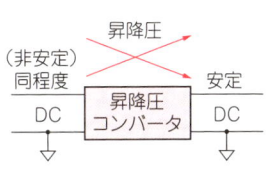
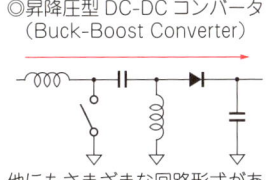

他にもさまざまな回路形式がある

(c) 昇降圧型

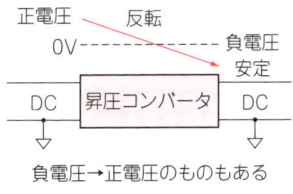
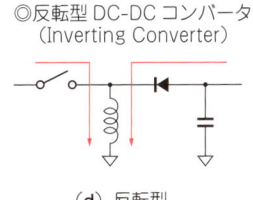
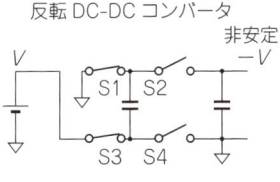

(d) 反転型

2-3 DC入力の電源回路にはどんな種類がある？ 23

2.4 降圧型チョッパと昇圧型チョッパの違いは?

蓄えつつ負荷にも供給する降圧型と,蓄える期間は負荷に供給できないのが昇圧型

降圧型チョッパ(ステップ・ダウンまたはバック・コンバータとも呼ばれる)は,文字通り入力電圧を下げる方向で安定化します.昇圧型チョッパ(ステップ・アップまたはブースト・コンバータとも呼ばれる)は,文字通り入力電圧を上げる方向で安定化します.これはもちろん最大の違いですが,他にも特徴的な違いがあります.**図7**にこれらの動作の違いを示します.

降圧型チョッパは,スイッチがオンの期間に入力側からスイッチを通ってインダクタに電流が流れ,その電流を負荷に供給します.スイッチがオフの期間は,還流ダイオードがオンになってインダクタに電流を流し続け,その電流を負荷に供給します.いずれの期間もインダクタが負荷電流を供給するので,大電流の用途にも適しています.

昇圧型チョッパは,スイッチがオンの期間に入力側からスイッチを通ってインダクタに電流が流れます.その電流はすべてGNDに流れるので,負荷電流はコンデンサが供給します.スイッチがオフの期間に,インダクタの発生する逆起電力でダイオードがオンになって,電流はインダクタから負荷に流れます.この動作はフライバック・コンバータと同じで,小電流の用途に適しています.

また,昇圧型チョッパのもう一つの特長として,入力側にインダクタが入ることと,スイッチがオンの期間には入力からGNDに電流を流すので,入力電圧はかなり低くても動作可能なことがあります.これらを利用して,高調波電流抑制用の力率改善回路(アクティブ・フィルタ)として昇圧型チョッパを利用できます.

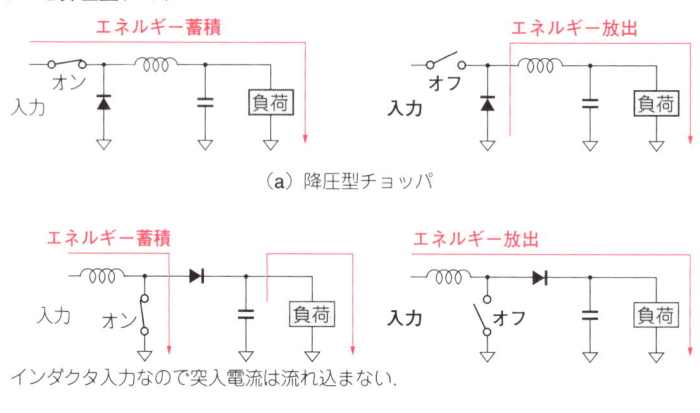

図7 降圧型チョッパと昇圧型チョッパ

(a) 降圧型チョッパ

インダクタ入力なので突入電流は流れ込まない.

(b) 昇圧型チョッパ

電源回路の呼称のいろいろ column

出力電圧を安定化する働きをもつ回路を「レギュレータ」,直流を直流に変換する働きをもつ回路を「DC-DCコンバータ」と呼びます.降圧型DC-DCコンバータは両方の働きをもちます.

降圧型DC-DCコンバータは,バック(buck)コンバータ,または降圧型チョッパ(chopper)と呼ばれることもあります.バックは「若い雄鹿」を指し,捕まえようとすると跳ね回って抵抗することから「やんちゃな暴れ者」という意味もあります.抵抗で降圧する静かなシリーズ・レギュレータと対比して,入力電流を断続して降圧するこの電源の愛称として選ばれたものでしょう.チョッパは文字通り「切り刻む」という意味です.

2-5 POL電源とは何か？

高性能のCPUやFPGAでは負荷の直近で電源を作り出す必要がある

電子回路を動作させるには電源回路が不可欠ですが，できればその設計にはかかわりたくないと考える方は少なくないでしょう．電源専門の技術者をおくことも難しく，専門外のエンジニアが電源まで面倒を見なければならないのが実情かもしれません．

■ これまでのディジタル回路用の電源

スペースなどに余裕があるなら，要求仕様に合った電源ユニット/モジュールを選定して装置に組み込めば，電源回路の設計を回避できます．リーズナブルな製品もたくさんありますし，要求に見合うものがなければ特注も可能です．少し前までは，**図8(a)** のような集中型電源の構成が多く見られました．基板の外部や基板上に多出力の電源ユニット/モジュールを置き，基板側では電源パターンとバイパス・コンデンサを用意する程度で済ませる場合が多かったのです．しかし，ディジタル回路の高速化・高密度化が進むとともに，事情が変わってきました．

■ 高性能なプロセッサやFPGAの登場

最近の高性能なプロセッサ(CPUやDSP，各種の専用エンジンなど)やFPGAのコア電圧は下がる一方で消費電力が増加しています．このようなICは低電圧で大電流の電源を要求します．これを集中型電源で動かそうとすると，電源ラインが長くなり，配線やプリント・パターンによる電圧降下が大きくなります．インダクタンスも大きくなるため，急な負荷変動への応答も遅れます．結果として電源電圧が不安定になり，肝心のプロセッサやFPGAの動作が不安定になります．

この電源ラインで発生する問題を回避するため，**図8(b)** のように負荷の近くまでは12V程度の比較的高い電圧の中間バスを給電し，負荷の直近で必要な電圧を作り出すPOL(Point of Load)電源が利用されるようになりました．このように，基板上に複数のオンボード電源を載せる構成を分散型電源と呼びます．中間バスは電圧が高いので，比較的小さな電流で大電力を供給できます．また，負荷に供給する電圧はPOL電源で精度良く安定化できます．

分散型電源は，高速な通信機器などから応用が始まりました．今ではさまざまな機器に高性能なプロセッサが載るようになったため，大容量のオンボード電源を搭載しなければならなくなっています．しかも，より大容量で小型・高効率を求められるようになっています．

図8 集中型電源と分散型電源の違い

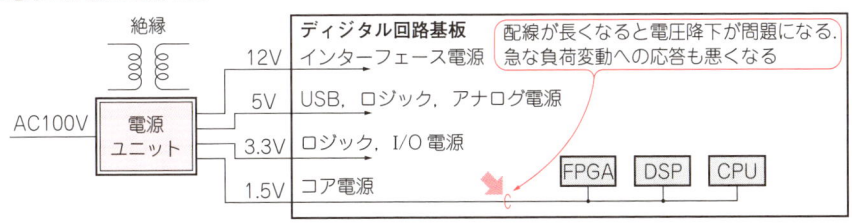

(a) 集中型電源…一つの電源ユニットから複数の負荷に供給する

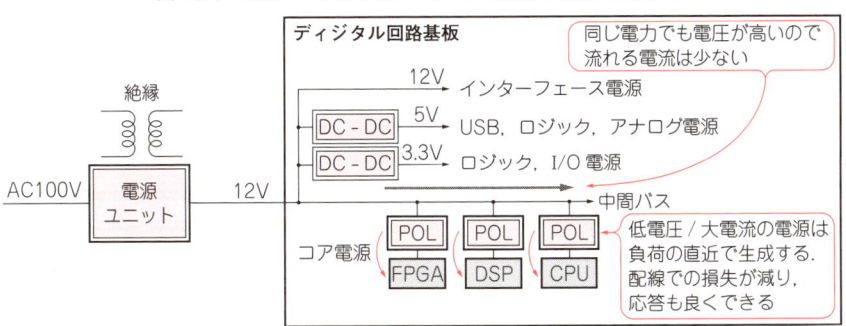

(b) 分散型電源…負荷が必要とする電源を負荷近くで生成する

2-6 電源回路設計のトレードオフとは何か？
一つの特性を良くすれば別の特性が悪化するという関係

■ スイッチング電源は考えることがたくさん

オンボード電源といっても，小容量のものなら従来のシリーズ電源で簡単に実現できます．しかし，3端子レギュレータに代表される **図9(a)** のような シリーズ電源 は，入出力間のトランジスタを可変抵抗のように使って電圧を下げるため，効率が低く発熱しやすい難点があります．入出力電圧差（ ドロップアウト電圧 ）と出力電流に比例して損失を生じて発熱します．

POL電源の多くは， **図9(b)** のようなスイッチング型の電源です．トランジスタのスイッチングで電圧を下げるため，損失が少なく高効率で，発熱も小さいのが特徴です．電源設計はアナログ回路設計の中でも敷居が高い領域ですが，とりわけスイッチング電源は，

- インダクタを必要とする
- PWM制御 や フィードバック制御 など考え方も面倒
- 設計手順も複雑
- 設計時の計算量も多い

といった難しさがあります．

簡単に使えるシリーズ電源は低効率，高効率のスイッチング電源を作るのが難しいというのが，電源設計における最初のトレードオフとも言えるでしょう．

■ 回路面積と効率，コストのトレードオフ

● 小型化を追求しすぎると効率が悪くなる

POL電源の場合，従来は電源回路を搭載していなかったディジタル基板に，後から割り込む形になります．しかも，POL電源を置くべき プロセッサ や FPGA の周辺は，多数のディジタル信号パターンで占められています．最短で配線しなければならないとか，等長で配線しなければならないとか，ただでさえ頭の痛い問題が山積みです．その中に何とかスペースを作り出して電源回路を押し込まなければなりません．このため，POLは小型であることがきわめて重要です．

サイズだけでなく，効率も重要です．負荷であるプロセッサやFPGAはそのものの発熱も大きく，放熱にも苦労しているのが実情でしょう．その近くにPOL電源を押し込むのですから，放熱用のパターンを設けたり，放熱器を追加するスペースなどありません．POL電源の発熱を最小限に抑えなければなりません．

スイッチング電源の設計では，小型化と高効率化は両立が難しいトレードオフの関係です．

● 小型で高性能な部品はコストが高い

一般に， インダクタ はスイッチング電源に必要な部品の中でも外形が大きく，価格も高くなりがちです．最近ではインダクタの改良が進み，以前よりもはるかに小型・薄型で高性能な製品が選べるようになってきました．ただし，高性能のインダクタは価格もそれなりに高く，電源全体のコストを押し上げます．

回路を小型化しようとすると，効率が悪くなっていきます．また，高効率化と小型化を両立しようとすると，今度はコストが跳ね上がります．電源設計においては，このような効率，サイズ，コストの三者間のトレードオフをいかに解決するかが重要です．

図9 シリーズ電源とスイッチング電源

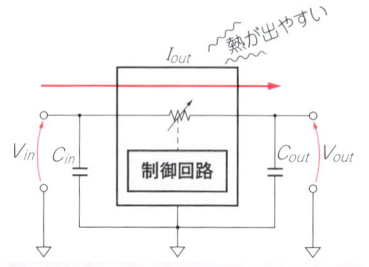

(a) シリーズ電源は簡単だが損失が多い

トランジスタを連続動作させて電圧を下げる．$(V_{in} - V_{out})I_{out}$ が内部損失になる．回路は簡単だが損失，発熱が大きい

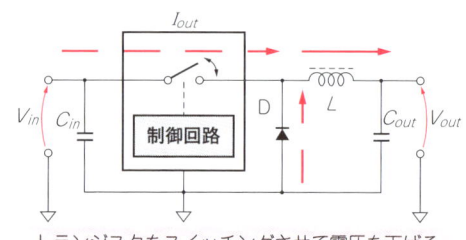

(b) スイッチング電源は損失は少ないが複雑

トランジスタをスイッチングさせて電圧を下げる．原理的には内部損失は発生しない．連続的な出力電流を得るにはインダクタが必要

2-7 降圧型DC-DCコンバータの基本動作は？

入力から負荷に供給するエネルギーをスイッチで断続する

■ スイッチとダイオードがインダクタに交互に電流を流す

図10は，降圧型DC-DCコンバータの動作を簡略化したものです．**図10(a)**のようにスイッチSW_1がONすると，電流が入力側からインダクタL_1に流れ，そのまま出力側に流れていきます．インダクタは，電流の変化を妨げる働きをもつ素子です．**図10(b)**のようにSW_1をOFFすると，インダクタは電流を流し続けようとします．このときダイオードD_1が導通し，GNDからインダクタを経由して出力側に電流を流し続けます．**図10(a)**と**図10(b)**の動作を繰り返すことで，**図10(c)**のように出力側に連続的な電流I_{out}を供給します．

ここでは，このI_{out}が一定電流であると仮定して，降圧型DC-DCコンバータの動作を簡単に見積もってみましょう．

■ 入出力の電圧比でスイッチのオン/オフ比が決まる

スイッチング周期をt_{CYC}，オン時間をt_{ON}，オフ時間をt_{OFF}とすると，デューティ比（1周期の中でのON時間の比率）は，

$$D_C = t_{ON}/t_{CYC} \quad \cdots\cdots\cdots (2\text{-}1)$$

です．

SW_1がONの期間は入力電圧V_{in}，入力電流I_{out}なので，入力電力$P_{in(on)}$は，

$$P_{in(on)} = V_{in} I_{out} \quad \cdots\cdots\cdots (2\text{-}2)$$

で求まります．SW_1がOFFの期間は入力側からの電流が0なので，入力電力$P_{in(off)}$は，

$$P_{in(off)} = 0 \quad \cdots\cdots\cdots (2\text{-}3)$$

です．以上の式から平均入力電力P_{in}は，

$$P_{in} = P_{in(on)}\frac{t_{ON}}{t_{CYC}} + P_{in(off)}\frac{t_{OFF}}{t_{CYC}} = V_{in} I_{out} D_C \cdots (2\text{-}4)$$

と求まります．

出力電力P_{out}は，SW_1がONでもOFFでも出力電圧V_{out}，出力電流I_{out}なので，

$$P_{out} = V_{out} I_{out} \quad \cdots\cdots\cdots (2\text{-}5)$$

です．スイッチング電源の効率は理想的には100%なので，$P_{in} = P_{out}$です．従って式(2-4)と式(2-5)から，

$$P_{in} = P_{out}$$
$$V_{in} I_{out} D_C = V_{out} I_{out}$$
$$D_C = \frac{V_{out}}{V_{in}} \quad \cdots\cdots\cdots (2\text{-}6)$$

と求まり，デューティ比は入出力の電圧比と一致させなければならないことが分かります．

実際の回路では，出力電圧V_{out}が所定の電圧になるようにデューティ比をPWM制御することで，V_{in}が変動してもV_{out}を一定に保っています．実際には各部に損失が生じるので，$P_{in} > P_{out}$となりデューティ比も式(2-6)とは少し変わります．

図10 降圧型DC-DCコンバータの動作原理

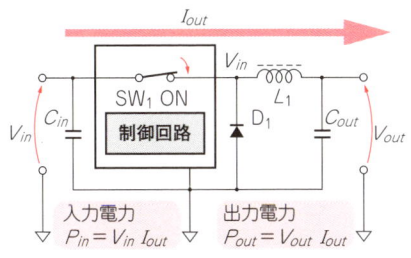

(a) SW_1がONの期間

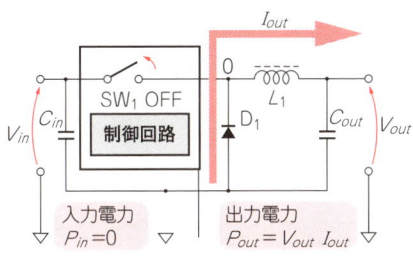

(b) SW_1がOFFの期間

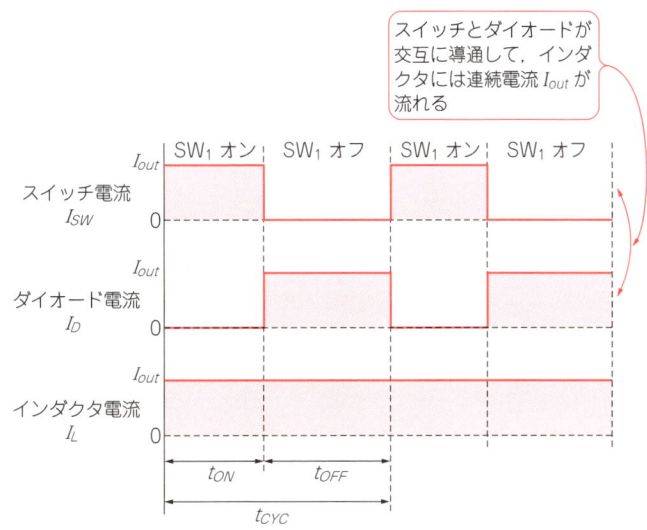

(c) おおざっぱに見た電流波形

2-8 インダクタを流れるリプル電流とは何か？

スイッチがオンの期間にインダクタ電流が増加し，オフの期間に減少する繰り返しとなる

■ インダクタの基本的な性質

抵抗は，電圧と電流が常に比例関係になる素子です．式で表すと，$V = IR$（オームの法則）です．電圧が0なら電流も0ですし，一定の電圧を加え続ければ一定の電流が流れ続けます．

これに対してコンデンサは，電流の積分と電圧が比例する素子です．式で表すと，

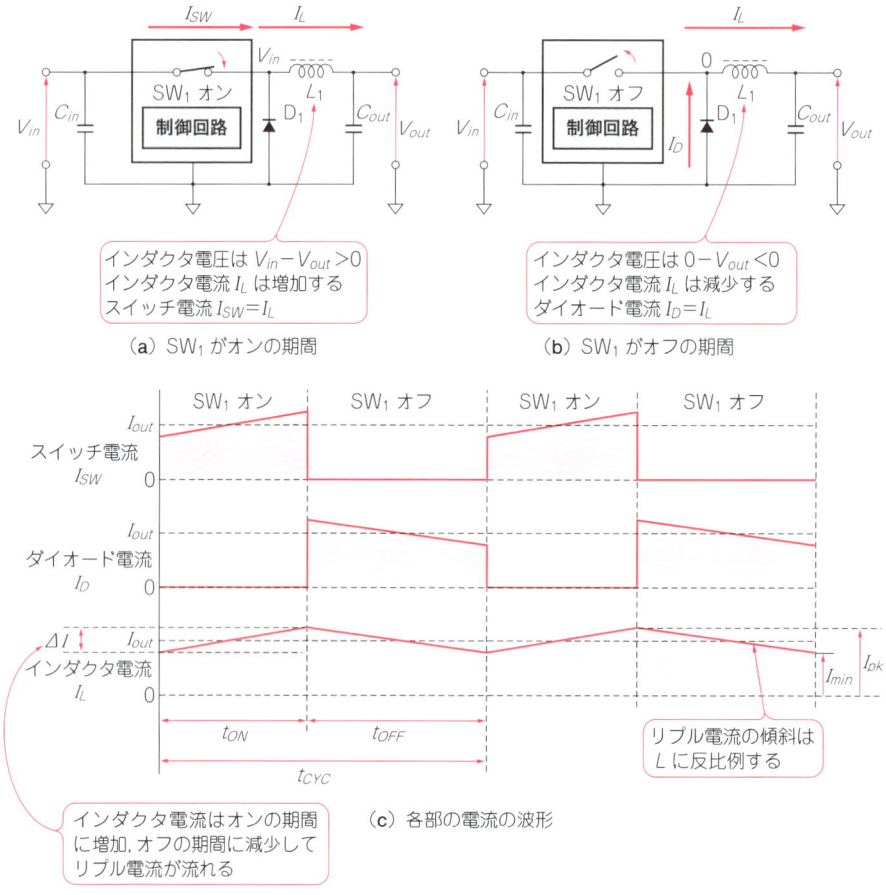

図11 DC-DCコンバータの動作を理解するにはまずインダクタの電流の変化を捉える

(a) SW_1がオンの期間
インダクタ電圧は $V_{in} - V_{out} > 0$
インダクタ電流 I_L は増加する
スイッチ電流 $I_{SW} = I_L$

(b) SW_1がオフの期間
インダクタ電圧は $0 - V_{out} < 0$
インダクタ電流 I_L は減少する
ダイオード電流 $I_D = I_L$

(c) 各部の電流の波形
インダクタ電流はオンの期間に増加，オフの期間に減少してリプル電流が流れる
リプル電流の傾斜は L に反比例する

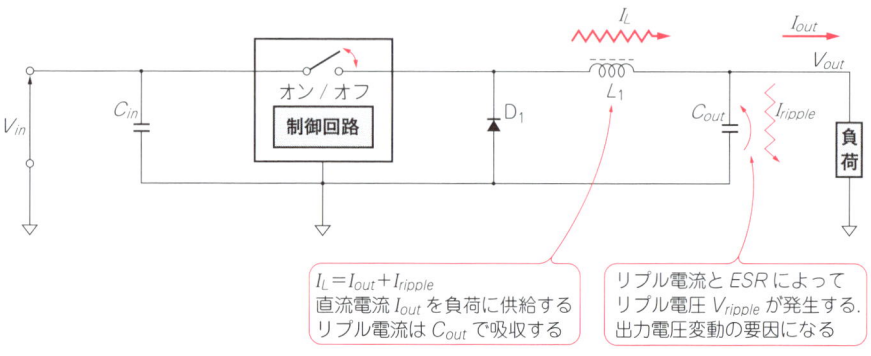

図12 出力コンデンサでリプル電流を吸収する

$I_L = I_{out} + I_{ripple}$
直流電流 I_{out} を負荷に供給する
リプル電流は C_{out} で吸収する

リプル電流と ESR によってリプル電圧 V_{ripple} が発生する．出力電圧変動の要因になる

$$V = \frac{1}{C}\int I dt$$

となり，電流Iが流れ続けることで，電圧Vが徐々に変化します．特に，一定の電流を流し続けたときは，電圧は一定の傾斜で上昇または下降します．

● **インダクタに一定の電圧を加えると電流は一定の傾斜で増加/減少する**

インダクタの場合は，電流の微分（変化率）と電圧が比例します．式で表すと，

$$V = L\frac{dI}{dt} \quad \cdots \cdots \cdots \cdots \cdots \cdots \cdots \cdots (2\text{-}7)$$

です．電圧Vを加え続けることで，電流Iが徐々に変化します．特に，一定の電圧を加え続けたときは，電流は一定の傾斜で増加または減少します．

● **電圧が低い方から高い方に流れることもある**

抵抗の場合は，電流は必ず電圧が高い方から低い方に流れます．インダクタも，基本的には電圧が高い方から低い方に電流を流そうとしますが，電圧の向きを切り替えても電流の向きはすぐには切り替わりません．時間がたつと電圧が高い方から低い方に流れるようになりますが，過渡的には逆に電圧が低い方から高い方に流れることもあるのです．

■ インダクタの働きで出力電流が波打つ

インダクタ電流が **図10(c)** のように一定なら話は簡単なのですが，実際にはそうはいきません．先のようなインダクタの性質を念頭に置いて，電流の流れ方を考察してみましょう．それには，インダクタに加わる電圧を考える必要があります．

SW_1がオンの期間は，**図11(a)** のように入力電圧V_{in}がインダクタの左端に加わるので，インダクタ電圧は$V_{in} - V_{out} > 0$です．従ってインダクタ電流I_Lは一定の傾斜で増加します．またSW_1がオフの期間は，**図11(b)** のようにダイオードが導通してインダクタの左端がGNDに短絡するので，インダクタ電圧は$0 - V_{out} < 0$となります．従ってインダクタ電流I_Lは一定の傾斜で減少します．

● **三角波状のリプルのある直流電流がインダクタに流れる**

各電流波形は **図11(c)** のように表せます．インダクタの電流波形を見ると，平均値はI_{out}で変わりませんが，SW_1がオンの期間は増加し，SW_1がオフの期間は減少しています．増加の傾斜は$V_{in} - V_{out}$に，減少の傾斜は$-V_{out}$に比例します．見方を変えると，インダクタ電流は一定の直流電流I_{out}に，三角波のリプル電流が重畳したものと見なすことができます．

■ リプルはなくせない

リプル電流は，出力電流としては不要なものです．しかし，リプル電流は部品の特性が悪いために生じたものではなく，インダクタの本来の性質から生じるものなので，なくすことはできません．

そこで **図12** のように，出力コンデンサC_{out}でリプル電流を吸収して（実際には，リプル電流だけを出力コンデンサを通じてグラウンドに環流させることによって），出力側には一定の直流電流を供給します．

しかし，これでもリプル分をなくすことはできません．コンデンサには内部抵抗（等価直列抵抗：ESR）があるため，リプル電流が抵抗を流れることでリプル電圧が生じます．このリプル電圧は，スイッチング電源の主要な出力変動要因です．出力電圧変動が許容幅に収まるように，振幅ΔIやESRを小さく抑えなければなりません．

リプル電流が大きいと，平均電流I_{out}が同じでも電流のピーク値I_{pk}が大きくなり，各部品の電流定格に注意が必要になります．逆に電流の最小値I_{min}が小さくなりすぎて，オフ期間にインダクタ電流が0にならないように注意が必要です．

連続伝導モードと不連続伝導モード　　　　　　　column

本章では，t_{OFF}の期間にインダクタ電流が流れ続ける（減少しても0にはならない）と想定しています．これを連続伝導モード，またはCCM（Continuous Conduction Mode）と呼び，広く使われています．

一方，設計方法によっては，t_{OFF}の期間にインダクタ電流が減少して0になってしまう使い方も可能です．これを不連続伝導モード，またはDCM（Discontinuous Conduction Mode）と呼びます．電流が0の期間は損失を生じないので高効率にできる可能性がありますが，計算や解析が複雑です．

2-9 インダクタの選択で考慮すべきトレードオフとは何か？

インダクタの電気的な特性は，物理的な大きさや形状と関連する

■ インダクタの選択時に考えるべきこと

● インダクタンスを大きくすればリプル電流を小さくできるが…

式(2-7)のように，インダクタ電流の変化率dI/dtはインダクタンスLと反比例します．つまり，Lの値を大きくするほどdI/dtが小さくなり，リプル電流の振幅ΔIを小さく抑えることができます．しかし，Lを大きくしすぎると，**図13**のように別の問題が生じてきます．

● Lを大きくすると急な負荷変動に追従できなくなる

dI/dtが小さくなるということは，電流の大きさが変わりにくいということです．つまり，動作状態によって急激に変化するプロセッサなどの電流消費に，電源回路の出力電流が追従できなくなってしまいます．

● Lを大きくすると物理的なサイズが大きくなる／特性も悪くなる

インダクタは，Lを大きくするほど巻き線数が増えて，サイズが大きくなってしまいます．また，導線抵抗や線間容量が増加して特性が悪くなる傾向があります．さらにフェライト・コアの材質や形状を変えて透磁率を高めれば，巻き線数を増やさずにLを大きくできます．ただし透磁率が高いコアは直流電流によって飽和しやすくなる難点があるので，ギャップを設けて逆に透磁率を下げているインダクタもあります．

● リプル電流を許容範囲に収めるようにLを決める

Lを大きくするほどリプル電流を小さくできますが，負荷変動への応答性や実際の部品の選択を考えるとLは小さいほど良いということになります．

そのため，実際の設計時にはリプル電流をある程度許容して，Lの値は小さめに決めます．Lを小さめに選べばインダクタは小型にできますが，その代わりに出力コンデンサを大きめに選ばなければなりません．

一般的な目安としては，リプル電流の振幅ΔIが出力電流I_{out}の30％（またはそれ以下）になるようにLを決めて，さらに出力リプル電圧が出力電圧変動の許容幅よりも小さくなるようにC_{out}やESRを決めます．

■ スイッチング周波数の決定時に考えるべきトレードオフ

● スイッチング周波数を高くすればインダクタンスを小さくできるが…

スイッチング周波数f_{SW}を高くすると，**図14**に示すように三角波の傾斜dI/dtを変えないまま，リプル電流の振幅ΔIを小さくする効果が得られます．これによって，より小さい値のインダクタを使えるようになり，実装面積を削減できたり，応答を高速化できます．しかも，この場合はリプル電流自体が小さくなっ

図13 インダクタンスを決めるときのトレードオフ

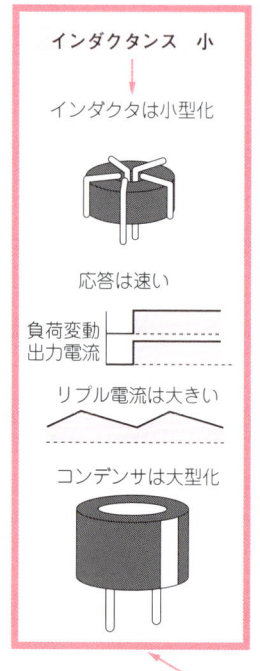
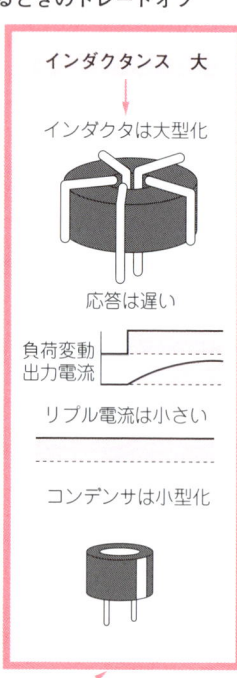

トレードオフの関係

図14 スイッチング周波数を高くするとリプル電流が小さくなる

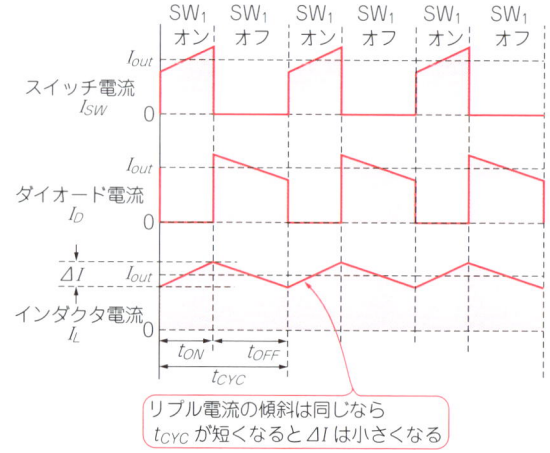

リプル電流の傾斜は同じなら t_{CYC} が短くなると ΔI は小さくなる

たので，C_{out} も同時に小さくできます．

● **スイッチング周波数を上げると損失が大きくなる**

スイッチング周波数を高くすると，また別の問題が生じます．スイッチ素子やダイオードで発生するスイッチング損失が増加し，効率が低下して発熱が大きくなります．ここでも効率とサイズのトレードオフにぶつかります．しかし，スイッチング周波数を高くすることが電源小型化の決め手であることは確かなので，ICメーカではスイッチング損失を減らし，より高速に動作するように電源ICの改良を続けています．おおざっぱにいえば，20年前のスイッチング周波数は数十kHz，10年前は数百kHzになり，最近では数MHzに達した製品もあります．

同期整流コンバータについて　　　column

スイッチング方式のDC-DCコンバータでは，元々の原理では本文の**図6**や**図7**に示すように，スイッチがオンの期間はダイオードがオフ，スイッチがオフの期間はダイオードがオンになるように，自動的にダイオードがオン/オフの動作をします．ダイオードは，アノード電圧>カソード電圧ならオンになり，アノード電圧<カソード電圧ならオフになる受動的なスイッチ素子です．

ただし，ダイオードは導通時に順電圧V_F分の損失を生じます．そのため低V_FのSBD（ショットキー・バリア・ダイオード）が用いられますが，最近ではメイン・スイッチ（パワーMOSFET）の低損失化（オン抵抗R_{on}の低減）が進み，ダイオードの損失が目立つようになりました．また，スイッチング損失に関しても，パワーMOSFETの高速化によりダイオードの損失が目立ちます．

そこで，ダイオードのかわりに，メイン・スイッチと同等のスイッチ素子を用いて交互にオン/オフさせる同期整流型のDC-DCコンバータが増えてきました．回路構成を見れば，降圧型DC-DCコンバータと昇圧型DC-DCコンバータの対称性（入力と出力を逆にした）がよく分かります．

なお，これは同期整流型に限ったことではありませんが，スイッチにMOSFETを用いる場合，ローサイド（低電圧側）スイッチにはNチャネルMOSFETを用いますが，ハイサイド（高電圧側）スイッチにはPチャネルMOSFETを用いる場合（コンプリメンタリ型）とNチャネルMOSFETを用いる場合（トーテムポール型）があります．自由電子をキャリアとするN型半導体は正孔をキャリアとするP型半導体よりも駆動能力が高いため，Nチャネルの方が小さい面積で低オン抵抗のMOSFETを作ることができます．その点ではハイサイド・スイッチはNチャネルの方が有利なのですが，ゲート駆動に高い電圧が必要なため昇圧回路（ブートストラップ回路）を追加しなければならないという欠点もあります．PチャネルMOSFETは，Nチャネルと同等の低オン抵抗を実現するには素子面積が大きくなってしまう反面，ゲート駆動は容易にできます．市販のDC-DCコンバータICでも，この2種類のタイプが混在しています．

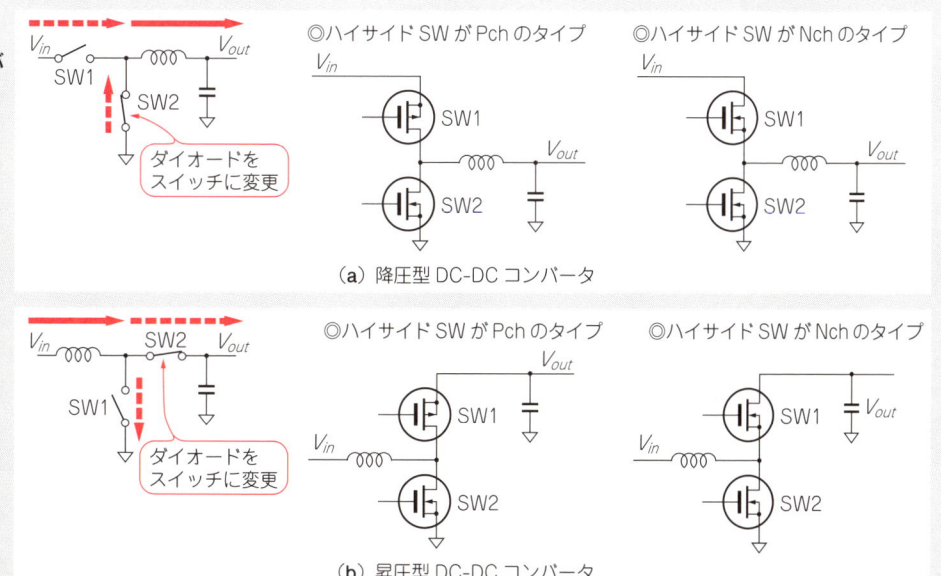

図B 同期整流コンバータ

（a）降圧型 DC-DC コンバータ

（b）昇圧型 DC-DC コンバータ

2-9 インダクタの選択で考慮すべきトレードオフとは何か？　　31

2-10 降圧型DC-DCコンバータのインダクタとコンデンサの選び方は？

互いに補い合う性質を持つ素子であり，うまく組み合わせることが大切

■ インダクタと出力コンデンサはフィルタとも考えられる

インダクタLと出力コンデンサC_{out}については，2-9節とは別の観点からの検討も必要です．図11で示したとおり，SW_1とD_1の接続点の波形は，スイッチングによってV_{in}と0Vを交互に繰り返す方形波となります．

図15(a)のように，L_1とC_{out}は2次ローパス・フィルタを構成しており，その働きで方形波成分を減衰させて，出力電圧を平滑化していると見なすこともできます．

● 共振周波数f_0をスイッチング周波数f_{SW}の1/100程度にする

このLCフィルタは，図15(b)のように共振周波数f_0を境に，低周波側と高周波側で特性が変わります．共振周波数f_0は，

$$f_0 = \frac{1}{2\pi\sqrt{L_1 C_{out}}} \quad \cdots\cdots (2\text{-}8)$$

で求まります．

f_0より低い周波数では，入力電圧はそのまま出力されます．f_0より高い周波数では，周波数の2乗に反比例して電圧振幅が減衰していきます．

理想的なLとCを使うと，f_0において無限大のピークができますが，実際の回路ではインダクタと出力コンデンサのESRのために，ピークは抑えられます．

ピークを十分に抑えるためには，インダクタと直列に抵抗を挿入すればよいのですが，電源回路では損失を増やすので直列抵抗は禁物です．

スイッチング周波数f_{SW}の方形波を十分に減衰させるため，通常は，f_0がf_{SW}の1/100程度になるようにLとCの値を選びます．これで周波数f_{SW}の成分は1/10000程度に減衰することになります．

● LとCそしてスイッチング周波数はトレードオフの関係にある

式(2-8)のように，f_0はL_1とC_{out}の積で決まるので，同じf_0を得るために，L_1を小さくC_{out}を大きく選ぶことも，L_1を大きくC_{out}を小さく選ぶこともできます．L_1とC_{out}がトレードオフの関係であることは，ここからもわかります．

スイッチング周波数f_{SW}を高くすると，その分f_0を高くできるので，L_1とC_{out}をどちらも小さくできます．スイッチング周波数を高くすることが小型化の決め手であることが，ここからもわかります．

電源設計ではインダクタ電流とリプル電流の計算が重要なので，LとCを組み合わせたフィルタとして考えるよりも，図12のようにLの性質を中心に考えます．

図15 インダクタと出力コンデンサはローパス・フィルタを構成している

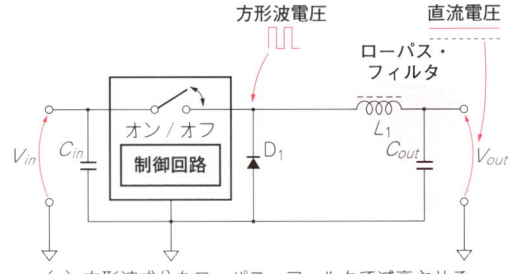

(a) 方形波成分をローパス・フィルタで減衰させる

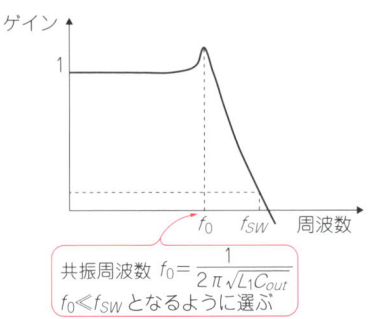

共振周波数 $f_0 = \dfrac{1}{2\pi\sqrt{L_1 C_{out}}}$
$f_0 \ll f_{SW}$となるように選ぶ

(b) LCローパス・フィルタの周波数特性

2-11 出力コンデンサを積層セラミックにすると発振するというのはなぜですか？

電圧を安定化するためのフィードバック制御は，制御ICや素子の特性によって発振することがあるので注意が必要

● **発振の原因はフィードバック・ループに入る位相遅れ要素**

シリーズ・レギュレータでもスイッチング・レギュレータでも，電源出力を制御回路にフィードバックして，出力電圧が所定の値になるように制御しています．このフィードバック・ループに位相遅れ要素があると，動作が不安定になったり発振したりします．

ロー・パス・フィルタは，振幅を減衰させるだけでなく，位相を遅れさせる働きもあります．とくに，前節で説明したLCフィルタは，f_0付近で最大180°の位相遅れがあり，そのままでは発振する可能性があります．

● **ICメーカが指定する部品を使うのが無難**

多くの制御ICは強力な位相補償回路を内蔵し，安定動作を実現しています．ユーザ側では特別な位相補償をしなくても，安心して使うことができます．

ただし，この位相補償回路は，ICメーカが想定した部品の特性に合わせて設計したものです．ICメーカの想定と大きく異なる部品を使用すると，位相補償がうまくいかずに，動作が不安定になることがあります．

● **低ESRの積層セラミック・コンデンサを使うと位相遅れが大きくなる**

降圧型DC-DCコンバータの場合は，インダクタと出力コンデンサの種類の選択に注意が必要です．

従来は，出力コンデンサには，大容量でESRが大きいアルミ電解コンデンサが使われていました．このESRは出力リプル電圧の原因になるので小さい方が良いのですが，一方でフィルタ特性をなだらかにし，f_0付近での位相遅れを抑制する作用もあります．

ところが，最近はチップ・コンデンサの大容量化や，スイッチング周波数の高速化が進み，出力コンデンサとしてESRがきわめて小さい表面実装型の積層セラミック・コンデンサを使うことが増えました．

これを使うと，フィルタ特性が急峻になり，f_0付近での位相遅れが大きくなるため，発振しやすくなります．

▶ **制御ICが低ESR積層セラミック・コンデンサに対応しているか確認する**

最近の制御ICは，積層セラミック・コンデンサの使用を想定して，位相補償回路を強化したものが増えています．しかし，古いタイプの電源ICで積層セラミック・コンデンサを使うと，位相遅れが大きくなって発振することがあります．

コンデンサと同様にインダクタでもきわめてESRの低いものが市販されるようになりました．これらの使用には十分に注意する必要があります．

なお，入力コンデンサはESRが小さくても発振には関与しないので，積層セラミック・コンデンサを選んでも大丈夫です．

2-12 電源回路の効率と損失の関係は？

入力から取り込んだ電力の何%を出力できるか

■ 効率と損失の関係

● 効率は入力から出力へ伝達できる電力の割合

図16のように，効率 η は電源ICと外付け部品をあわせた電源回路全体で，入力側から供給された電力のうちのどれぐらいが負荷側に供給されるのかを示す性能です．

入力電力を P_{in}，出力電力を P_{out} とすると，効率 η は，

$$\eta = \frac{P_{out}}{P_{in}} \quad \cdots\cdots\cdots\cdots\cdots\cdots\cdots\cdots\cdots (2\text{-}9)$$

と表せます．
入力電力をすべて負荷に伝達できる理想的な電源の効率は100%です．

● 損失と効率の関係式

実際には，電源回路でむだに消費される**損失電力**があるので，$\eta < 100\%$ です．出力電力 P_{out} は，要求仕様の V_{out} と I_{out} から $P_{out} = V_{out} I_{out}$ と決まるので，損失の分だけ大きな P_{in} が必要です．

電源回路全体での損失を P_d とすると，

$$P_{in} = P_{out} + P_d \quad \cdots\cdots\cdots\cdots\cdots\cdots\cdots (2\text{-}10)$$

なので，効率 η は式(2-9)と式(2-10)から，

$$\eta = \frac{P_{out}}{P_{out} + P_d} \quad \cdots\cdots\cdots\cdots\cdots\cdots (2\text{-}11)$$

と表せます．
逆に，損失 P_d を効率 η で表せば，

$$P_d = \frac{P_{out}}{\eta} - P_{out} = \left(\frac{1}{\eta} - 1\right) P_{out} \quad \cdots\cdots\cdots (2\text{-}12)$$

と表せます．

■ データシートに記載されている効率は鵜呑みにできない

出力電力などの仕様が異なる電源でも，効率の値は直接比較できます．したがって電源回路を評価する場合，まず効率を考えるのが普通です．

たいていの場合，電源ICのデータシートには効率の値が記載されていますし，回路を試作して全体の入力電力と出力電力を測定すれば，効率 η の実測値は容易に求められます．

この効率は，電源回路全体での効率であって，制御IC単独で効率を考えているわけではありません．制御ICや部品を個別に考えるときは，効率ではなく損失を利用する必要があります．

後ほど説明しますが，電源IC単独の損失は，電源回路全体の損失から既知の損失を差し引くことで推定します．

実際の降圧型DC-DCコンバータの効率は，良くて90％台，悪くて70％台です．効率を左右する最大の要因は制御ICですが，同じ制御ICでも，使い方によって効率が変わります．データシートでは，さまざまな使い方の中での最高スペックを強調していることも多く，実際にはそれほどの効率が得られない場合が多いものです．

図16 電源の効率と損失の関係

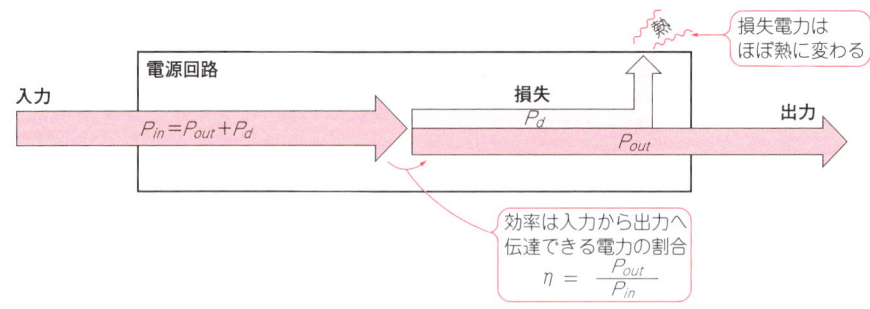

2-13 降圧型DC-DCコンバータの損失の発生要因は？

電源IC, 素子などさまざまな部分で損失を発生する

■ 損失はどこで発生するのか

● 損失は電流が流れる経路で生じる

DC-DCコンバータの主な損失要因を図17に示します．電流Iが流れる経路に抵抗Rまたは電圧降下Vがあれば，$P=I^2R$または$P=IV$だけの損失Pを生じます．交流の場合はインダクタのコア損失など，電流経路の周囲で損失を生じることもあります．

電流が大きいほど損失も大きいので，電源回路の場合，入力側から出力側に電流が通過する経路が最も問題になります．

● 入力電圧を上げ下げして損失の最大点を確認する

降圧型DC-DCコンバータでは，一般には入力電圧が高い（入出力の電圧差が大きい）ほど損失が大きくなります．ただし，入力電圧が最小（$V_{in}=V_{in\min}$）のとき損失が最大になる場合もあるので，最悪条件は確認する必要があります．

■ DC-DCコンバータの損失の三大要素

DC-DCコンバータで発生する損失の中では，一般に制御IC（スイッチ）やダイオードによる損失が最も大きくなります．その次に，インダクタで発生する損失があります．設計段階ではおもに，制御ICの損失P_{dIC}，ダイオードの損失P_{dD}，インダクタの損失P_{dL}の三つを見積もる必要があります．

● 制御ICで発生する損失

制御ICが内蔵するスイッチでは，定常電流による損失（定常損失）のほかに，大きなスイッチング損失が発生します．これを計算で精度良く見積もるのは困難です．定常損失はスイッチング周波数に依存しませんが，スイッチング損失はスイッチング周波数に比例して増加します．

制御ICではスイッチの定常損失とスイッチング損失のほかに，スイッチの駆動回路や発振回路，制御回路などでも損失が発生します．その中にも，定常的な損失とスイッチング損失があります．これらを計算で見積もるのは困難ですが，スイッチでの損失に比べると大きさは小さめです．

● ダイオードで発生する損失

ダイオードも大きな電流が流れる部分です．スイッチと同じようにスイッチング動作をするため，定常損失とスイッチング損失が発生します．

● インダクタで発生する損失

インダクタには等価直列抵抗（ESR）があり，大きな電流が流れることによって定常損失が発生します．入力コンデンサや出力コンデンサにも，ESRによる定常損失がそれぞれありますが，大きな直流電流が流れるインダクタに比べると損失は小さめです．

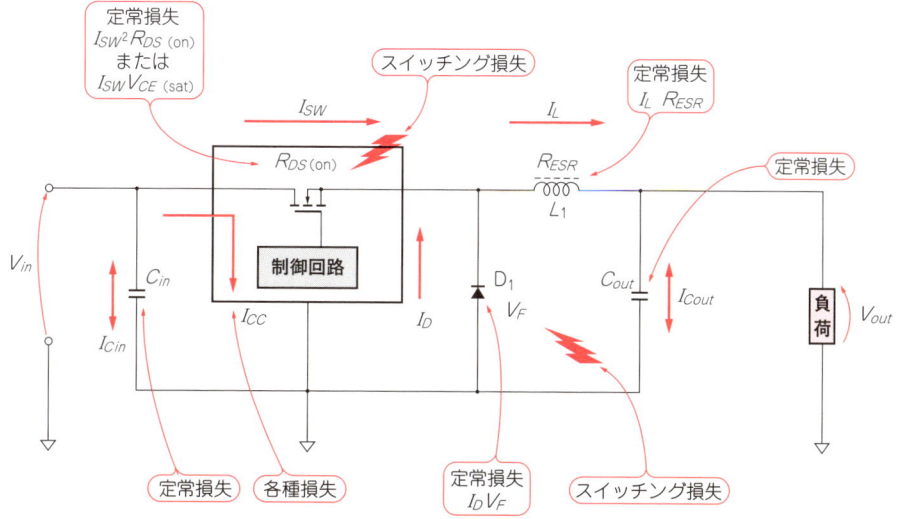

図17 DC-DCコンバータの主な損失要因

一般に，スイッチ，ダイオード，インダクタの定常損失が大きい．この三つは計算でも見積もりやすい

2-14 損失の具体的な見積もり方は？

個々の損失には見積もりやすいものと見積もりにくいものがある

個々の損失を精度良く見積もれるなら，それらを合算することによってトータルの損失も精度良く見積もれます．しかし，実際には計算で精度良く求めるのは難しいものもあります．通常は，次のような方法で損失を見積もります．

電源回路全体のトータルの損失 P_d は，出力の要求仕様（出力電圧 V_{out}，出力電流 I_{out}）と効率 η から簡単に計算できます．設計の初期段階では効率を精度良く見積もるのは難しいのですが，スイッチがバイポーラ・トランジスタの場合は $\eta=80\%$，MOSFET の場合は $\eta=90\%$ と仮定すれば，それほど見当違いの結果にはならないという経験的手法があります．

■ 制御ICの損失は消去法で求める

定常損失に限れば，ダイオードの損失 P_{dD} とインダクタの損失 P_{dL} は簡単な計算で見積もれます．そこで図18のように，制御ICの損失 P_{dIC} は，トータルの損失 P_d からこの二つの損失を差し引くことで見積もります．つまり，

$$P_{dIC} = P_d - (P_{dD} + P_{dL})$$

と計算します．

この見積もり方法では，制御ICの損失 P_{dIC} の中に，図17に示したそのほかの損失すべてが含まれます．したがって，制御ICに関しては実際よりも厳しく見積もっていることになります．なお，部品の定格の計算や熱設計の際は，ダイオード，インダクタ，そのほかの部品の損失についても，それぞれ個々に厳しく見積もる必要があります．

■ トータルの損失を求める

トータルの損失 P_d は，入力電力 P_{in} と出力電力 P_{out} の差であり，通常は効率 η から次式で求めます．

$$P_d = \left(\frac{1}{\eta} - 1\right) P_{out} = \left(\frac{1}{\eta} - 1\right) V_{out} I_{out} \cdots (2\text{-}13)$$

● ダイオードとスイッチの損失見積もりに必要なデューティ比の計算

スイッチとダイオードの定常損失は，比較的容易に見積もれます．図19のように，スイッチでは SW_1 がオンの期間だけ電流が流れて定常損失を生じ，ダイオードでは SW_1 がオフの期間だけ電流が流れて定常損失を生じます．これらを見積もるには，デューティ比 D_C を先に見積もっておく必要があります．

● インダクタ電圧からデューティ比を求める

インダクタの性質から考えると，t_{ON} の期間には $I_{SW} = I_L$ は $V_{in} - V_{out}$ に比例して増加します．t_{OFF} の期間には $I_D = I_L$ は $-V_{out}$ に比例して減少し，増加分と減少分が一致するので，

$$(V_{in} - V_{out})D_C - V_{out}(1 - D_C) = 0 \cdots (2\text{-}14)$$
$$V_{in} D_C - V_{out} = 0$$

すなわち，

$$D_C = \frac{V_{out}}{V_{in}}$$

となり p.27 の式(2-6)と同じ結果が得られます．

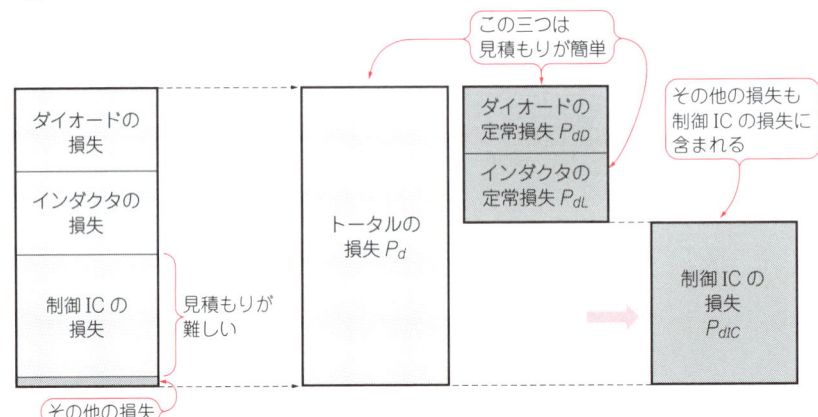

図18 制御ICの損失の見積もり方

(a) 全体の損失と構成　　(b) 全体からわかっている損失を差し引く

● **実用的な計算式**

設計の初期段階では式(2-14)の考え方を使い，スイッチの電圧降下V_{SW}とダイオードの電圧降下V_Fの分だけを補正して，簡単にD_Cを見積もるのが普通です．

式(2-14)に各電圧降下を入れると，

$$(V_{in} - V_{SW} - V_{out})D_C - (V_F + V_{out})(1 - D_C) = 0$$

となり，変形すると，

$$D_C = \frac{V_{out} + V_F}{V_{in} - V_{SW} + V_F} \quad \cdots\cdots (2\text{-}15)$$

となります．V_{SW}が大きいほど分母が小さくなり，D_Cが大きくなります．これは，V_{SW}が大きいほどスイッチ素子での損失が大きくなり，P_{in}を増やさなければならないことを意味します．また，V_Fは分子と分母に同じように加えられていますが，もともと分子の方が小さいのでV_Fを加えた影響が大きく出ます．したがって，V_Fが大きいほどD_Cが大きくなります．これも，V_Fが大きいほどダイオードでの損失が大きくなり，P_{in}を増やさなければならないことに対応しています．

スイッチ素子がバイポーラ・トランジスタの場合はコレクタ-エミッタ飽和電圧$V_{CE(\text{sat})}$の値をV_{SW}とします．MOSFETの場合は出力電流I_{out}とドレイン-ソース間のオン抵抗$R_{DS(\text{on})}$から，$V_{SW} = I_{out} R_{DS(\text{on})}$とします．

■ インダクタの定常損失を求める

まず，インダクタに流れる電流I_Lを考えます．

I_Lはt_{ON}の期間に増加，t_{OFF}の期間に減少し，これが繰り返されます．I_Lの増減(リプル電流)は出力コンデンサC_{out}で平滑化されるので，I_Lの平均値I_{Lave}は出力電流I_{out}と等しくなります．つまり，

$$I_{Lave} = I_{out} \quad \cdots\cdots (2\text{-}16)$$

です．インダクタの定常損失は，通常はこの平均電流を使って，

$$P_{dL} = 1.1 I_{Lave}^2 R_{ESR} = 1.1 I_{out}^2 R_{ESR} \quad \cdots\cdots (2\text{-}17)$$

と簡単に求めます．係数の1.1は，インダクタのコア損失の分を補正する経験値です．R_{ESR}はインダクタの ESRで，データシートに記載されている値を使います．

I_Lにはリプル電流が重畳しており，損失は電流の2乗で決まるため，平均電流でなく実効値で計算する必要があります．しかし，係数の1.1はその分の補正も含んでいるので，平均電流を使って計算しても問題ありません．

■ ダイオードの定常損失を求める

インダクタと同様に，ダイオードに流れる電流I_Dを考えます．I_Dはt_{OFF}の期間だけに流れ，流れている期間の平均電流はI_{out}になります．したがって，1周期全体で考えたI_Dの平均値I_{Dave}は次式で表されます．

$$I_{Dave} = I_{out} \frac{t_{OFF}}{t_{CYC}} = I_{out}(1 - D_C) \quad \cdots\cdots (2\text{-}18)$$

損失は，t_{OFF}の期間に電流I_{out}が流れ，電圧降下V_Fが生じることで発生します．

1周期全体で考えた定常損失P_{dD}は，次式で求まります．

$$P_{dD} = V_F I_{Dave} = V_F I_{out}(1 - D_C) \quad \cdots\cdots (2\text{-}19)$$

ダイオードの損失は，オン抵抗の影響(順電流によってV_Fが変動する)やスイッチング損失もありますが，通常は式(2-20)で見積もります．

■ 制御ICの損失を求める

以上で求めたP_d，P_{dL}，P_{dD}から，制御ICの損失P_{dIC}を見積もると，

$$P_{dIC} = P_d - (P_{dL} + P_{dD}) \quad \cdots\cdots (2\text{-}20)$$

となります．このP_{dIC}には，P_{dL}とP_{dD}以外の損失がすべて含まれています．

■ スイッチの定常損失を求める

制御ICの損失の中で大きな部分を占めるのは，スイッチの定常損失P_{dSW}です．これは比較的簡単に計算できるので，個別に見積もることもあります．

● **スイッチ電流I_{SW}を求める**

スイッチ電流I_{SW}は，t_{ON}の期間だけに流れ，流れ

図19 スイッチとダイオードで生じる定常損失

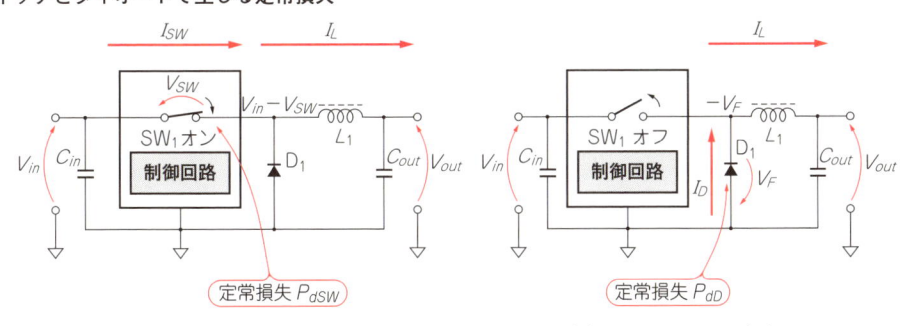

(a) スイッチONのとき

(b) スイッチOFFのとき

2-14 損失の具体的な見積もり方は？

ている期間の平均電流はI_{out}になります．したがって，1周期全体で考えれば，I_{SW}の平均値I_{SWave}は次式で求まります．

$$I_{SWave} = I_{out} \frac{t_{ON}}{t_{CYC}} = I_{out} D_C \quad \cdots\cdots (2\text{-}21)$$

● スイッチ素子がバイポーラ・トランジスタの場合の損失

スイッチ素子がバイポーラ・トランジスタの場合は，t_{ON}の期間だけスイッチ電流$I_{SW}=I_{out}$が流れて，損失$V_{SW}I_{out}$を生じます．V_{SW}は，コレクタ-エミッタ飽和電圧$V_{CE(sat)}$です．この期間は1周期のD_C倍に相当するので，P_{dSW}は次式で求まります．

$$P_{dSW} = V_{SW}I_{out}D_C = V_{CE(sat)}I_{out}D_C \quad \cdots\cdots (2\text{-}22)$$

● スイッチ素子がMOSFETの場合の損失

スイッチ素子がMOSFETの場合は，t_{ON}の期間だけスイッチ電流$I_{SW}=I_{out}$が流れて，損失$I_{out}^2 R_{DS(on)}$を生じます．$R_{DS(on)}$はMOSFETのオン抵抗です．この期間は1周期のD_C倍に相当するので，P_{dSW}は，

$$P_{dSW} = I_{out}^2 R_{DS(on)} D_C \quad \cdots\cdots (2\text{-}23)$$

と求められます．これも，原理的には平均電流でなく実効値で計算する必要がありますが，通常は式(2-23)で簡単に見積もります．

昇降圧型DC-DCコンバータについて

column

降圧型の電源は，元々は商用電源など比較的高い電圧から降圧する用途が多かったため，入出力電圧差に比例して損失が増えるシリーズ・レギュレータに代わって，降圧型チョッパが広く普及してきました．基本的には，入出力電圧差が大きく，負荷電流が大きいほど，降圧型チョッパの利点が大きくなります．

一方，バッテリ駆動機器など入力電圧が低く負荷電流も小さい用途では，シリーズ・レギュレータの欠点はあまり目立ちません．むしろ，常時スイッチング動作をしている降圧型チョッパの方が軽負荷時には効率が低い難点があります．そこで，シリーズ・レギュレータの中でも，特に小さい入出力電圧差で動作可能なLDO（低ドロップアウト）レギュレータが重宝されていました．

しかし，電池は放電の終期には公称電圧から10〜20％ぐらい電圧が低下します．たとえば，公称電圧1.2 VのNiMH二次電池は1 Vぐらいまで，公称電圧3.7 Vのリチウム・イオン二次電池は3 Vぐらいまでは通常の使用範囲であり，LDOを使用してもそれを考慮して入出力電圧差は大きめに設定しなければなりません．

また，降圧型の電源回路では，必要な出力電圧を得るには一般に電池を直列接続して使う必要があります．特性のばらつきによって特定のセルだけが過充電や過放電になることがあるので，直列接続の本数はなるべく減らしたいところです．

そこで，最近普及してきたのが，出力電圧に対して入力電圧が高くても低くても動作可能な昇降圧型チョッパと呼ばれるものです．たとえば，NiMH二次電池3本直列，リチウム・イオン二次電池なら1セルを使用して，最大4.2 V程度から最小2.4 V程度の入力電圧で3.3 Vの出力電圧を得られるような製品が作られています．

昇降圧型のDC-DCコンバータICとして最も一般的なのは，降圧型DC-DCコンバータと昇圧型DC-DCコンバータを直列接続してインダクタを共通化した1インダクタのタイプです．特に，同期整流を採用したタイプでは，入力電圧V_{in}を測定して，降圧動作のみ，昇圧動作のみ，降圧+昇圧，スイッチング動作なし（ドロップアウト）などの動作を容易に使い分けることができます．

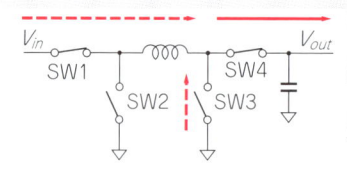

図C 昇降圧型チョッパの動作

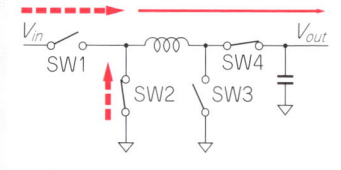

(a) 降圧のみ
$V_{in} > V_{out}$のときに用いる
SW1とSW2がスイッチング
SW3はオフ，SW4はオン

(b) 昇圧のみ
$V_{in} < V_{out}$のときに用いる
SW3とSW4がスイッチング
SW1はオン，SW2はオフ

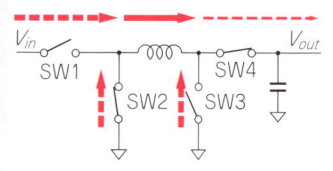

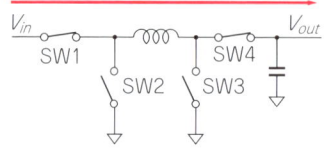

(c) 降圧+昇圧
$V_{in} \approx V_{out}$のときに用いる
SW1とSW2がスイッチング
SW3とSW4がスイッチング

(d) スイッチングなし
$V_{in} \approx V_{out}$のときに用いる
SW1とSW4はオン
SW2とSW3はオフ

2-15 降圧型DC-DCコンバータの設計手順を教えてください

計算すべき事項はとても多いが，その順番や方法はだいたい決まっている

電源設計では，回路の動作や各部品の定数を順次計算して値を求めていきます．

手計算で設計する場合は，なるべく簡単な計算で手早く設計できるように，一般的な手順はだいたい決まっています．使用する制御ICのデータシートに異なる手順が書いてあれば，もちろんそちらに従います．

① 要求仕様を決める

少なくとも，出力電圧 V_{out}，出力電流 I_{out}，最小入力電圧 V_{inmin}，最大入力電圧 V_{inmax} は決めておく必要があります．

出力リプル電圧の許容値 V_{ripple} は，特に指定がなければ 50 mV$_{P-P}$ 程度とします．スイッチング周波数 f_{SW} は，たいていは使用する電源ICで決まりますが，周波数の値を先に決めて合致する電源ICを探すこともあります．

② 制御ICを選ぶ

使用する制御ICが決まれば，スイッチング周波数 f_{SW}，スイッチの電圧降下 V_{SW}，効率 η の仮定値などが決まります．

③ ダイオードを選ぶ

順電圧 V_F が決まります．

④ 時間に関する動作パラメータを計算する

- 1周期の長さ $t_{CYC} = 1/f_{SW}$，
- デューティ比 $D_C = (V_{out} + V_F)/(V_{in} - V_{SW} + V_F)$，
- オン時間 $t_{ON} = t_{CYC} \times D_C$，
- オフ時間 $t_{OFF} = t_{CYC}(1 - D_C)$

を計算します．

⑤ インダクタ電流に関する動作パラメータを計算する

- 平均インダクタ電流 $I_{Lave} = I_{out}$，
- リプル電流振幅 $\Delta I = 0.3 I_{out}$，
- インダクタ電流のピーク値 $I_{pk} = I_{out} + \Delta I/2$，
- 電流変化率 $dI/dt = \Delta I/t_{ON}$

を計算し，目標インダクタンス

$$L = (V_{in} - V_{out})/(dI/dt)$$

を求めます．

⑥ インダクタの選択とパラメータの再計算

⑤で求めた電流値などから最大定格を決め，目標インダクタンス L よりも大きいインダクタンスをもつものを選びます．

インダクタを決めたら，そのインダクタンスを使ってリプル電流などを再計算します．

⑦ 出力コンデンサに関する動作パラメータを計算する

目安とする共振周波数 $f_0 = f_{SW}/100$，静電容量 $C_{out} = 1/(2\pi f_0)^2$，等価直列抵抗 $R_{ESR} = V_{ripple}/\Delta I$ を算出します．

⑧ 出力コンデンサを選択する

⑦で求めた C_{out} を目安に，ESR を満たす出力コンデンサを選びます．

このとき，使用する制御ICが対応している種類のコンデンサから選択します．

〈宮崎 仁〉

(初出：「トランジスタ技術」2010年6月号 別冊付録)

徹底図解★はじめての電源回路設計 Q&A集

第3章
DC-DCコンバータを安定動作させる

電源回路用部品の種類と選び方

3-1 コンデンサの周波数特性とフィルタ効果についての注意点は？
種類と容量を組み合わせて希望の特性を得るには

電源におけるコンデンサは，高周波整流の平滑用，電源ライン・インピーダンスの低減，リプルの圧縮，ノイズの低減用など必要不可欠の部品です．

● コンデンサの周波数特性

図1は，コンデンサのインピーダンスとその周波数特性です．すべてのコンデンサはインピーダンスを持っていて，V字型の周波数特性になります．低い周波数から高い周波数に向かってインピーダンスZが下がりますが，50 k～200 kHz付近からインピーダンスは再び高くなります．高くなる要因はコンデンサのインダクタンスL_0です．図2は，OS-CON，アルミ電解コンデンサ，タンタル・コンデンサ，低インピーダンス・アルミ電解コンデンサのインピーダンス特性の比較です．コンデンサの種類によって，それぞれ違った周波数特性を持っています．

● 広帯域で低インピーダンス化を図るには

ノイズ除去には，コンデンサが広い周波数領域で低インピーダンスであることがもっとも重要です．しかし，1個のコンデンサではこの要求を満たせません．

図3のように異なる種類のコンデンサを組み合わせて，広帯域で低インピーダンス化を図ることにより，広帯域ノイズ・フィルタを作ることができます．

コンデンサは自身の周波数特性も大変重要ですが，リード端子のインダクタンス，インピーダンスをいかに小さく実装するかでも特性が大きく変わります．

〈鈴木 正太郎〉

図1 コンデンサの等価回路とインピーダンス-周波数特性
（a）インピーダンス-周波数特性
（b）等価回路

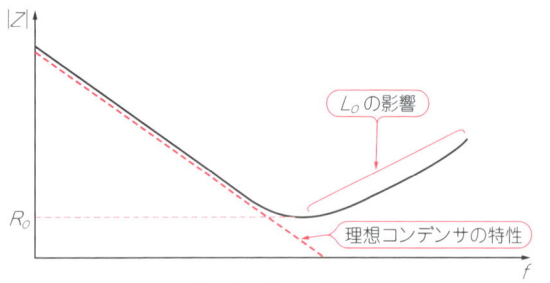

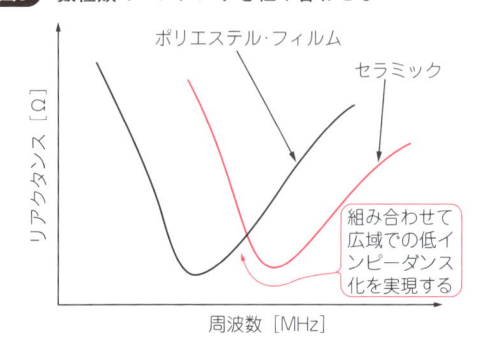

図2 4種類のコンデンサのインピーダンス比較（25℃）
A：OS-CON 47μF/16WV（φ6.3×9.8L：306mm²）
B：アルミ電解コンデンサ 4.7μF/16WV（φ6.3×7L：218mm²）
C：タンタル・コンデンサ 47μF/16WV（φ6.3×11L：311mm²）
D：低インピーダンス・アルミ電解コンデンサ 1000μF/16WV（φ16×25L：5024mm²）

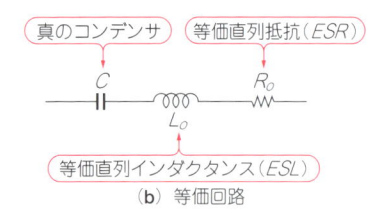

図3 数種類のコンデンサを組み合わせる

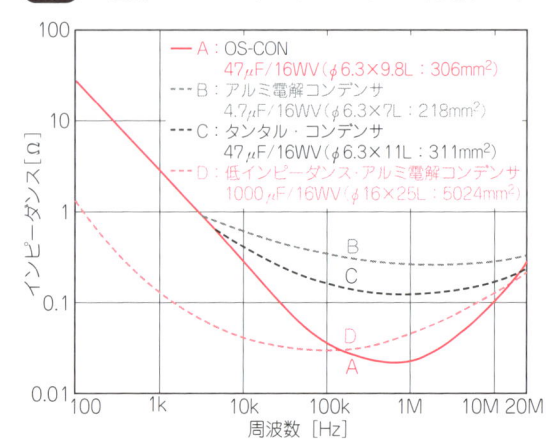

3-2 コンデンサのリード・インダクタンスの影響でリプル電圧はどう変わる？
いろいろなコンデンサで実験して確かめよう

● リード・インダクタンスでリプルの値が上下する

試験回路として，**図4**のように，POL(Point of Load)用IC MAX1842を使ってスイッチング周波数820 kHzのPOLコンバータを作り，平滑コンデンサC_2を評価しました．**図5**に測定結果を示します．

図5(a)はポリマ・アルミ・キャパシタのリード端子タイプのコンデンサ(220 μF/4 V)を評価したものです．リプルは27 mV$_{p-p}$と大きいのですが，ここで注目したいのは，リード・インダクタンスの影響により，リプル波が上下に浮き上がっている波形です．このような波形になるのは，リード・インダクタンスの影響です(**図6**)．

図5(b)はポリマ・アルミ・キャパシタのSMDのチップ・タイプです．SMDタイプのコンデンサは見かけはリードがないように見えますが，実際にはリード・インダクタンスは存在しています．リプル電圧は18 mV$_{p-p}$まで小さくなりましたが，上下に浮き上がっている波形を見ると，まだリード・インダクタンスの影響が出ていることが分かります．

● プロードライザの性能

図5(c)は，NECトーキンのプロードライザ(Fケース)です．このコンデンサは構造的にコンデンサの腹面に3端子の電極が付いていて，この端子のプリント基板への実装設計が重要なポイントになります．

上手に基板設計ができると図のようにリード・インダクタンスの影響を受けない，きれいなリプル波形(8 mV$_{p-p}$)になります．

〈鈴木 正太郎〉

図6 出力リプル電圧の波形

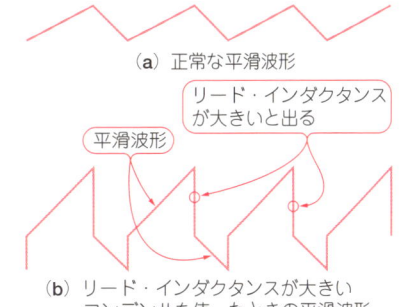

(a) 正常な平滑波形
(b) リード・インダクタンスが大きいコンデンサを使ったときの平滑波形

図4 コンデンサのリード・インダクタンスを評価する回路(スイッチング周波数：800 kHz)

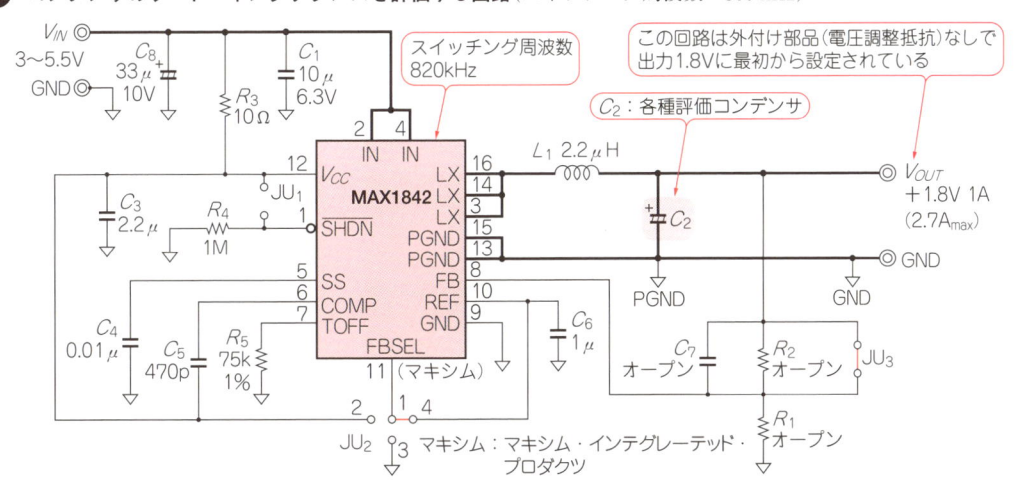

図5 リプル波形の測定結果(縦軸：10 mV/div，横軸：400 ns/div)

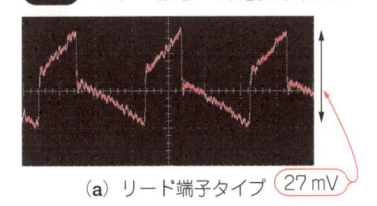

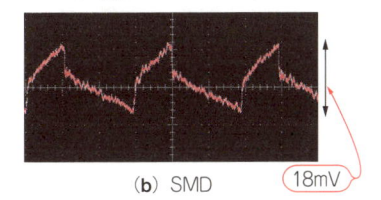

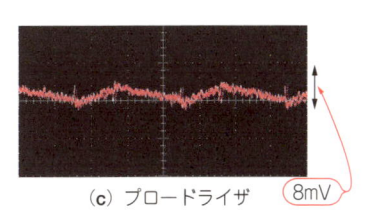

(a) リード端子タイプ　27 mV
(b) SMD　18mV
(c) プロードライザ　8mV

3-3 デカップリング・コンデンサの限界は？
実験して波形を見てみよう

● デカップリング・コンデンサの目的

デカップリング・コンデンサを付加する目的は，①ノイズの低減，②コンデンサの容量に期待した出力保持時間の延長，③電圧ディップの改善などです．

①のノイズ低減には大きな容量は不要で，帯域幅の広い低インピーダンスのコンデンサを使います．

②の出力電圧の保持時間延長は出力側に付けてもあまり効果はでません．むしろ1次側に付けます．

③の目的はPOLコンバータの急峻な負荷変動時に生じる電圧ディップ（オーバシュート，アンダシュート）を小さくすることです．

● 容量と電圧ディップと応答速度の関係

さて，この目的で特性はどのように変わるのでしょうか？ 図7(a)は高速POLコンバータの出力端子と50 mm離れた抵抗負荷端の電源波形を観測する試験回路です．

図7(b)は，付加コンデンサ400 μFを負荷端に付けたときの波形です．負荷端の電圧降下は150 mVです，応答速度は50 μsでした．図7(c)は，1000 μFを付加した場合の波形です．電圧降下は100 mVに改善されました．しかし，応答速度は逆に伸びて80 μsと遅くなりました．図8はこの実験を定量的に測定したものです．容量と電圧ディップと応答速度の関係が分かります．

〈鈴木 正太郎〉

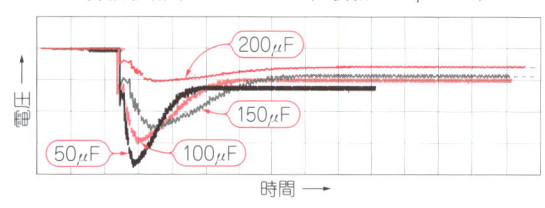

図7 POLコンバータ（500 kHz，3.3 V，10 A）の負荷急変時の出力過渡応答

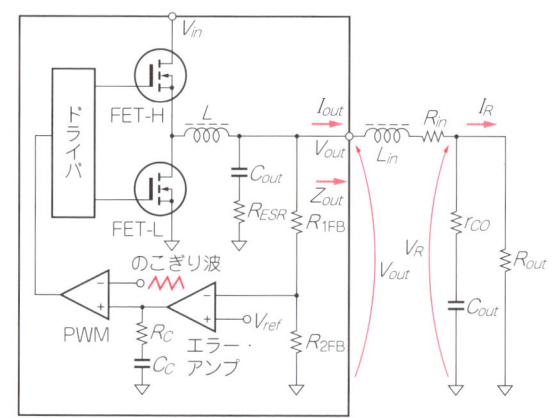

図8 デカップリング・コンデンサの電圧ディップと応答波形（縦軸：50 mV/div，横軸：20 μs/div）

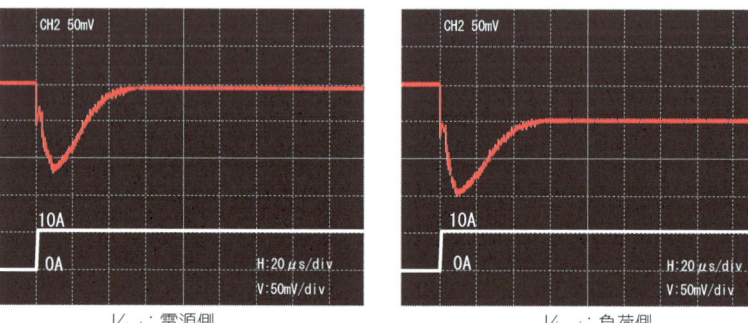

(a) 試験回路

(b) 付加コンデンサ C_{out} = 400 μF

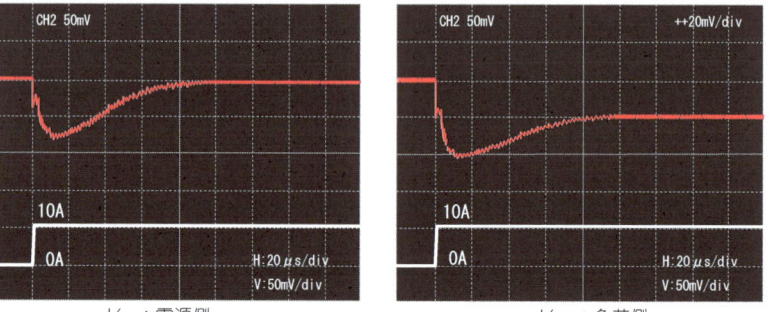

(c) 付加コンデンサ C_{out} = 1000 μF

3-4 DC-DCコンバータの低温時のリプル・ノイズの原因は？

電解コンデンサの温度特性を実験で確かめる

コンデンサの性能は温度に影響を受けます．常温で良好でも低温時にはリプルが急に増大して支障を来す事例が多々あります．

● 低温で容量が大きく変化するコンデンサの温度特性

図9 はコンデンサの評価実験回路です．図10 は，220 µF/10 WV の電解コンデンサの温度特性です．常温（+20℃）あたりから低温に向かって急激に tan δ が高くなっていきます．これに比例して，DC-DCコンバータのリプル電圧が大きくなり，-20℃以下ではリプル電圧は数倍になってしまうデータです．このデータでは，図9 のインダクタ L_1 を 15 µH の場合と 30 µH の場合の試験も合わせて実施しています．平滑リプルは周波数とインダクタ L_1，そしてコンデンサ C_2 で決まりインダクタが大きいほど，図10 のようにリプルは下げられます．

コンデンサの温度特性は，コンデンサの ESL（等価直列インダクタンス）と ESR（等価直列インピーダンス）の温度特性で決まります．低価格で，粗悪に近いコンデンサでも常温では高機能コンデンサとあまり変わらないように見えます．しかし，コンデンサの周囲温度を -20℃，-40℃と冷却していくとコンデンサの真の実力が判明します．

● 低温度試験データを確認しよう

写真1 はそれぞれ異なる電源メーカの製品を低温環境にしてリプルを測定したものです．採用に当たってはDC-DCコンバータの低温度試験データを確認します．DC-DCコンバータにはこのような製品が含まれている事例も多くあります．

コンデンサの選定は低温で ESL，ESR の変化が小さいものを選びます．また，これらの特性はコンデンサの種類でも変わります．

〈鈴木 正太郎〉

図10 220 µF/10 WV の電解コンデンサの温度特性

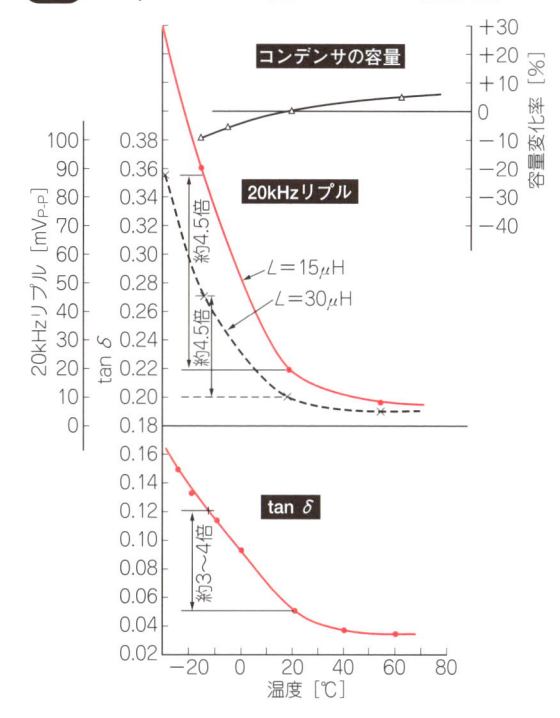

写真1 低温時での出力リプルの確認（50 mV/div，0.5 µs/div）

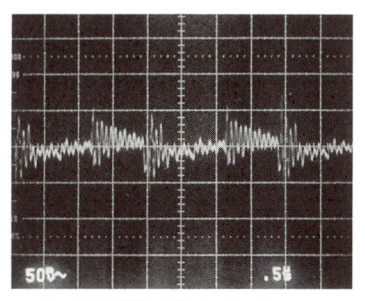

(a) B社のDC-DCコンバータ -20℃時の出力リプル・ノイズ

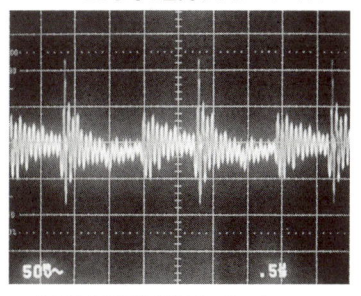

(b) T社のDC-DCコンバータ -20℃時の出力リプル・ノイズ

図9 コンデンサの評価回路（V_{in} = 12 V，V_{out} = 5 V/3 A，スイッチング周波数：200 kHz）

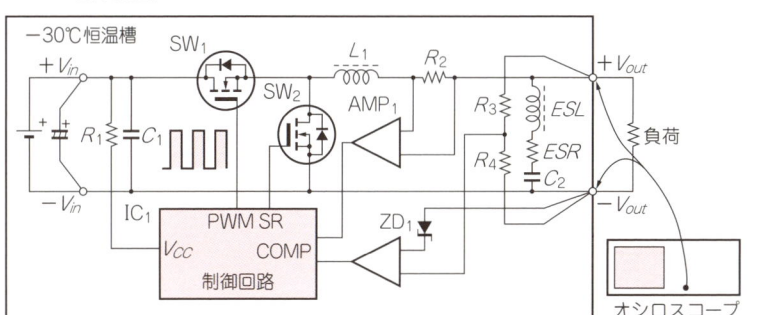

3-5 POLコンバータの不適切なレイアウトとそれによる電源異常とは？
配線インダクタンスや抵抗に気をつけよう

　Point Of Load（POL）という言葉は古い用語ではありません．従来のロジック，あるいはディジタル回路の電源電圧は「5V」，というイメージは今でも定着しています．最新のFPGAやLSIは半導体プロセスの進展で低電圧化が急速に進んでいます．パターン幅60nm以下のFPGAのコア電源は1.2V付近まで低電圧化が進んでいます．

● コンバータをICから遠ざけることの功罪

　図11は，DC-DCコンバータをプリント基板のコネクタ近くに配置してあります．高性能FPGAやLSIをDC-DCコンバータから発生する輻射ノイズの影響を避ける目的で，コンバータから離れた場所へ配置した例です．

　「ロジック電圧＝5V」の時代ではこの方法でも問題はありませんでした．しかし，低電圧化の現在では，DC-DCコンバータとFPGAなどの負荷間の配線インピーダンスと配線インダクタンスの影響で電圧降下を招き，コンバータ自身の電圧ディップと重なってICに供給される電圧は不足します．

　特に，負荷電流が急峻な立ち上がり，立ち下がりのある高di/dtの場合には，FPGAのコア電圧あるいはI/O電圧が不足して電源異常によるエラーを引き起こすことが考えられます．

● コンデンサによる対策では不十分

　図12はDC-DCコンバータと負荷であるFPGA間にコンデンサを入れた基板例です．高di/dtによる一瞬の電圧降下をコンデンサの容量で電圧を保持しょうとする目的ですが，負荷が大きなパワーを必要とするICではセラミック・コンデンサ程度の容量では保持時間を確保することはできません．

　それではと，ここに大容量の電解コンデンサを付けると保持時間は確保される方向に向かいますが，システムの立ち上げの時に，この大容量コンデンサへの充電のために突入電流が流れます．

　このとき，DC-DCコンバータの過電流保護領域に電流が流れてFPGAの立ち上がり電圧が遅延してしまい，FPGAはデータを取り込めないというエラーを招くことがあります．

　図11，**図12**の回路，プリント基板レイアウト例は悪い配置例です．次節3-6に正しいPOLコンバータの配置を解説するので参考にしてください．

〈鈴木 正太郎〉

図11 POLコンバータと負荷がこのように離れていてはライン・インピーダンス，配線インダクタンスが高くなり電圧降下を招く

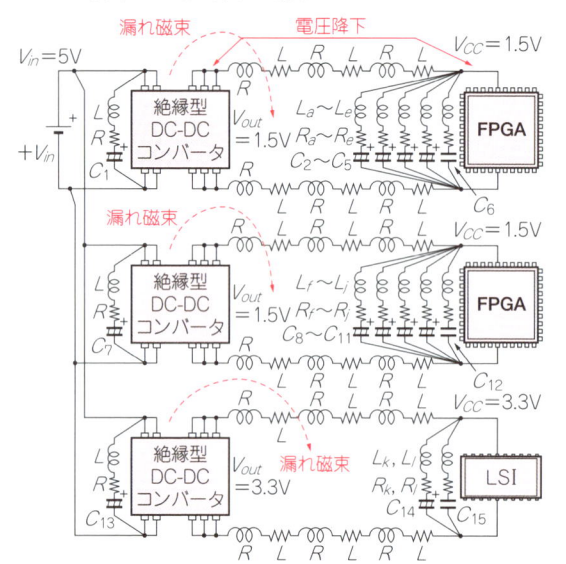

図12 POLコンバータの正しい配置を理解していない悪いプリント基板のレイアウト
配線インダクタンス＋配線インピーダンスが応答を遅らせて電圧降下を起こし障害が生じる．

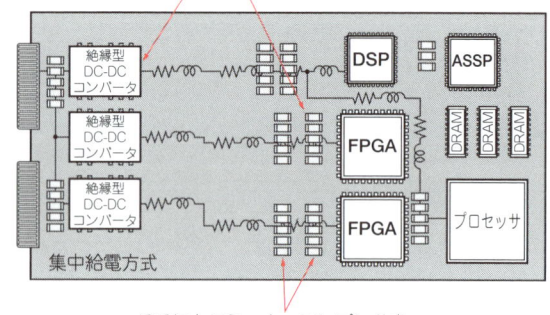

3-6 高速POLの理想的配置方法は？

互いの距離感とコンデンサの付加が大切

半導体の低電圧化でFPGAなどの最新ICの駆動電圧が低電圧化しています．新しいICではコア電源が1V付近まで低電圧化してきました．

例えば，5V電源では±5%の変動が許されました．±5%は±250mVとなります．

しかし，最新FPGAの電源で1.2V±2%程度までの高精度を要求される場合，1.2Vの±2%は±24mVとなります．これは，DC-DCコンバータ自身の電圧変動と配線による電圧降下を合わせた電圧が±24mV以内に入っていなければならないということです．

● 許容変動に収めるための条件

これを実現するためには，①POLコンバータの電圧ディップが小さいこと，②オーバシュート，アンダシュートが出ないPOLコンバータを選択すること，③プリント基板の設計では負荷(FPGA，LSIなど)に隣接してPOLコンバータを配置すること，④ノイズが少なく高効率なPOLコンバータを選ぶこと，⑤実装時の放熱が容易な構造のPOLコンバータを選ぶこと，などがポイントになります．

しかし，どんなに良いPOLコンバータを選択しても，プリント基板でのレイアウト次第ではせっかくの性能を引き出せないことになります．

● プリント基板上の配置

図13では，絶縁型ブリック(Brick)コンバータ(あるいはバス・コンバータ)をプリント基板のコネクタ近くに配し，POLコンバータは負荷であるFPGAやCPUに隣接して配置するイメージ図です．

この配線図では，POLコンバータを負荷の隣に配置すればブリック・コンバータとPOLコンバータ間の配線インダクタンス，配線インピーダンスの影響は受けずに高精度なPOLコンバータの性能を引き出せることになります．

図14のプリント基板レイアウトにおいて，POLコンバータの入力端とPOLコンバータ，そして負荷間にセラミック・コンデンサを付加することをお勧めします．このコンデンサの付加によって，電源ラインのライン・インピーダンスが下がり回路を安定化させる効果が期待できます．

〈鈴木 正太郎〉

図14 プリント基板のレイアウト(理想的配置)

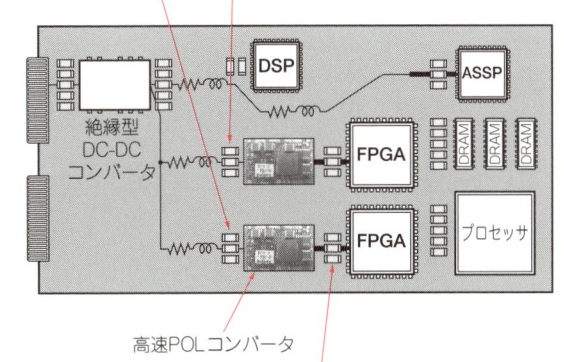

図13 POLコンバータと負荷は隣接させる

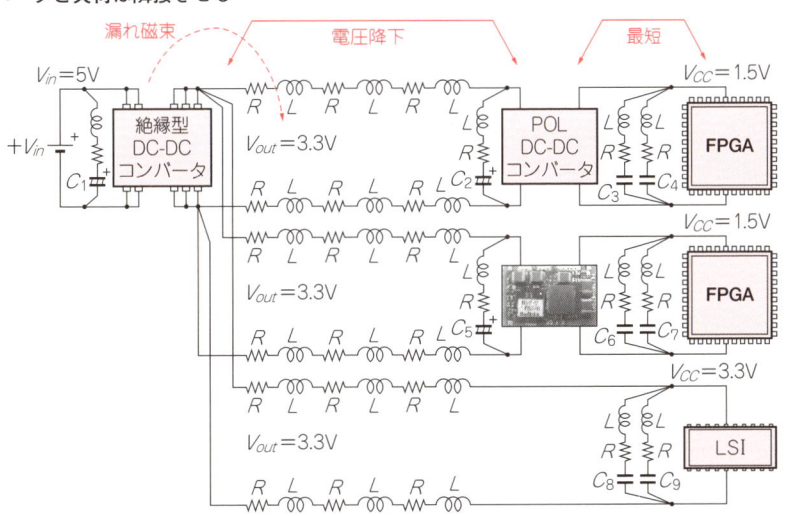

3-7 DC-DCコンバータに多数の負荷を配線する場合の注意点は？
分岐点に工夫しよう

　一つのDC-DCコンバータに負荷がたくさん接続されている例は普通になっています．多岐配線での注意点は，共通インピーダンスの配慮です．

　図15のように，負荷①，負荷②，負荷③を配置すると図面的には何も問題がないように見えますが，高周波的視点で見ると図15のように配線インダクタンスと配線インピーダンスの間に負荷が存在していることが分かります．

　図16の配線を実施するとL_1，R_1，L_2，R_2が共通インピーダンスとなり，負荷①の両側電圧は負荷②③により変動してしまいます．多岐配線は図17が共通インピーダンスの影響を受けない配線法になります．

　図18は，現実的な多岐配線方法です．すべての負荷を電源の出力端に配線するのは難しいかもしれませんが，各負荷を電源の出力端に配線ができないときにはDT（Distribution Terminal）ポイントを±それぞれに作り，ここを起点にして図18(b)の配線をしてください．

　DT±点と各負荷端にはC_0，C_1，C_2，C_3点にコンデンサを付加します［図18(c)］．この方法で回路のインピーダンスが下がり安定します．〈鈴木 正太郎〉

図15 普通の図面の描きかた

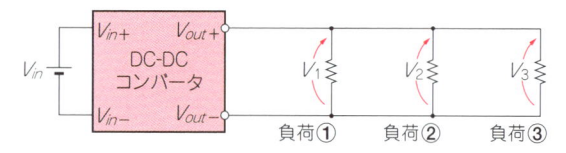

図16 高周波の目で見ると…

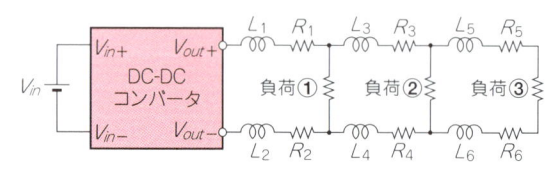

図17 ライン・インピーダンスやライン・インダクタの影響を受けない理想的な多岐配線の方法

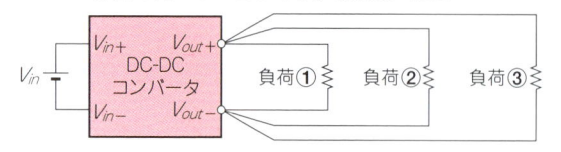

図18 現実的な多岐配線の方法

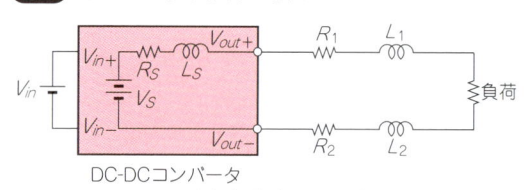

（a）負荷が一つの場合

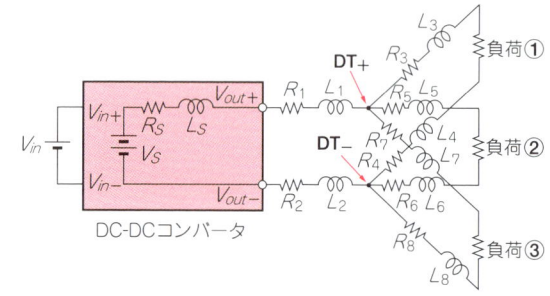

（b）負荷が複数あるときはDTポイントを設ける

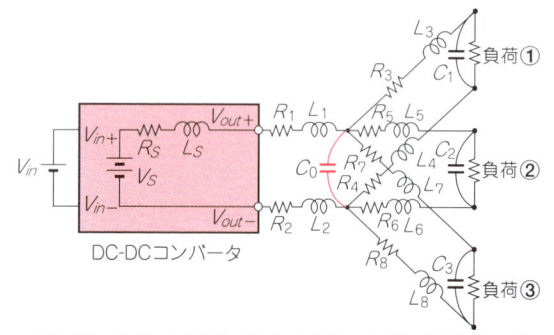

（c）DT+ポイントとDT-ポイント間にコンデンサを接続する

注▶ DT：Distribution Terminal

3-8 市販のPOLコンバータにコンデンサを付加して応答速度は改善できる？
実際に実験して確かめる

図19は，市販品のDC-DCコンバータの出力側にコンデンサを追加した回路と出力波形です．サンプルはPTHシリーズ（テキサス・インスツルメンツ）を使いました．一般的なDC-DCコンバータです．

図19は，出力に47 μFを付加した一般的な使い方です．このとき，1.2 V出力で0 A→1 Aを流したときの出力電圧降下は150 mVで応答時間は50 μsでした．

実験では，この47 μFに1000 μFを加えてみました．**図20**は，1000 μFを付加した回路ですが，試験結果は電解コンデンサの容量が電池の役割をして出力電圧

図19 DC-DCコンバータの出力にOSコンデンサ47 μFを付ける

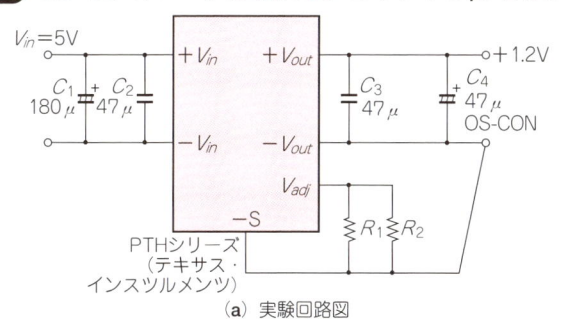

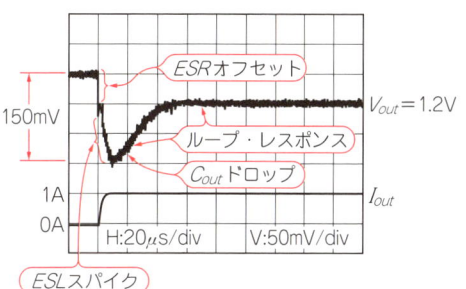

(a) 実験回路図
(b) 応答波形と電圧の降下波形

- ESRオフセット
- ループ・レスポンス
- C_{out}ドロップ
- ESLスパイク

$V_{out} = 1.2$V，150mV，1A，0A，H:20μs/div，V:50mV/div

図20 DC-DCコンバータの出力にOSコンデンサ1000 μFを付ける

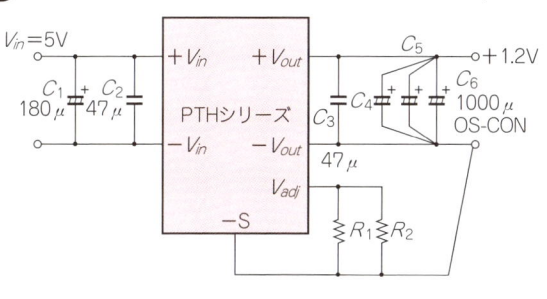

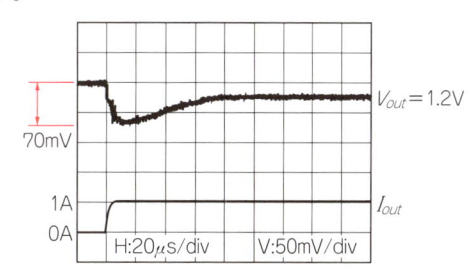

(a) 実験回路図
(b) 応答波形と電圧の降下波形

$V_{out} = 1.2$V，70mV，1A，0A，H:20μs/div，V:50mV/div

---

column ネガティブ・フィードバックの安定性を測定する周波数特性分析器とは？

電源では，入力電圧の変動や負荷の変動などがあっても出力電圧や出力電流が目的の範囲内に入るように，**ネガティブ・フィードバック**をかけて安定化されています．しかし，実際に電源にネガティブ・フィードバックをかけると，**発振**，**ハンチング**といった問題がつきまといます．

そこで，ネガティブ・フィードバックをかけた状態で安定に動作することを測定して確認しましょう．具体的には**位相マージン**，**ゲイン・マージン**を測定します．

その目的の測定器で決定版は**写真A**に示す周波数特性分析器**FRA**（Frequency Response Analyzer）です．FRAは単にネガティブ・フィードバックの安定性を測定できるばかりでなく，コンデンサ，インダクタ，抵抗などデバイスの周波数特性，アンプ，フィルタなど回路のゲイン，位相などの測定もできる周波数特性測定の代表的な測定器でしょう．

〈瀬川 毅〉

写真A FRA（エヌエフ回路設計ブロック）の外観

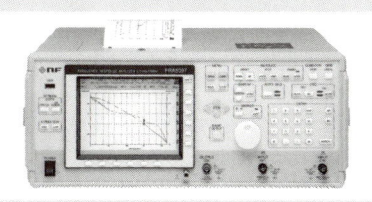

降下は70mVまで小さくなりました．しかし，応答時間は60μsで少し遅くなります．このように，大容量コンデンサを付加してコンデンサの容量で瞬時の電圧降下を低減できても，応答速度は改善できません．

この実験で「大きな電解コンデンサを付ければ急峻な電流変化での電圧降下（電圧ディップ）は小さくできる」だけを見てしまうのは危険です．このぶん，この回路はコンデンサへの突入電流が増大することになります．

〈鈴木 正太郎〉

3-9 超高速POLコンバータを最高速で超安定に使いこなすには？
付加コンデンサの効果について実験した

市販のDC-DCコンバータには，コンデンサが不要という製品があります．これは，一定の測定条件下では有効ですが，複雑な実際のプリント基板設計では工夫を要します．

超高速POLコンバータを選定する用途では，コンデンサの役割は重要です．負荷電流が急峻に変化するFPGAなどの場合，電流の変化が急峻で，わずかな配線がインダクタンスとして電源ラインのインピーダンスを上げてしまいます．

この配線インダクタンスは抵抗分として電圧降下を生み，負荷端電圧の低下を招くことになります．図21は超高速POLコンバータと負荷間の配線を20mm開けて，電源の出力端と負荷端の電圧変化を測定したものです．

図21(a)は，まったくコンデンサを付けなかったときの電圧波形で，22mV電圧が降下していました．
図21(b)はPOLコンバータの出力端子近くに100pF，負荷端に100pFを付けた場合，電圧降下は10mVに改善されていました．

たった20mmの配線でも，超高速な電流変化では配線によるインピーダンスの上昇が存在することが分かります．この実験で，付加コンデンサは配線インダクタンスの影響を小さく抑えることが分かります．高速であるほどこの処置は大切なものになるでしょう．

〈鈴木 正太郎〉

図21 高速POLコンバータと配線(20mm)の影響を確認

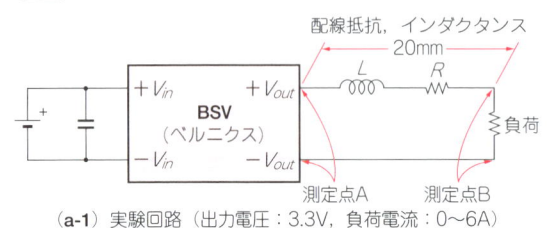

（a-1）実験回路（出力電圧：3.3V，負荷電流：0～6A）

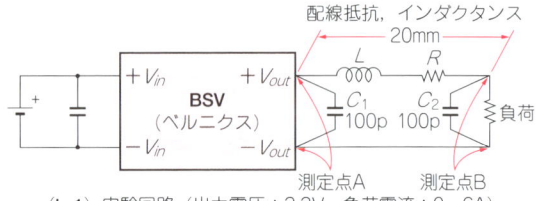

（b-1）実験回路（出力電圧：3.3V，負荷電流：0～6A）

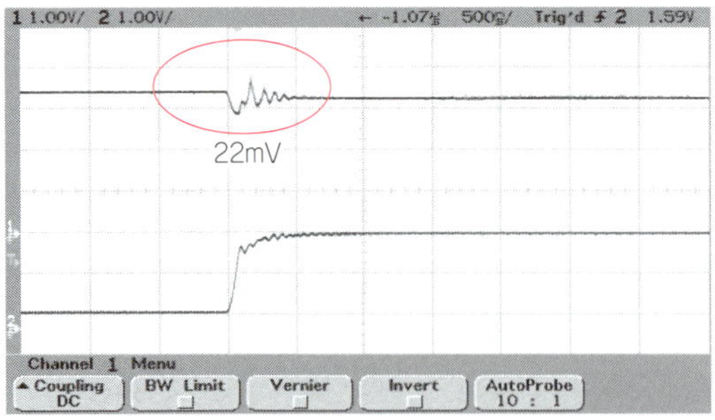

（a-2）応答波形（下：負荷端子電圧 1V/div，上：電源出力電圧 1V/div）

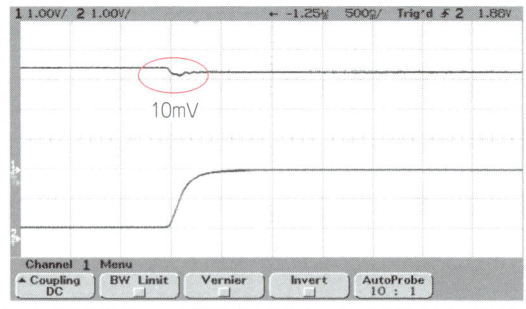

（b-2）応答波形（下：負荷端子電圧 1V/div，上：電源出力電圧 1V/div）

（a）付加コンデンサなし

（b）付加コンデンサあり

3-10 市販コンバータで簡単に立ち上がりシーケンス回路を作る方法は？
コンバータ自身の機能を活用する

複数電源を使用するシステムでは，特定の順序で電源を投入しなければならない場合があります．このようなタイム・シーケンスを作るための専用のコントローラICが米国系ICメーカから販売されています．多出力で回路数や複雑なシーケンスを作りたい場合にはこれらのICの活用がよいでしょう．

ここでは，POLコンバータ自身が持っている機能を活用して，簡単で低コストのタイム・シーケンス回路の作り方を紹介します．

POLコンバータでタイム・シーケンスを行う方法は，P-Good（パワー・グッド）端子，ON/OFF端子を活用します．図22は，V_{out1}が起動後にV_{out2}を起動する回路です．R_tとC_tの定数で遅延時間を調整できます．この回路では7ms遅延させています．

図23は，V_{out1}が起動した直後にV_{out2}が起動する回路になります．この例はベルニクスのBSVタイプで解説しましたが，他社の製品でもP-Good，P-ON，ON/OFF端子が付いていれば同じように活用できます．

〈鈴木 正太郎〉

図22 V_{out1}起動後にV_{out2}を起動する回路例と立ち上がりシーケンス（$R_t = 100\,\mathrm{k\Omega}$，$C_t = 0.1\,\mu\mathrm{F}$で7msの遅延）

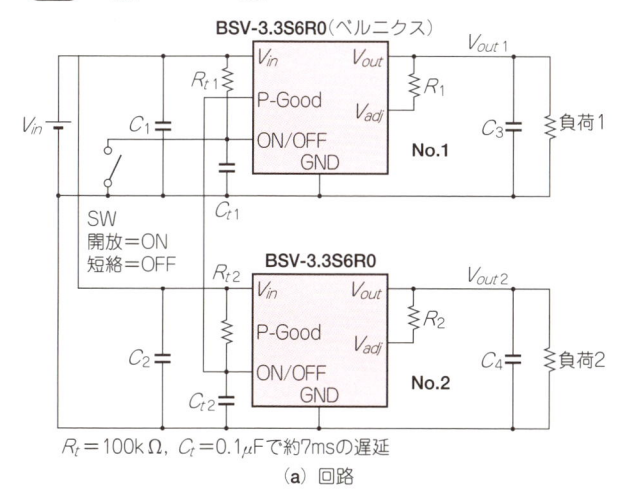

$R_t = 100\,\mathrm{k\Omega}$，$C_t = 0.1\,\mu\mathrm{F}$で約7msの遅延

（a）回路　　（b）立ち上がりシーケンス

図23 V_{out1}起動直後にV_{out2}を起動する回路例と立ち上がりシーケンス

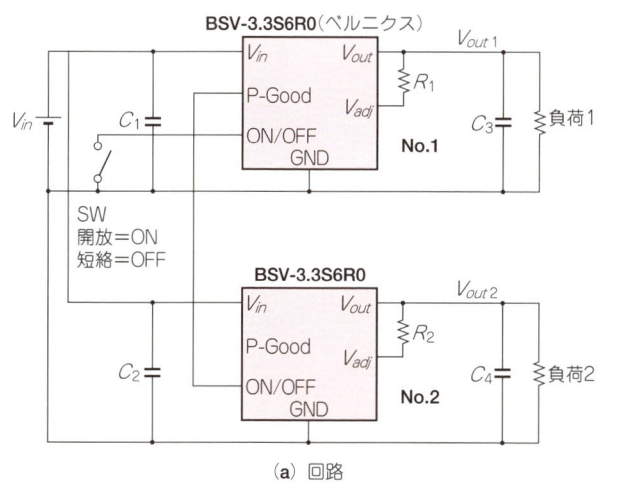

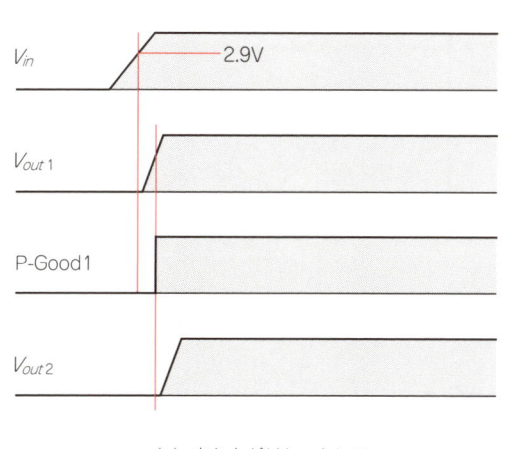

（a）回路　　（b）立ち上がりシーケンス

3-11 ディジタル，アナログ混在回路用の電源回路をモジュールで作る際のポイントは？
市販モジュールで構成する

 図24 は，市販のモジュール・コンバータを使って構成した回路です．

 U_1 は，24 V または 48 V のバス電源を 5 V に変換する絶縁型バス・コンバータです．P_2 と P_3 は非絶縁型降圧コンバータで，5 V から 3.3 V，1.8 V など任意の電圧を作ります．

 U_4 は必ずしも絶縁型のコンバータを使う必要はありませんが，OPアンプなどノイズに影響を受けるデバイスが負荷のときには，コモン・モード・ノイズも低減できるのでお勧めです．

● 市販のモジュール・コンバータ活用のポイント
▶絶縁型

 1次，2次間の絶縁耐圧と結合容量の確認をしておきます．1次，2次間の容量が小さいほどノイズの伝搬を小さくできます．

▶非絶縁型

 効率，ノイズ，熱放散，POLが可能な構造，そして最新ICやFPGAを使う場合にはコンバータの負荷応答速度の速い製品を選びます．さらに，FPGAやICのパターン幅が45 n ～ 60 nmと微細化ICの場合には出力電圧の設定精度が±1％以下製品を選んでください．

▶配線

 ノイズの伝搬経路を絶つようにパターンを設計します．電源ラインの配線インピーダンスや配線インダクタンスを下げるために，各DC-DCコンバータの入力端，出力端にはコンデンサを入れて回路全体のインピーダンスを下げることがポイントです．また，負荷端にもコンデンサを入れると回路が安定します．コンデンサは大容量ではなく小容量で，ESR，ESLの小さい非リード・タイプが最適です．

〈鈴木 正太郎〉

 図24 市販モジュールで作るディジ/アナ混在回路用電源回路

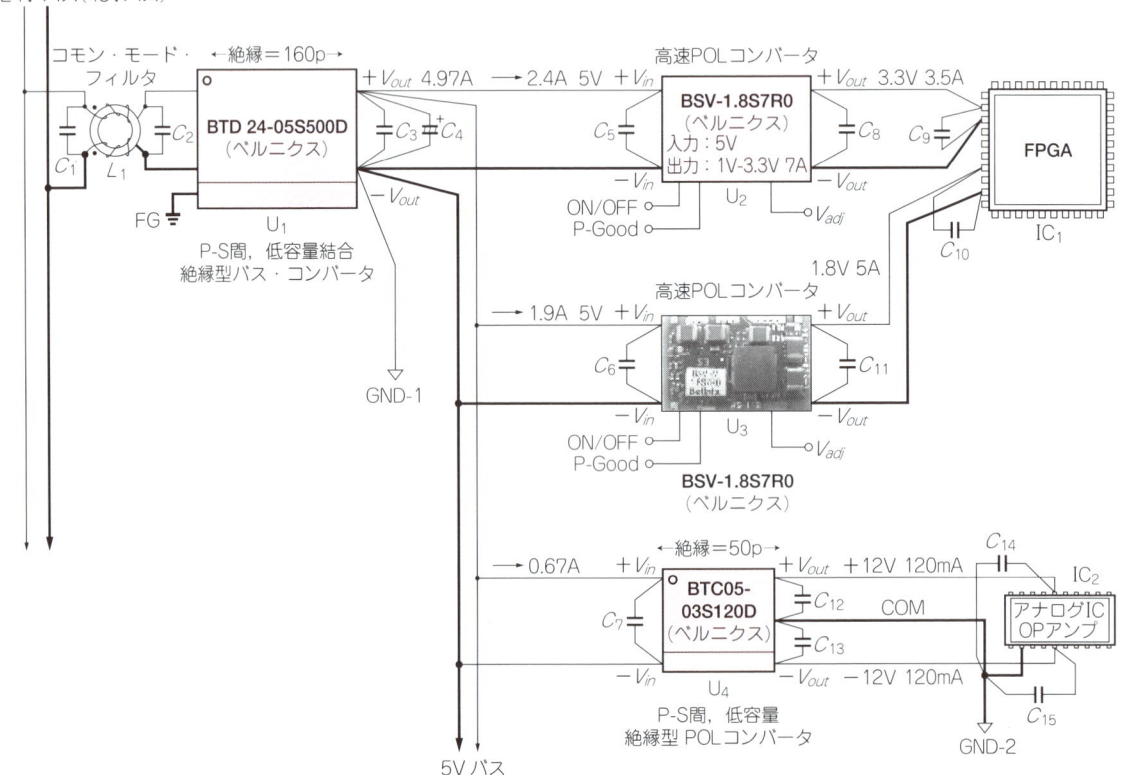

3-12 ショットキー・バリア・ダイオードを高温で動作させたときの問題点は？

実際に実験して確かめる

低電圧時代のORダイオードは**ショットキー・バリア・ダイオード**(SBD)が使われます.

もし, 二つのDC-DCコンバータをOR接続して使いたい場合, **図25**の回路になります. SBDは高温になるとカソードからアノード方向へ電流が漏れ流れます.

SBDに直接高温のはんだごてを付けて加熱させて, これに逆方向(カソードからアノード方向)から電圧を印加します. **図26**は, この加熱時に逆方向へ電流が流れている実測データです.

このダイオードの欠点を知っておかないと, SBDのOR接続で思わぬ失敗をすることがあります.

図27は最近あまり見かけませんが, 整流器として使用しているSBDの放熱対策が悪く, SBDがON側のSBDからOFF側のSBDに逆電流が流れ込み, トランスをリセットできないトラブルも想定されます.

繰り返しますが, **SBDは高温で逆に電流が流れる素子**です. 実験の合間に, 確認してみるとよいでしょう.

〈鈴木 正太郎〉

◆引用*・参考文献◆

◆3-1節, 3-13節
(1) 鈴木 正太郎；最新オンボード電源の活用法, トランジスタ技術, 2002年2月号, CQ出版社.
◆3-2節
(1) ブロードライザカタログ, NECトーキン㈱
(2) マキシム社製品カタログ, 2007年, マキシム・ジャパン㈱
◆3-4節
(1) 鈴木 正太郎；SWレギュレータノイズ解決の鍵, トランジスタ技術, 1982年3月号, CQ出版社.
◆3-5, 3-6節
(1) アプリケーションノート「POLコンバータの使い方2007」, ㈱ベルニクス.
◆3-11節
(1) ベルニクスPOLコンバータ, BSVシリーズカタログ2008-2009, ㈱ベルニクス.
◆3-4節, 3-12節
(1)* 鈴木 正太郎；オンボード電源の設計と活用, CQ出版社.

(初出：「トランジスタ技術」2009年5月号 特集第3章)

図25 DC-DCの出力をショットキー・バリア・ダイオードでOR接続した回路

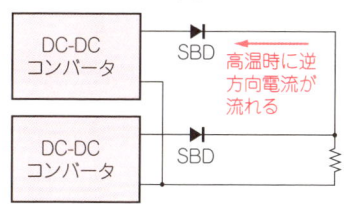

図27 ショットキー・バリア・ダイオードを使った整流回路

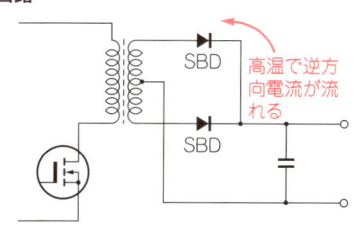

図26 はんだ熱と逆方向インピーダンス特性
使用したショットキー・バリア・ダイオードはERD81(富士電機).

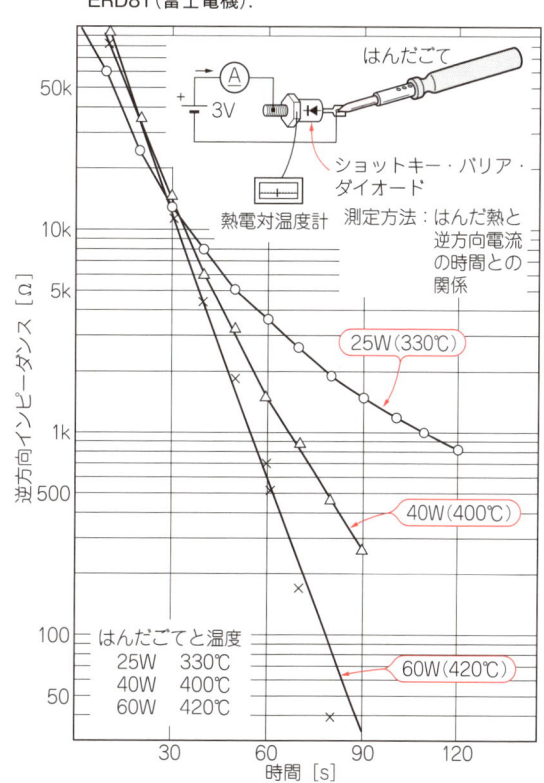

第4章

POLからチャージ・ポンプ，高電圧品まで

電源回路の種類と特徴

4-1 三つのタイプを概観する DC-DCコンバータの回路方式と特徴は？

　DC-DCコンバータの回路方式はいくつもありますが，大きく①非絶縁型と②絶縁型に分けられます．

● 非絶縁型降圧方式

　図1は降圧型DC-DCコンバータ（バック・コンバータ）の基本回路です．スイッチS_1にパワー・トランジスタ，またはパワーMOSFETを使い，オン/オフ時間の比率を変えて定電圧制御します．

　スイッチS_1がオンのときに電流はインダクタL_1を通り負荷抵抗R_Lに流れます．スイッチS_1がオフのときには，インダクタL_1に蓄積されたエネルギーが転流ダイオードD_1を通り負荷へ電流が転流し，定電圧制御されます．

　最近はスイッチング周波数が数MHzの製品も市販され，90～94％と高効率になっています．

● 絶縁型フライバック・コンバータ

　図2はフライバック・コンバータの基本回路です．1石式のオン/オフ制御方式で，トランスの1次，2次巻き線を逆極性に接続します．スイッチング素子S_1がオン時にトランスの1次側にエネルギーを蓄積し，オフ時に2次側巻き線から放出したエネルギーを整流ダイオードD_1と平滑コンデンサC_1で半波整流します．

　この方式は2次側の整流がコンデンサ・インプットで平滑インダクタを使いません．部品数が少なくコストも低減できますが，コンデンサのリプル電流が大きく低電圧大電流には向きません．チョーク・コイルが不要な分，絶縁トランスが大きくなる欠点もあります．

● 絶縁型フォワード・コンバータ

　図3は，フォワード・コンバータの基本回路です．1石式オン/オフ制御の方式で，1次側スイッチング素子S_1がオン時にトランスを介して2次側に電力を伝達させます．スイッチS_1がオンすると同じ時間の比率で2次側にエネルギーが伝達され，整流ダイオードD_1，D_2とインダクタL_1，そして平滑コンデンサC_1によって整流します．チョーク・インプットのため，平滑コンデンサC_1へのリプル電流は小さく低電圧大電流に向いています． 〈鈴木 正太郎〉

◆引用文献◆

(1) 鈴木正太郎；オンボード電源の設計と活用，CQ出版社．

図1[(1)] 非絶縁型降圧コンバータ（$V_{in} > V_{out}$）

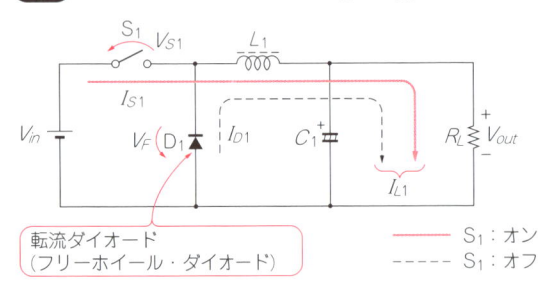

図2[(1)] 絶縁型フライバック・コンバータ

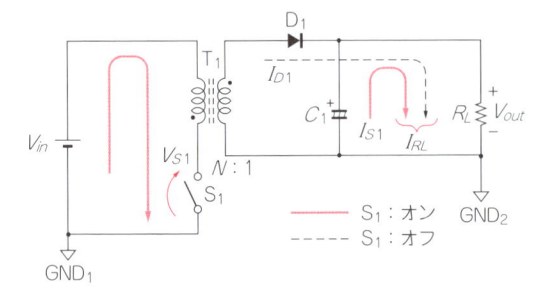

図3[(1)] 絶縁型フォワード・コンバータ

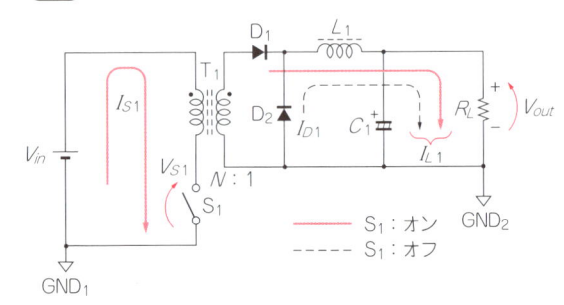

4-2 PWM制御の使い方と回路のしくみは？

パルス幅変調の基本について学ぼう

スイッチング方式のDC-DCコンバータは，一般にPWM（Pulse Width Modulation．パルス幅変調）制御と負帰還増幅器を組み合わせて構成されています．PWM制御とは，パルス幅（Pulse Width）のオン/オフの比（デューティ比）を変えて対象を制御する方法です．

● 絶縁型も非絶縁型も制御方法は同じ

図4(a) は，PWM制御を使った非絶縁型降圧DC-DCコンバータの基本回路です．固定した制御パルスの周期Tに対してオン/オフの比率デューティを変えて定電圧制御します．Tr_1がオンのとき，電流はインダクタL_1とコンデンサC_1で平滑されます．オフ時にはインダクタL_1に蓄積されたエネルギーが転流ダイオードD_1を経由して負荷へ電流が流れます．

図4(b) は絶縁型フォワード方式のコンバータです．よく見ると**図4(a)** と**(b)** は，二つとも同じ回路方式です．**図4(b)** は，入出力間に絶縁トランスを介して構成されています．

● パルス幅変調回路はどのように作られているのか？

DC-DCコンバータのパルス幅変調回路は**図5(a)** となります．電源出力の変化を監視するセンシング抵抗（R_3, R_4）と基準電圧（V_{ref}）が，誤差増幅器（A_1）の入力端に付いています．仮に出力電圧が上がると誤差増幅器（A_1）の出力電圧が上がります．

一方，A_2はコンパレータです．入力のマイナス端子に三角波を加え，誤差増幅器の出力電圧をプラス端子に加えると，**図5(b)** のように一定周期内でオン/オフを始めます．この動作を変調と呼びます．

パルス幅変調器は，オン/オフ時間の比率を変えてパワーMOSFETを駆動します．負帰還制御回路としてDC-DCコンバータの定電圧制御が行われます．

〈鈴木 正太郎〉

図4 DC-DCコンバータのPWM制御は非絶縁型も絶縁型も同じ

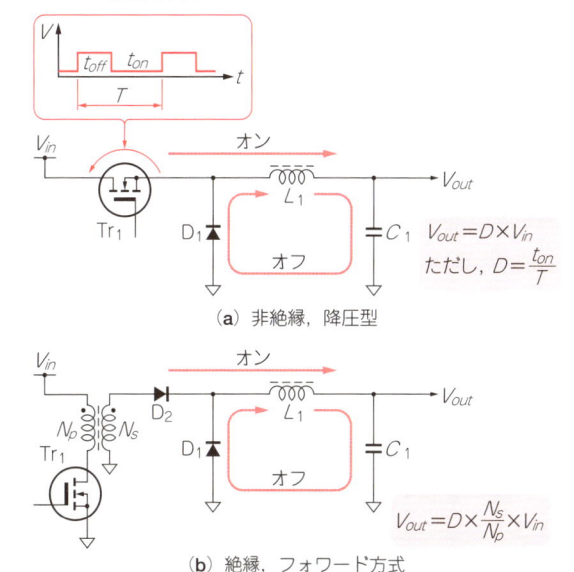

(a) 非絶縁，降圧型
$V_{out} = D \times V_{in}$
ただし，$D = \dfrac{t_{on}}{T}$

(b) 絶縁，フォワード方式
$V_{out} = D \times \dfrac{N_s}{N_p} \times V_{in}$

図5 パルス幅変調回路のしくみ

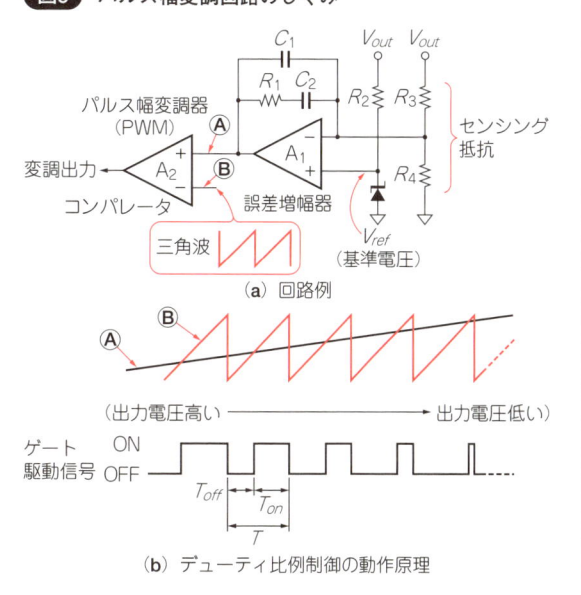

(a) 回路例

(b) デューティ比例制御の動作原理

4-3 効率が1%低下するとどのくらい損失が増える？

効率と損失の関係を見積もる

DC-DCコンバータのカタログには効率とコンバータから発生する損失が記載されています．しかし効率の数値だけを見て，そのコンバータが発生する熱を軽く見てしまうことがあります．

図6は出力27 WのDC-DCコンバータの効率と損失の特性図です．3.3 V・8 A時の効率は95%でかなり高効率ですが，損失を見ると1.4 Wあります．

図7は，出力電力-効率-損失の早見グラフです．170 W電源の場合，効率が1%改善されると1.6 W電力損失が減る，ということが計算をせずに分かります．活用してみてください． 〈鈴木 正太郎〉

◆引用文献◆
(1) 鈴木正太郎；オンボード電源の設計と活用，CQ出版社．

図6 DC-DCコンバータの効率と損失
入力5 V，出力3.3 V・8 A（27 W）．

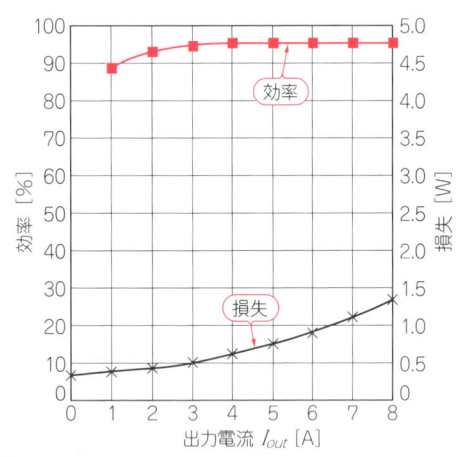

図7[(1)] 電力-効率-損失の早見グラフ

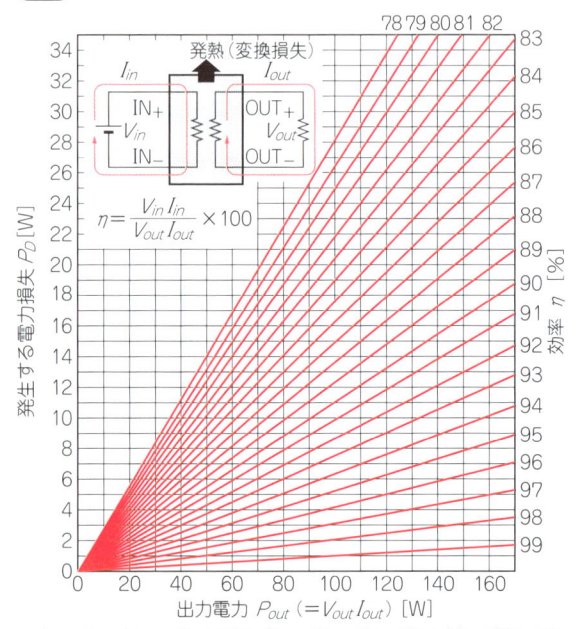

$$\eta = \frac{V_{in} I_{in}}{V_{out} I_{out}} \times 100$$

絶縁型DC-DCコンバータのトランスは本当に絶縁されているのか column

絶縁型のDC-DCコンバータに使われているトランスは，実は浮遊容量の塊です．**図A**は，コモン・モード・ノイズ対策のコンデンサC_1, C_2, C_3, C_4と絶縁トランスの浮遊容量により，ノイズが絶縁トランスを通過してしまうようすです．対策として，**図B**のように静電シールドを1次-2次巻き線間に施してノイズの通過を阻止します．

◆引用文献◆
(1) 鈴木 正太郎；オンボード電源の設計と活用，CQ出版社．

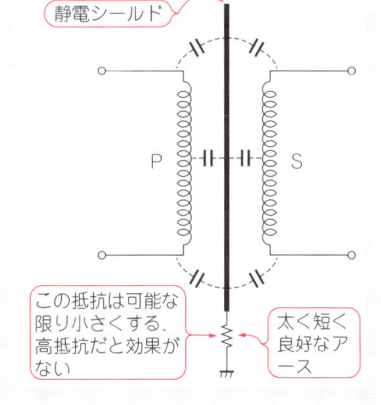

図A コモン・モード・ノイズ対策用コンデンサとトランスを介してノイズが筒抜けになる

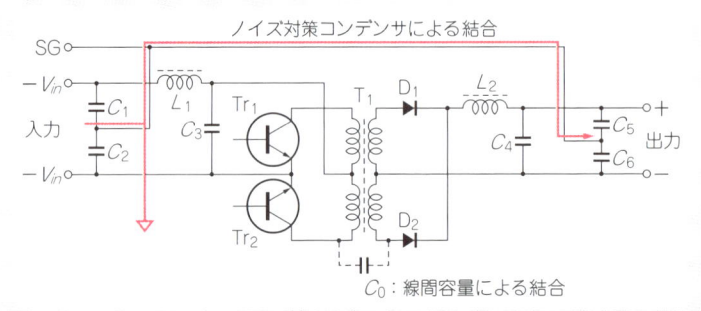

C_0：線間容量による結合

図B[(1)] トランスの浮遊容量を静電シールドで遮断する

4-4 負帰還の位相/ゲイン特性を確認する簡単な方法は？

実験回路を使って位相余裕と実際の電圧波形の関係のようすを調べよう

電源の出力波形と負荷応答速度は，**負帰還の位相余裕によって変わります**．

図8に，位相余裕を変えたときのゲイン/位相の周波数特性と波形を示します．ゲイン特性は，いずれも同じになるように調整しています．

図8(a)は位相余裕を60°にしたときの，ゲイン/位相特性と負荷応答波形です．ここで注目したいのが負荷応答波形です．負荷を0 Aから0.5 Aへ急変させるとアンダシュート140 mV，オーバシュート130 mV，応答速度110 μsという結果でした．この条件と結果は通常の設計で最適です．

次に，**図8(b)**に位相余裕16°にしたときの波形を示します．位相は180°を回っていないので異常発振は起きていませんが，出力波形をよく見るとリンギング波形が見え，**異常発振手前の状態であることが分かります**．電圧ディップは70 mVになり応答性も向上したように見えます．しかしこのわずかなリンギングの高調波が高温環境などでノイズ・トラブルを招きます．

図8(c)は，位相余裕6°に設定したときの波形です．すでに大きなリンギングを発生しています．この設定では，**動作中に異常発振を招きます**．

市販製品も含めて完成品の位相とゲインの余裕の確認は難しくなりますが，今回の実験のように**電源の負荷を急変させて応答波形を見ることで，ある程度位相とゲインの状況が分かります**．

〈鈴木 正太郎〉

図8 負帰還増幅器のゲインと位相の特性は負荷急変時の電圧波形で簡易的に知ることができる

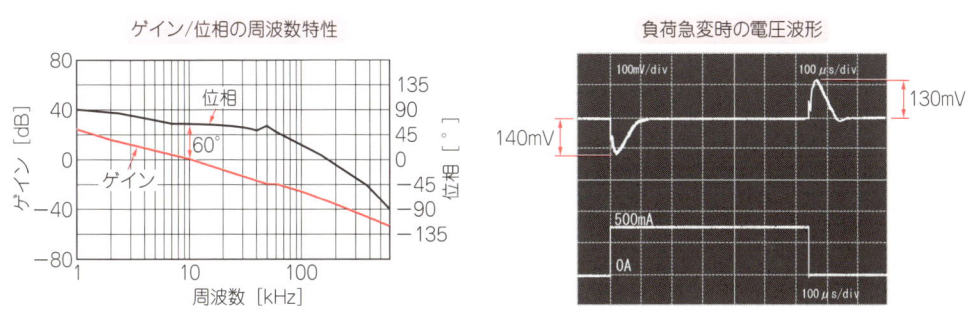

(a) 位相余裕60°，クロスオーバ周波数11kHz

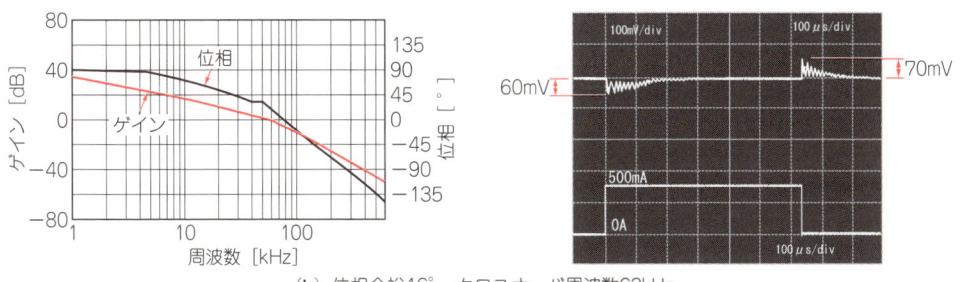

(b) 位相余裕16°，クロスオーバ周波数63kHz

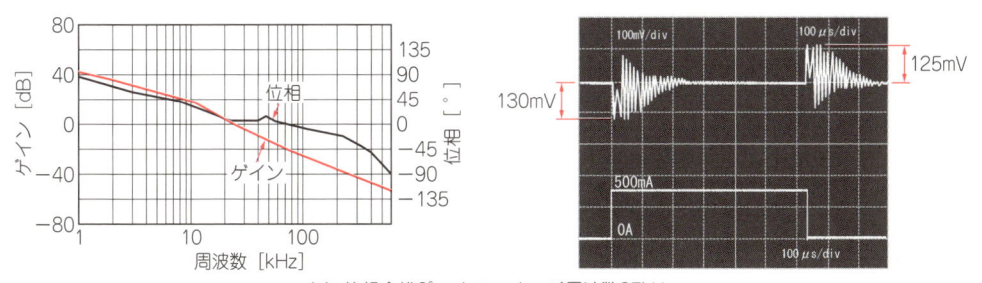

(c) 位相余裕6°，クロスオーバ周波数27kHz

4-5 スイッチング素子と転流素子の選定で効率はどのように変わる？

降圧型DC-DCコンバータの3種類の回路方式について検討してみる

同期整流方式はここ数年で，広く使われるようになりました．**図9**では，降圧型のDC-DCコンバータを使って①ハイ・サイド素子にトランジスタ，転流ダイオードにショットキー・バリア・ダイオードの組み合わせ，②ハイ・サイド素子にパワーMOSFET，転流ダイオードにショットキー・バリア・ダイオードの組み合わせ，③ハイ・サイド素子にパワーMOSFETと同期整流の組み合わせで，損失や実装面積などを比較してみました．①は転流ダイオードに低V_Fのショットキー・バリア・ダイオードを使って順方向損失を低減させても，トランジスタのスイッチング損失が比較的大きく効率は78％でした．

②はメイン・スイッチに低オン抵抗タイプのパワーMOSFETに変えて試験したものです．効率は83％に向上しました．

最後に③の同期整流方式を試してみました．転流ダイオードとして低オン抵抗のMOSFETを選びました．この結果効率は93％と極めて高効率になりました．回路方式の選択で効率は15Wも改善できました．

この15Wの効率改善でヒートシンクが不要にでき，プリント基板の実装面積も1/3と省面積化されました．

〈鈴木 正太郎〉

◆引用文献◆
(1) 鈴木 正太郎；オンボード電源の設計と活用，CQ出版社．

図9[(1)] 降圧型DC-DCコンバータのスイッチング素子と転流ダイオードによる損失の違い

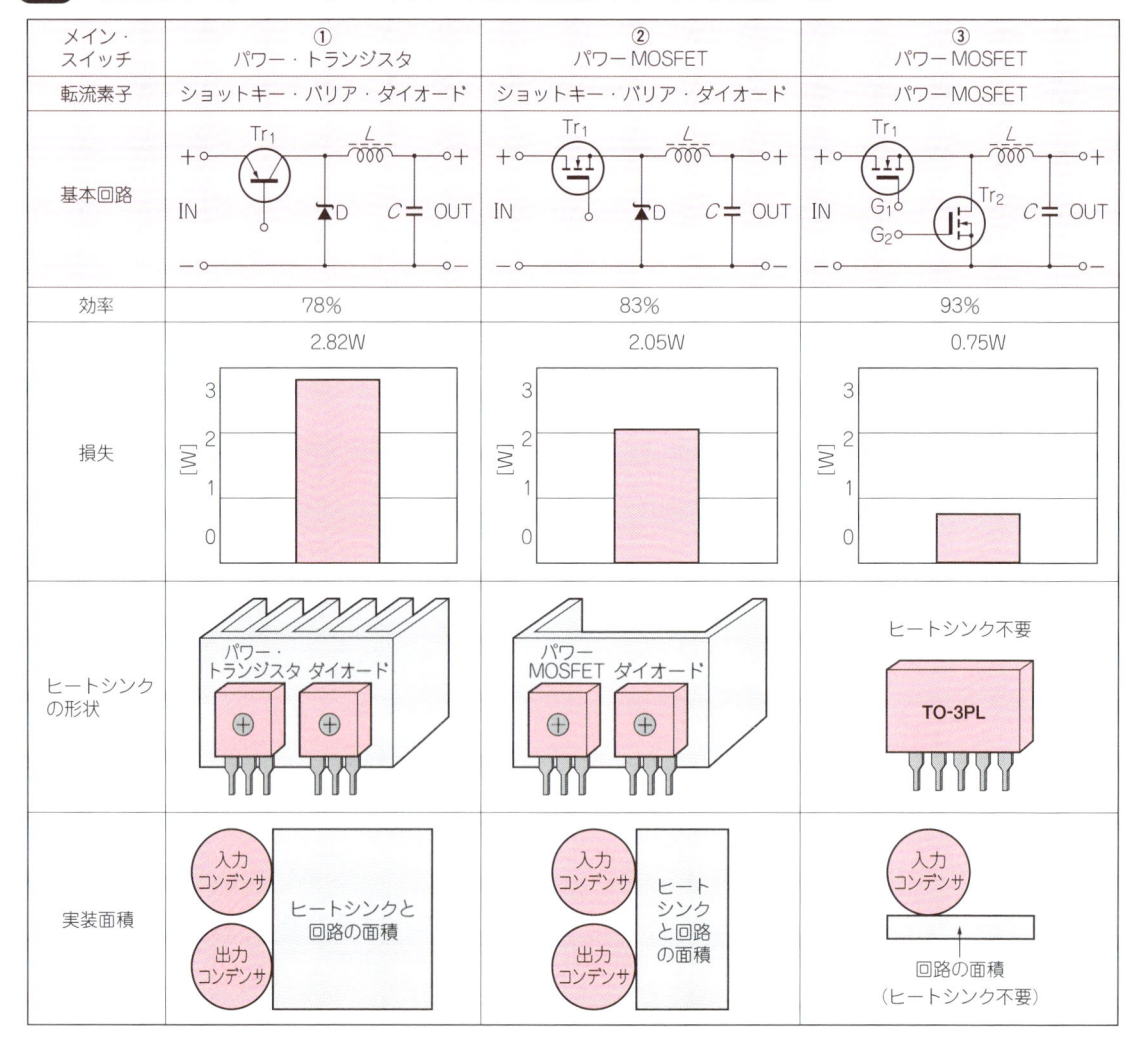

	①	②	③
メイン・スイッチ	パワー・トランジスタ	パワーMOSFET	パワーMOSFET
転流素子	ショットキー・バリア・ダイオード	ショットキー・バリア・ダイオード	パワーMOSFET
基本回路	Tr₁, L, D, C (IN→OUT)	Tr₁, L, D, C (IN→OUT)	Tr₁, Tr₂, L, C (IN→OUT)
効率	78％	83％	93％
損失	2.82W	2.05W	0.75W
ヒートシンクの形状	パワー・トランジスタ＋ダイオード（ヒートシンク付）	パワーMOSFET＋ダイオード（ヒートシンク付）	ヒートシンク不要（TO-3PL）
実装面積	入力コンデンサ，出力コンデンサ，ヒートシンクと回路の面積	入力コンデンサ，出力コンデンサ，ヒートシンクと回路の面積	入力コンデンサ，回路の面積（ヒートシンク不要）

4-6 ダイオード整流と同期整流の違いは？
専用ICの特徴と価格を考慮して検討しよう

降圧型DC-DCコンバータは二つのスイッチを持っています．一つ目のスイッチは入力をオン/オフしてインダクタへ供給するエネルギー量を制御し，二つ目のスイッチはインダクタと負荷との間に電流ループを作り，インダクタのエネルギーを負荷へ供給するための整流動作を行います．

この二つ目の整流動作を行うスイッチにダイオードを使用しているのが 図10(a) のダイオード整流方式です．FETなどを使用してクロックに同期させ必要なタイミングでオン/オフ制御して整流動作をさせているのが 図10(b) の同期整流方式です．

● 電源の性能は同期整流方式が優れる

ダイオード整流方式は半導体によるスイッチが1個でよく，制御回路も簡単に構成できるので低価格な電源を構成できます．

これに対して同期整流方式は2個のスイッチが必要で，スイッチのタイミング制御も高い精度が必要です．制御回路が複雑なのでチップの面積も大きくなり高価な電源となります．

しかし，電源としての性能は以下のとおり，同期整流方式の方がはるかに優れています．

- 低出力電圧でも高効率
- 負荷電流が減少したときでも電圧をアクティブに制御可能
- 無負荷時でも安定した出力電圧
- 軽負荷時でも低ノイズを維持

● ダイオード整流方式はシンプルに構成できる

ダイオード整流の絶対的なメリットとしてその価格の安さがあります．FETを内蔵したタイプの電源ICでは小電力の制御回路部分は小さく作れますが，大電流を流すFETとその駆動回路は大きな面積を必要とするため，ICのチップ・サイズが大きくなりコスト・アップとなります．大きな面積を占めるFETを1個内蔵するか2個内蔵するかでICの価格は大きく変わり，ひいては最終製品の価格へと影響します．

このため，低コストな電源回路にはダイオード整流と同期整流を組み合わせた構成を検討します．

次のような使用条件では，同期整流のメリットは少なくなります．

- **効率**：出力電圧が3.3 V以上ではその差があまり出ない
- **過渡応答特性**：負荷電流の変動が少なければあまり問題にはならない
- **無負荷時出力電圧**：最低負荷電流以上の負荷が常にあれば問題はない
- **軽負荷時のノイズ**：出力電流がある一定以上あれば発生しない

〈弥田 秀昭〉

図10 ダイオード整流方式と同期整流方式の回路の違い
特性や価格を考慮して制御ICを選択する．

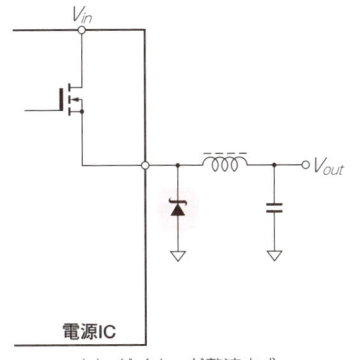

(a) ダイオード整流方式
(b) 同期整流方式

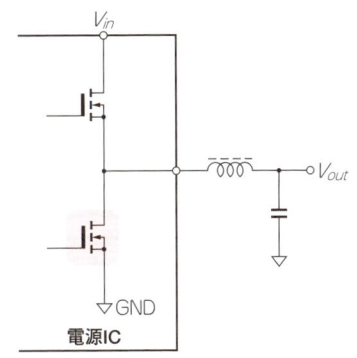

4-7 同期整流方式のメリットは何ですか？

負荷変動に対する過渡応答に優れる

● 同期整流方式は低出力電圧でも高効率

出力電圧が 3.3 V 以上の場合は，ダイオード整流と比べて効率の差はあまりありません．しかし，出力電圧が低くなるとハイ・サイド・スイッチのオン時間が短く，そしてロー・サイド・スイッチのオン時間およびダイオードの導通時間は長くなります．ハイ・サイド・スイッチがオンのとき，図11(a)のようにインダクタには $V_{in} - V_{out}$ の電圧が短時間印加され，インダクタにはエネルギーが蓄積されると同時に負荷に電流を供給します．

図11(a)のようにハイ・サイドがオフになると電源からのエネルギー供給はなくなり，インダクタに蓄積されたエネルギーにより負荷に電流が供給されます．

このとき，インダクタが供給するエネルギーは「出力電圧＋ロー・サイド・スイッチの抵抗×出力電流」，または「出力電圧＋ダイオードの V_F」となりますが，出力電圧以外の部分は損失となります．

ダイオードの V_F は 0.5 V 程度あります．出力電圧が低くなると出力電圧に対する V_F の割合が大きくなることと，出力電圧が低いほどロー・サイド側のオン時間の割合が多くなることから，損失が大きくなり電源としての効率は出力電圧の低下に伴い下がってしまいます．

同期整流はスイッチでの損失電圧をはるかに小さくできるので，低出力電圧でも高い効率を実現できます．

● 負荷電流が減少したときも電圧をアクティブに制御

負荷電流が急激に減少した場合，インダクタがその時点で保持していたエネルギーが過剰となり出力コンデンサを充電し，出力電圧が上昇してしまいます．

ダイオード整流では，図12のように上昇した出力電圧はダイオードにより入力へ逆流しないので，負荷電流が減少していると上昇した電圧が低下するのに時間がかかり，過電圧状態が長く続いてしまいます．

これに対して同期整流は，「同期整流」といいながらダイオードとは異なり，スイッチの制御で図13のように電流を逆流させることができます．

出力電圧が過剰となった場合，電流を逆流させて出力コンデンサの過剰なエネルギーをインダクタを経由して入力側へ放電することができます．そして，高速に電圧を低下させることができるので，負荷変動に対する過渡応答特性が優れています． 〈弥田 秀昭〉

図11 ハイ・サイド オン/オフ時の電流の流れ

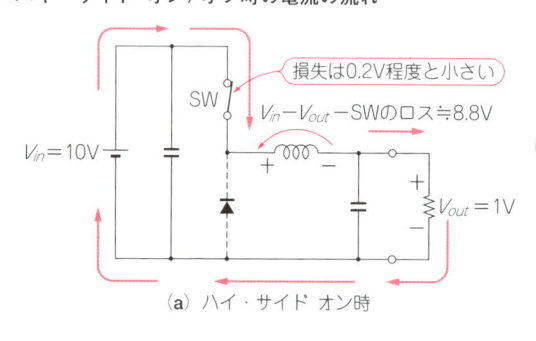

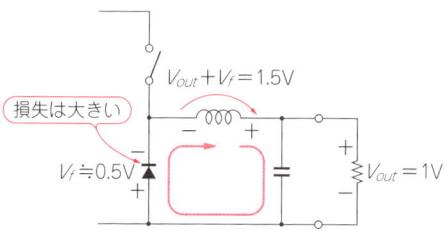

(a) ハイ・サイド オン時 — 損失は 0.2 V 程度と小さい，$V_{in} - V_{out} -$ SW のロス ≒ 8.8 V，$V_{in} = 10$ V，$V_{out} = 1$ V

(b) ハイ・サイド オフ時 — $V_{out} + V_f = 1.5$ V，損失は大きい，$V_f ≒ 0.5$ V，$V_{out} = 1$ V

図12 ダイオード整流は電流を入力へ逆流させられないので負荷電流が小さいと出力の過電圧状態が続いてしまい負荷過渡応答性が悪い

負荷電流がなくなる．インダクタ電流が出力コンデンサを充電して電圧が上昇

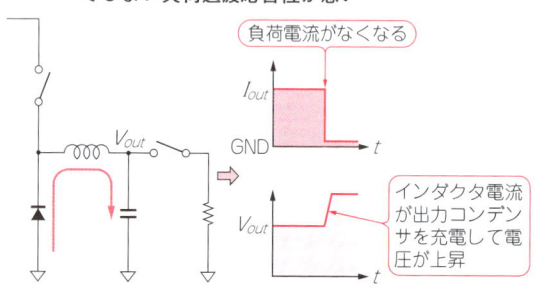

図13 同期整流では電流を入力へ逆流させられるので出力コンデンサの過剰なエネルギーをインダクタを経由して入力側へ放電でき負荷過渡特性が良い

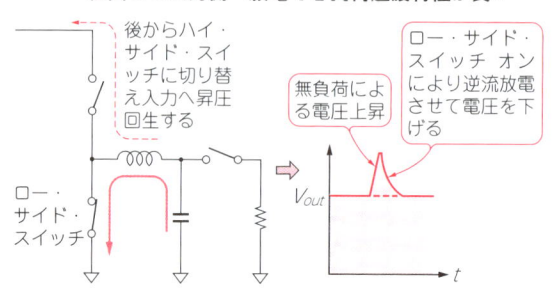

後からハイ・サイド・スイッチに切り替え入力へ昇圧回生する．無負荷による電圧上昇．ロー・サイド・スイッチ オンにより逆流放電させて電圧を下げる

4-8 無負荷時におけるダイオード整流と同期整流の動作の違いは？

同期整流では入力側にエネルギーを戻すことができ安定した出力電圧を維持できる

● **ダイオード整流はスキップ動作してリプルが大きくなる場合がある**

ダイオード整流方式は，出力電圧をアクティブに低下できないという欠点が，無負荷時にも発生することがあります．

図14に示すように，負荷電流が全負荷からインダクタ・リプル電流ピーク・ツー・ピーク(PP)値の半分までの間では，ダイオード整流でも同期整流でもスイッチのオン時間やインダクタ電流に大きな差はありません．

しかし，負荷電流が減少してインダクタ・リプル電流のPP値の半分以下になった時点で，V_{out}/V_{in}の比率でスイッチがオン/オフするとエネルギーが過剰となります．**図15(a)**のように電流の減少とともにオン時間が減り，必要なエネルギーを減少させる動作をします．

電流の減少とともにパルス幅は小さくなるのですが，パルス幅が最小オン時間に達した時点でそれ以下の幅に小さくできないので，最小オン時間でスイッチが入り続けてしまいます．

負荷電流がさらに減少するとエネルギーが過剰となり，出力電圧が設定電圧より大きく上昇してしまう場合や，過剰な電圧を下げるために次回のスイッチのスキップが発生し，出力電圧でのリプルが増加する場合があります．

● **同期整流では常に同じオン時間で安定動作**

これに対して同期整流方式では，電流の逆流動作が可能なので，無負荷でも**図15(b)**のように同じオン時間比のままでスイッチング動作を行い，安定した出力電圧を維持することが可能です．

〈弥田 秀昭〉

図14 負荷電流がインダクタ・リプル電流の1/2以上，全負荷電流以下の動作

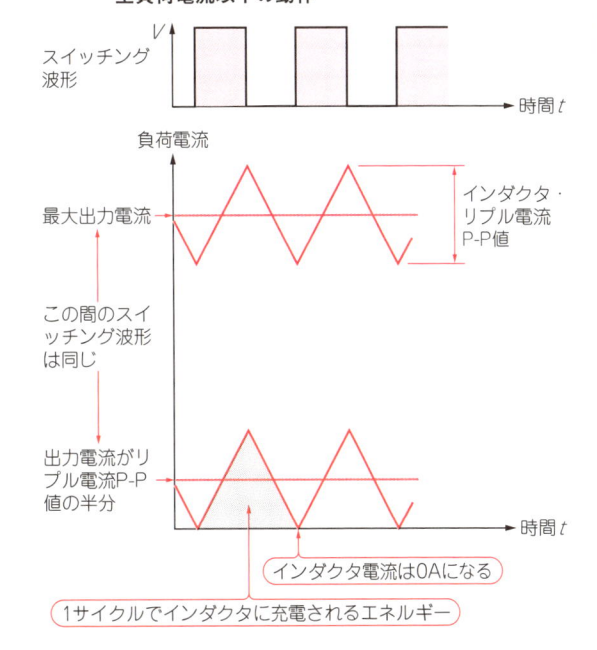

図15 負荷電流がインダクタ・リプル電流の1/2未満の動作

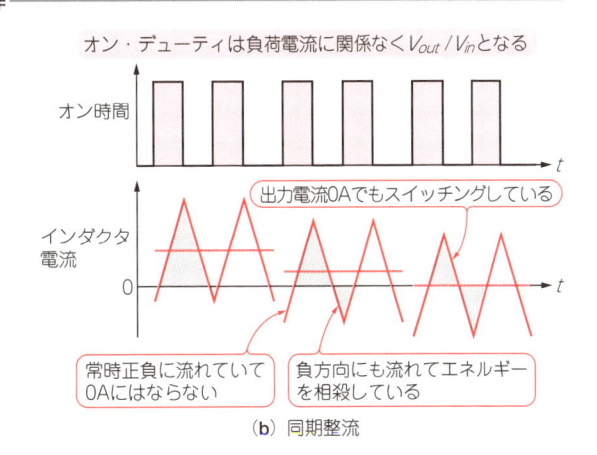

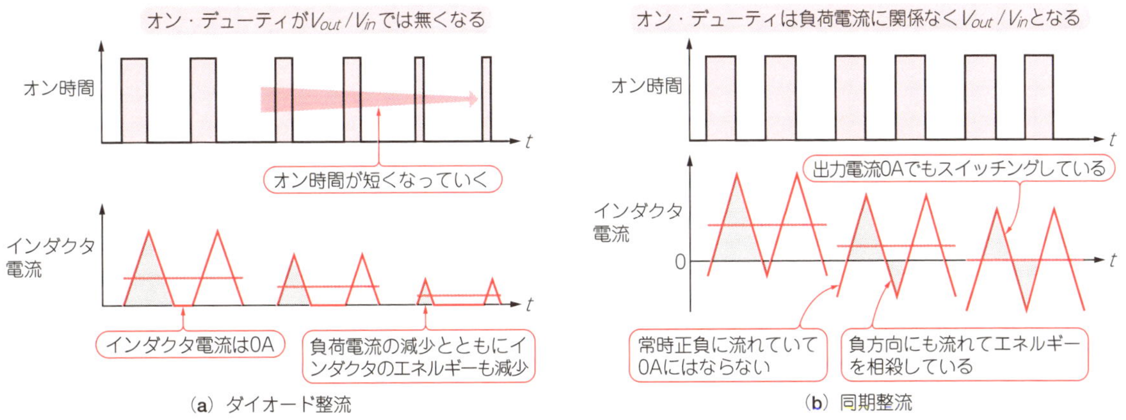

(a) ダイオード整流

(b) 同期整流

4-9 ダイオード整流で軽負荷時のノイズが重負荷時よりも大きくなる場合があるのはなぜか？

インダクタ電流が不連続になるときにリンギングが発生することがある

ダイオード整流方式では負荷電流が減少するとインダクタ電流が不連続状態となります．このとき，スイッチング・ノードに高周波のリンギングが発生します．

このリンギングは，図16のように電流が減少するほど発生時間が長くなります．このリンギングの周波数成分はスイッチング周波数より高いため，出力へノイズとして伝搬するだけではなく，空間にEMI放射が発生します．負荷電流が大きいときは低ノイズなのに，電流が減少するとノイズが増加する場合があります．

これに対して同期整流では，インダクタ電流が不連続状態とはならないので，無負荷から全負荷まで低ノイズ動作が維持されます． 〈弥田 秀昭〉

図16 ダイオード整流方式で発生するスイッチング・ノードのリンギング（$V_{in}=8$ V，$V_{out}=1.8$ V，スイッチング周波数500Hz，$L=22\ \mu$H）

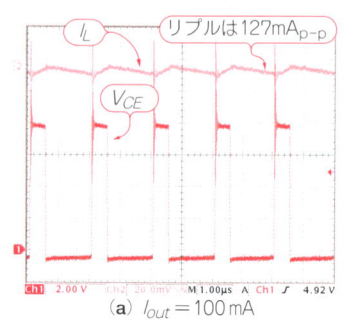

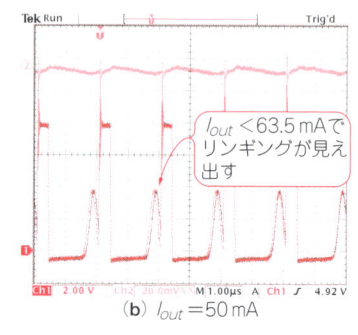

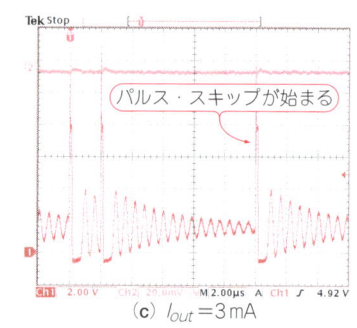

(a) $I_{out}=100$ mA
(b) $I_{out}=50$ mA
(c) $I_{out}=3$ mA

リプルは127mA$_{p-p}$
I_L
V_{CE}
$I_{out}<63.5$ mAでリンギングが見え出す
パルス・スキップが始まる

4-10 フォワード・コンバータ，アクティブ・クランプの同期整流回路はどのように動作するのか？

各部の動作波形のタイミングで回路動作を整理しよう

同期整流とは入力波形に同期して開閉するスイッチ群を有する整流回路とされています．通常の高速ダイオードやショットキー・バリア・ダイオードと比較してMOSFETを使った整流はオン抵抗（順方向電圧降下）が低く，効率の向上には欠かせない整流方式です．

絶縁型のフォワード・コンバータで整流回路を同期整流方式にするには図17の回路方式になります．こ

図17 フォワード方式同期整流回路

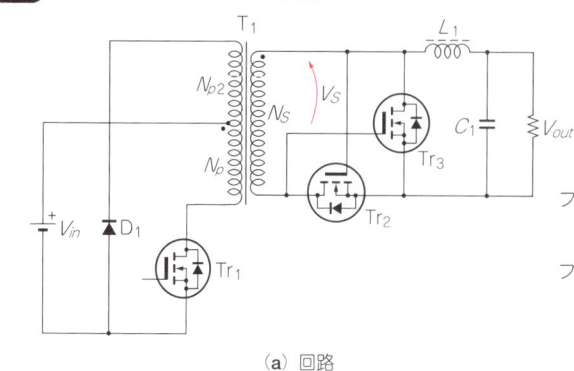

(a) 回路
(b) 電圧/電流波形

の方式での同期信号は図の各部の波形を見ればTr₁とTr₂のドライブのタイミングが分かります．この方式は同期整流用FETのOFF信号の作り方が重要になります．

図18に アクティブ・クランプ方式 の同期整流回路を示します．アクティブ・クランプ方式は同期整流に相性が良いといわれていますが，その理由は **図18** の各部の波形図を見れば理解できます．フォワード・コンバータ方式と違ってFET Tr₃，Tr₄のゲート信号はトランスの2次電圧と同じですから，トランス巻き線から信号を取り出せてシンプルな設計ができます．

〈鈴木 正太郎〉

図18 アクティブ・クランプ方式同期整流回路

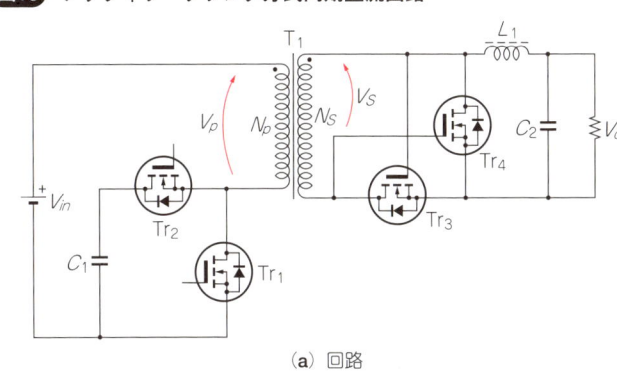

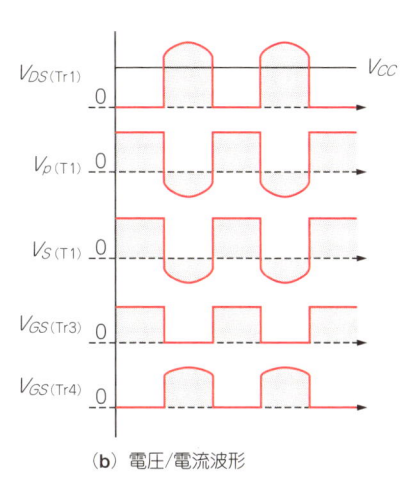

(a) 回路

(b) 電圧/電流波形

ダイオード整流と同期整流を適材適所で組み合わせるには？ column

図C のように高電圧から低電圧を作る場合，降圧型DC-DCコンバータのデューティ比の制限から，たいていは 中間電圧 を作る方式がとられています．

前段の降圧型コンバータの使用条件は，①出力電圧が5Vか3.3Vと高い，②後段に何個かのDC-DCコンバータが接続されるので合計電流での変動が少ない，③最低負荷電流がある程度は確保される，となることから，たいていの場合は安価なダイオード整流方式が使えます．

2段目は，出力電圧が低く，CPUのコアやメモリなどの単独負荷用で，電流変動も大きく電圧精度の要求も厳しい場合は，同期整流方式が適しています．

5Vから3.3VのI/O電源を作る場合は，ダイオード整流で十分なことがほとんどです．I/O電源はさまざまな場所で使われるので電流変動が少ない上に，出力電圧が高く入力電圧も5Vと低いためダイオード整流でも高い効率が実現可能です．

〈弥田 秀昭〉

図C ダイオード整流と同期整流を組み合わせてコストと性能を両立する

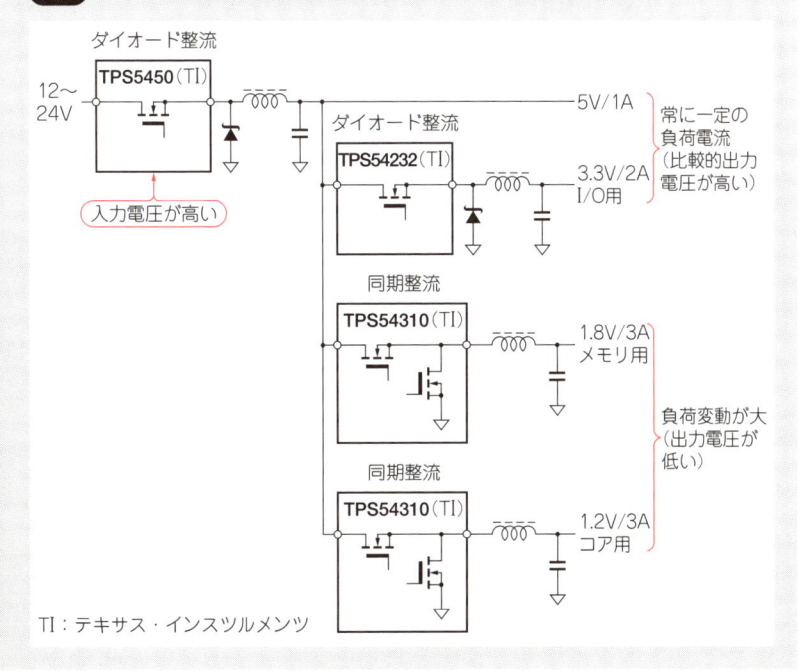

TI：テキサス・インスツルメンツ

4-11 DC-DCコンバータのリモート・センシングとは何か？

負荷の電圧を正確に知るために配線経路を出力電流と別に設ける

電源と負荷間の配線が長いと電圧降下が生じます．これを修正する方法として**図19**に示すようなリモート・センシングが行われます．

負荷が大電流になると，**図20(a)**に示すようにプリント基板での電圧降下がひんぱんに起こります．プリント基板の部品実装が高密度だと太いパターンを作るのも難しく，またパターンの銅箔厚みを70μm以上にすると高価になります．そこで，**図20(b)**のように電圧検出端子を負荷端に接続し，リモート・センシングが行われます．

リモート・センシングは簡単のようで注意を要する技術です．リモート・センシング線は，**図20(b)**に示すように回路インピーダンスの高い誤差増幅器(OPアンプ)から出ています．

この誤差増幅器の電圧検出抵抗と負荷端までの配線はとてもインピーダンスが高くなっています．プラス・センシングとマイナス・センシング間でループ配線が行われ，ここに電磁的ノイズが入り結合すれば電源はジッタや異常発振を起こします．さらにリモート・センシング配線が長い場合には配線インダクタンスが増えて誤差増幅器の位相遅れが起きて異常発振を起こす恐れが出てきます．

正しいリモート・センシングのため，①プラス，マイナスのセンシングのループ(アンテナ)配線を絶対にさせない，②磁界のある場所や容量結合の恐れのある場所に配線しない，③リモート・センシングには長さの限界がありできるだけ電源と負荷間は近くに配置する，の三つを心がけます．

プリント基板でのリモート・センシングではより線にできないので，プラスとマイナスのセンシング・ラインを平行させる，両面基板の場合はガラス・エポキシ材をはさんで上下に平行させる，トランスやチョーク・コイルから離す，などの工夫が必要です．

〈鈴木 正太郎〉

◆引用文献◆
(1) 鈴木 正太郎；オンボード電源の設計と活用，CQ出版社．

図19[(1)] 電源の出力電圧モニタ点が負荷の両端になるようにリモート・センシング端子を接続する

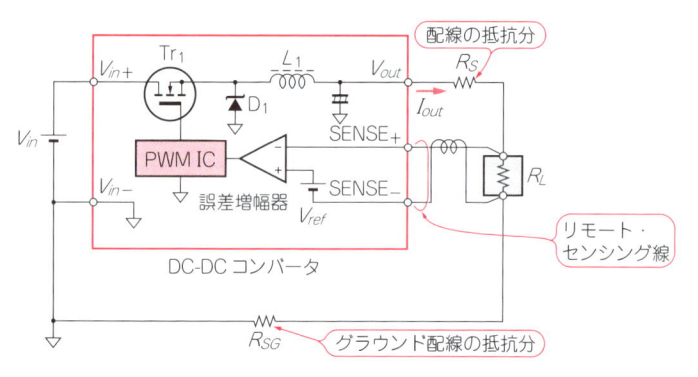

図20[(1)] DC-DCから負荷に電流が流れると配線により電圧降下が生じるためリモート・センシングが必要

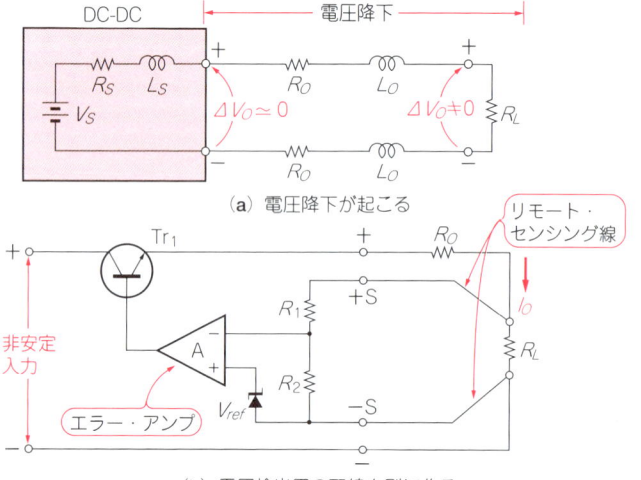

(a) 電圧降下が起こる

(b) 電圧検出用の配線を別に作る

4-12 リモート・センシングの配線はどのようにしたら誤動作しにくいか？

センシング線を引き延ばして実験し，ノイズやリプルの大きさを評価

リモート・センシングで発生するトラブルの理由は，DC-DCコンバータ内にある誤差増幅器回路と連動してセンシング線をイメージしていないことによるものが多いようです．リモート・センシングはコンバータ内にあるOPアンプに接続されています．このOPアンプは80 dBから120 dBの高いゲインを持って定電圧精度を高めています．

図21はリモート・センシングの配線を人工的に「いじって」出力波形がどのように変わるか実験するための回路です．主に電磁的影響を実験しました．

図21(a)ではセンシング線を引き延ばしてループ・アンテナを作り，メインのプラス($+V_{out}$)と($-V_{out}$)は平行のまま負荷まで配線しました．

図21(b)ではメインのプラス($+V_{out}$)と($-V_{out}$)をより線化して負荷まで配線し，±センシング線はセンシングだけで細かくより線にしました．

実験結果が図22です．図21(b)のようにメイン配線を「より線」にして，センシング線は「細かく，より線」にした場合はトランスからの電磁的影響をあまり受けていません．図22(a)に示す正常なリプル波形となっています．

しかし，図21(a)のようにメインの配線も，センシングの配線もループがあると，図22(b)～(d)の波形のように交流入力，異常発振，ジッタなど重大な悪影響を受けてしまいます．これらはすべて電磁誘導を起こす磁束がセンシング・ループに飛び込むことで発生しています．

〈鈴木 正太郎〉

◆引用文献◆
(1) 鈴木 正太郎：オンボード電源の設計と活用，CQ出版社．

図21[1] リモート・センシングの配線ミスによる誘導/異常発振を確認するための実験用回路

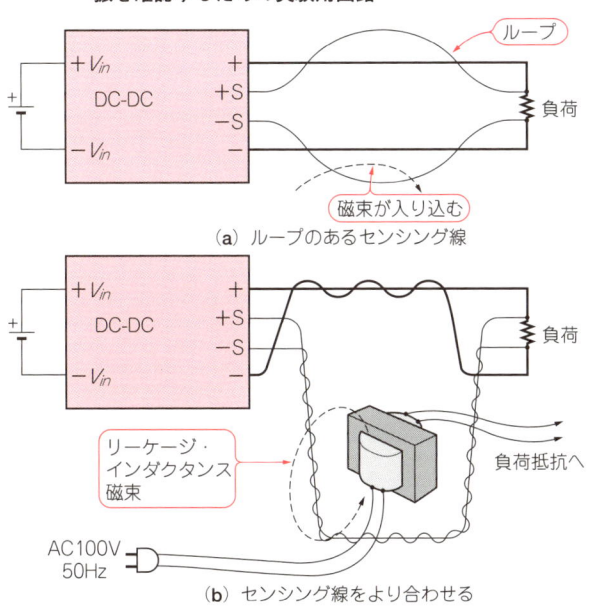

(a) ループのあるセンシング線

(b) センシング線をより合わせる

図22[1] 実験結果の出力リプル波形

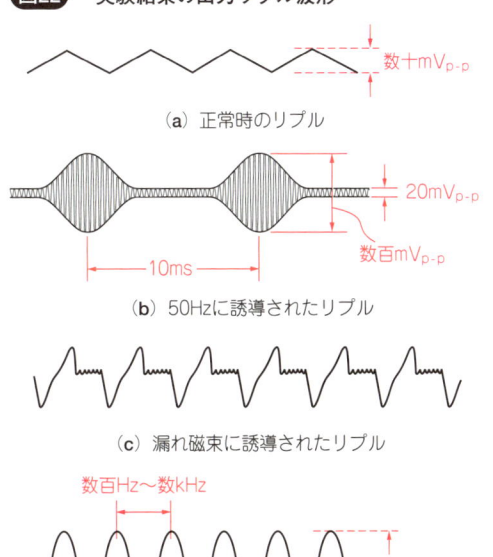

(a) 正常時のリプル — 数十mV_{p-p}

(b) 50Hzに誘導されたリプル — 20mV_{p-p} / 数百mV_{p-p} / 10ms

(c) 漏れ磁束に誘導されたリプル

(d) 異常発振時のリプル波形 — 数百Hz～数kHz / 数百mV_{p-p}

4-13 チャージ・ポンプとインダクタを使うDC-DCコンバータはどのように使い分ければよいか？

二つの専用ICを使った回路を紹介する．チャージ・ポンプは小型小電力用途

　電圧の昇降圧にインダクタを用いたDC-DCコンバータが使われることは周知ですが，インダクタを使わずに昇降圧ができる回路があります．

　チャージ・ポンプというDC-DCコンバータは，電荷を移動させることで**入力電圧とコンデンサに充電させた電圧を重畳し，出力電圧を昇圧する回路方式**です．

　チャージ・ポンプの特徴として次のようなことが挙げられます．

① 専用ICを使えばIC以外の部品はコンデンサとダイオードくらい
② ほとんどのチャージ・ポンプICはPFMモードで動作するため，軽負荷から定格まで高い効率が得られる
③ チャージ・ポンプはコンデンサにエネルギーを蓄えて動作させるため，出力電流が小さいものに向くが，大電流には不向き
④ インダクタがないので輻射ノイズは小さいもののリプル電圧は大きい

　チャージ・ポンプは小電力で小型を要求されるLED電源，LCD用高圧電源，携帯電話，リモコン，その他の小型携帯機器などに適したDC-DCコンバータとして応用が進展すると考えます．

　図23はMAX1595を使ったチャージ・ポンプ昇圧回路です．IC以外にはコンデンサと2個のダイオードだけで昇圧コンバータの設計ができます．

　図24はLTC3872を使ったインダクタを使用する昇圧コンバータです．コンデンサ，パワーMOSFET，インダクタ，抵抗，高速ダイオードが最低必要になりますが，大電流が得られます．これらを比較すると必然的に使い分けができます．

〈鈴木 正太郎〉

◆参考文献◆
(1) 赤羽一馬：チャージ・ポンプのしくみと低電圧動作の便利IC，トランジスタ技術2008年6月号，CQ出版社．
(2) 高性能DC-DCコントローラ 4.2008，リニアテクノロジー㈱．

図23 MAX1595を使った昇圧チャージ・ポンプ回路

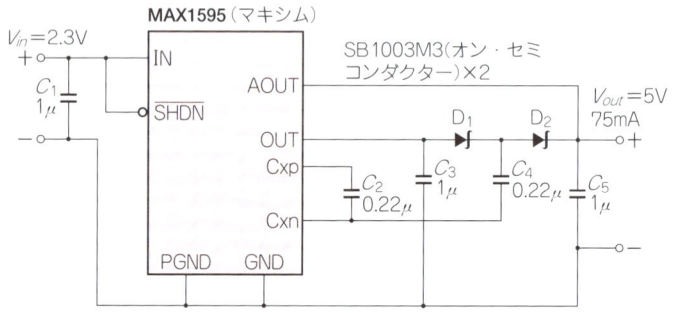

マキシム：マキシム・インテグレーテッド・プロダクツ

図24 LTC3872を使った昇圧DC-DCコンバータ回路

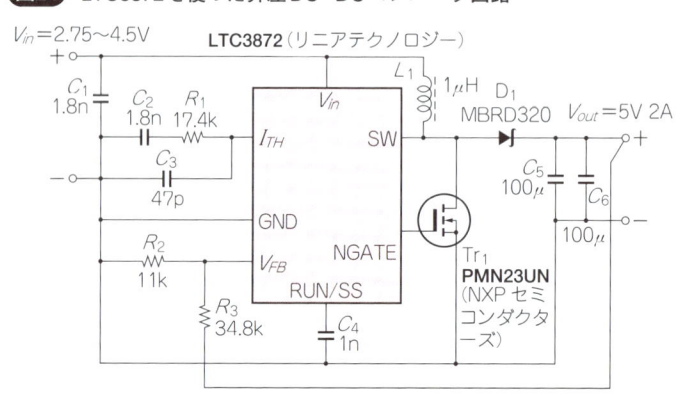

4-14 ハイ・サイド・スイッチにMOSFETを使った場合PチャネルとNチャネルではゲート電位はどのように違うのか？

NチャネルのときはBOOTピンに昇圧コンデンサが必要

一般に，降圧型DC-DCコンバータICのスイッチ出力の近くを見ると，**図25(a)** のようにBOOTピンがあり小容量のコンデンサをPHピンとの間に付けるICと，**図25(b)** のようにBOOTピン自体がないICがあります．

● BOOTピンの有無とIC内部の違い

これらのICの大きな違いは，ハイ・サイド・スイッチのMOSFETがPチャネルかNチャネルかに起因します．

ハイ・サイド・スイッチはV_{in}ピンとPH(SW)ピンの間に接続されています．スイッチがオンしている状態ではソース，ドレインともに電源電圧となっています．

FETをオンにするためには3Vから5V程度のゲート電圧を印加する必要がありますが，電位的にはどういった電圧が必要となるでしょうか．

● ハイ・サイド・スイッチがPチャネルであれば駆動は簡単

図26(b) のようにスイッチがPチャネルMOSの場合，ゲート駆動に必要な電圧はソースに対して負の電圧となります．

ゲート駆動電圧が-4Vだとするとゲートの電位は「電源電圧-4V」の電圧を加えればよいので，電源電圧が4V以上あれば入力電圧より低い駆動電圧は容易に作ることができます．

● ハイ・サイド・スイッチがNチャネルだと駆動回路が必要

しかし，**図26(a)** のようにNチャネルMOSFETの場合，オンさせるためにはゲート電圧にソースより高い電圧が必要です．

ハイ・サイド・スイッチがNチャネルMOSの場合，電源電圧よりも4V高い電圧を作る必要があります．BOOTピンとPHピン間にあるコンデンサは，NチャネルMOSFETをオンする電圧を生成するためにあります．

〈弥田 秀昭〉

図25 降圧型DC-DCコンバータのICには昇圧用のコンデンサを接続するタイプとしないタイプがある

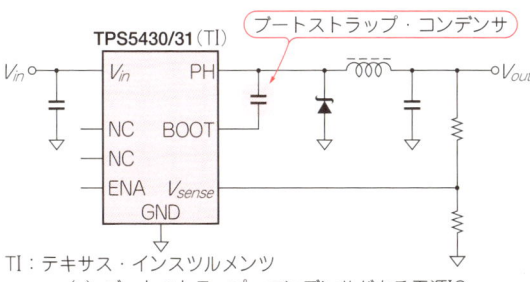

TI：テキサス・インスツルメンツ
(a) ブートストラップ・コンデンサがある電源IC
(b) ブートストラップ・コンデンサがない電源IC

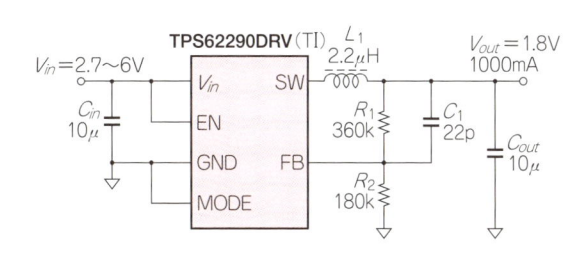

図26 同期整流においてハイ・サイドのスイッチングがNチャネルまたはPチャネルのときの比較

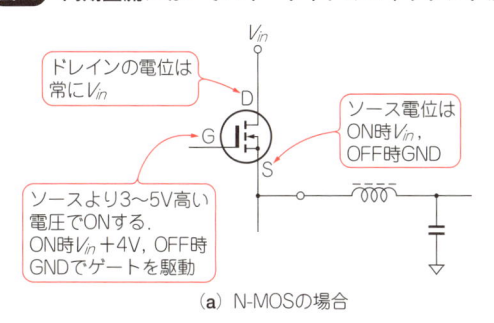

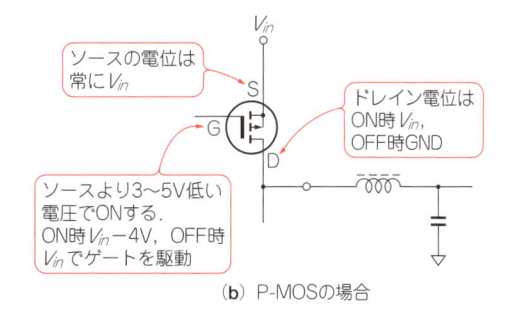

(a) N-MOSの場合
(b) P-MOSの場合

4-15 ハイ・サイド・スイッチのNチャネルMOSFETを駆動するチャージ・ポンプ回路の動作は？
MOSFETの耐圧を超えないように対策が必要

ハイ・サイド・スイッチのNチャネルMOSFETを駆動するためには，電源電圧より高い電圧を作る昇圧回路が必要となります．

一般的なDC-DCコンバータで使用されている昇圧回路は**チャージ・ポンプ方式**です．スイッチングDC-DCコンバータはスイッチング動作によりPH（SW）ピンの電位は**図27**のように電源電圧とGNDを行き来しているのでこの部分を利用します．

電源からダイオードを経由してコンデンサをPHピンに接続します．こうするとスイッチングによりPHピンがGNDになるとコンデンサはダイオードを経由して$V_{in} - 0.7$ Vの電圧まで充電されます．スイッチングによりPHピンの電圧が電源電圧まで上昇するとコンデンサの負側が電源電圧となるので正側の電位は$V_{in} \times 2 - 0.7$ Vまで上昇します．

図28のようにコンデンサの＋側からハイ・サイド・ドライバ回路の電源を供給していると，ドライバ回路はロー・サイドがオンしている時も，ハイ・サイドがオンするときも常に$V_{in} - 0.7$ Vの電圧供給を受けられるので安定してゲート駆動を行う事ができるようになります．

● 入力電圧が高いときはMOSFETの耐圧を超えない対策が必要

なお，高入力電圧製品ではこのチャージ・ポンプ回路をそのまま使うと電源電圧のほぼ2倍の電圧ができてしまうので，入力電圧が24 Vの場合48 Vとなり FETのゲート耐圧を超えてしまいます．

このために，高入力耐圧製品は内部に5～8 V程度の電源を内蔵しています（次項4-16 **図29**参照）．この電源からコンデンサを充電することによりハイ・サイド・スイッチがオンしても電源電圧＋5 V程度に抑える回路が入っており，これによりFETスイッチのゲートに高電圧が印加されることを防止しています．

● なぜ外付けのコンデンサが必要なNチャネルMOSFETをハイ・サイドに使うのか

PチャネルとNチャネルのMOSFETを比較すると同じシリコン・サイズの場合，NチャネルMOSFETのオン抵抗はPチャネルMOSFETの数分の1という非常に低い値となります．この結果，同じオン抵抗のMOSFETを作る場合，Nチャネルを選択するとMOSFETのサイズを数分の1にできます．ICを設計するとき，大電流を流すパワー・スイッチ部分は制御回路の部分に比べると大きな面積を必要とします．

パワー・スイッチにNチャネルMOSFETを選択するとチャージ・ポンプ回路を追加してもチップ・サイズを小さくでき，1ピン余計に必要な事を考慮しても，安価にICを製造することができます．

これにより，小容量のコンデンサを1個使用したブートストラップ回路＋NチャネルMOSFETがスイッチ電流の大きな電源ICでは標準的な構成となっています．

〈弥田 秀昭〉

図27 ハイ・サイド・スイッチのNチャネルMOSFETを駆動するチャージ・ポンプ回路の動作

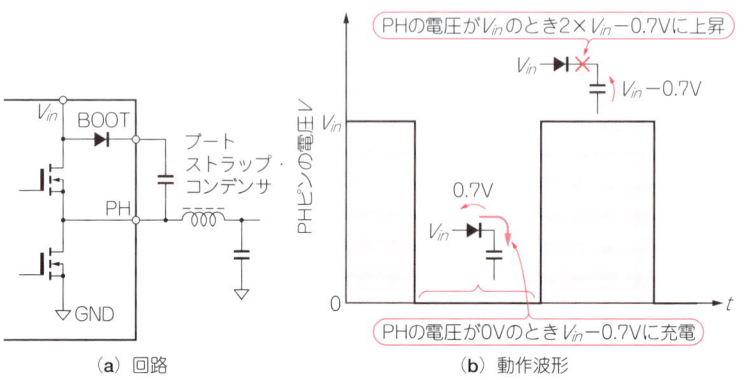

(a) 回路　(b) 動作波形

図28 ハイ・サイド・スイッチのNチャネルMOSFETのドライバ回路の電源はコンデンサから供給することで常に$V_{in} - 0.7$ Vとなる

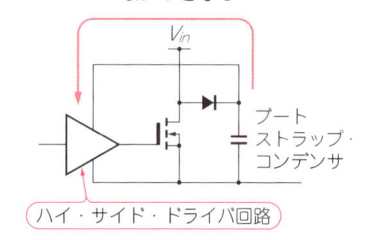

4-16 ダイオード整流＋NチャネルMOSFET駆動用チャージ・ポンプ回路が電池駆動機器に使われないのはなぜか？

軽負荷動作には不向きだが，動作できるように対策済みのICもある

電池駆動機器では，電池電圧が低下しても軽負荷でも高効率という要求から，$V_{in} = V_{out}$ まで使用可能（100％オン動作可能）で，パルス・スキップによるPFM（Pulse Frequency Modulation）動作ができる電源ICが選択されます．

● 電池駆動機器に要求される100％オンや軽負荷時での高効率動作ではチャージ・ポンプを動かせない

チャージ・ポンプ回路ではコンデンサに充電を行うにはロー・サイドのスイッチがオンしてPHピン（ハイ・サイド・パワーMOSFETのソース）をGND電位にする必要があります．しかし100％ハイ・サイドオンの動作ではロー・サイドをオンできないのでコンデンサの電荷が放電してなくなってしまい，ハイ・サイドを継続してオンできなくなります．

パルス・スキップによるPFM（Pulse Frequency Modulation）動作では負荷電流が減少するとインダクタ電流が不連続状態で動作します．さらに負荷電流が減少するとスイッチングの周期が伸びてインダクタ電流は0Aの状態が続きます．この時間があまりに長いとコンデンサに蓄えられていた電荷が放電してしまい，次回ハイ・サイドがオンできなくなってしまいます．

同期整流の場合ロー・サイドのNチャネルMOSFETをオンすればPHピンはGND電位になるので問題ありませんが，ダイオード整流方式ではこうはいきません．

ダイオードがオンするためには，インダクタ電流が流れている状態でハイ・サイドがオフし，インダクタの起電圧でPHピン電圧を負電圧まで低下させます．つまり，先にハイ・サイドがオンしてインダクタに電流を流さなくては，PHピンがGNDレベルにならないので，結局コンデンサ充電できません．

ダイオード整流方式の場合は必ず，連続してスイッチングしている条件でないと回路が動作しないことになります．

● 動作できるように対策済みのICもある

ダイオード整流と同期整流を選択できるTPS54350（テキサス・インスツルメンツ）では，この問題を解決するために，図29のPHピン近くにコンデンサの充電用として小さなFETスイッチを内蔵し，ダイオード整流モードで使用しているときでも自由にPHピンをプルダウン可能にしています． 〈弥田 秀昭〉

◆参考文献◆
(1) TPS54350データシート，日本テキサス・インスツルメンツ㈱．

図29 ダイオード整流と同期整流を選択できるTPS54350の内部ブロック

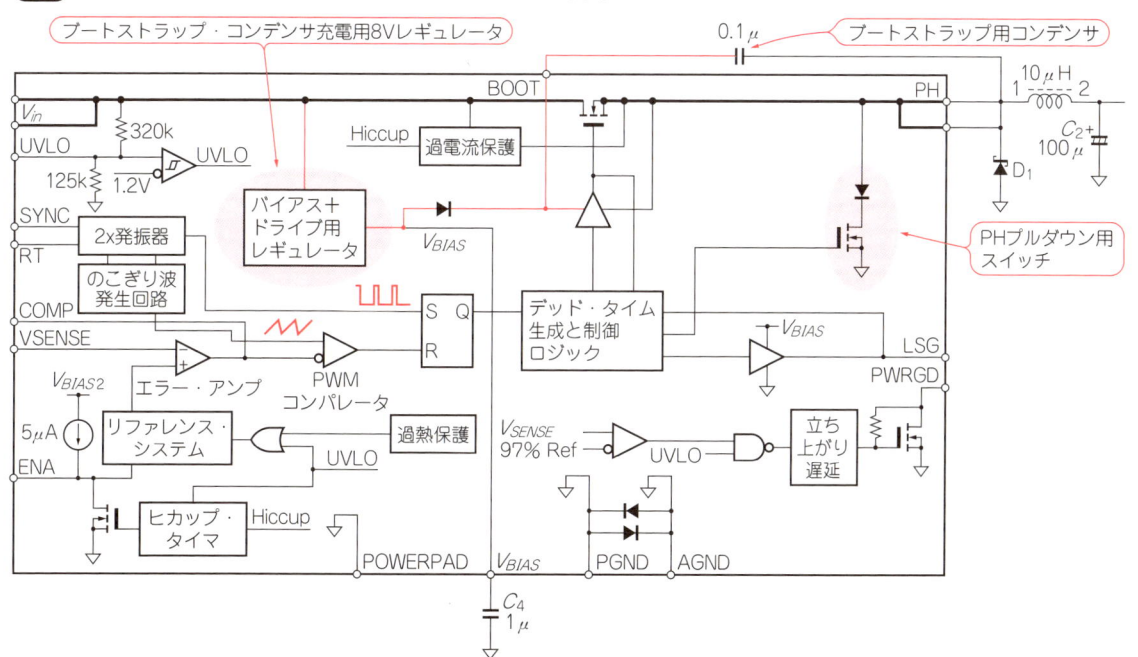

4-17 放電で電圧が下がる電池をエネルギー供給源としたとき降圧型DC-DCコンバータはどのように動作する？

ハイ・サイド側のスイッチングが不安定になり，ついには100%オンになる

● 入力電圧が低下するとスイッチ動作に必要なオフ時間を確保できなくなる

電池をエネルギー供給源とする降圧型DC-DCコンバータでは，電池電圧の低下とともにV_{out}/V_{in}によるハイ・サイド・スイッチのオン・デューティが増加していきます．リチウム・イオン電池から3.3 V出力を作っている場合，電池が満充電状態では4.2 Vから3.3 Vを作っているので，デューティ比は3.3/4.2＝0.78となります．

しかし，電池の放電に伴いV_{in}が低下すると，それにつれてオン時間が長くなりオフ時間は短くなります．パワー・スイッチがオン/オフするには，ターン・オフ時間とターン・オン時間，PWM制御のための最小制御幅などによりオフ時間の最小時間が必要です．それより短い時間では正常なスイッチ動作ができなくなります．DC-DCコンバータによっては電池の終止電圧に注意が必要です．

● オフ時間を確保できなくなるほど入力が低下すると出力も低下する

2.25MHz動作の降圧型コンバータTPS62260（テキサス・インスツルメンツ）を，出力電圧3.3 Vに設定して入力電圧を下げたときのスイッチング波形をとると，図30のように入力電圧の低下とともにオフ時間が短くなっていきます．

オフ時間が最小値以下になるとオフ・パルスが不完全となり，スイッチングがときどきスキップする状態となります．さらに入力電圧が低下すると100%オン状態の割合が増えていき，ついにはハイ・サイド・スイッチが連続してオンする100%オン状態となります．

出力電圧をスイッチのオン/オフで制御して維持できるのはここまでで，これ以上入力電圧が低下すると図31のようにスイッチのオン抵抗とインダクタの抵抗による電圧ドロップで，出力電圧もその分低下してしまいます．そのときの出力電圧は式(4-1)となり，出力電圧はそのときの負荷電流に大きく依存します．

$$V_{out} = V_{in} - I_{out} \times (R_{DSON} + R_{Ldcr}) \cdots\cdots (4\text{-}1)$$

ただし，V_{out} [V]：100%オン状態動作時の出力電圧，R_{DSON}：ハイ・サイドのオン抵抗［Ω］，R_{Ldcr}：インダクタの直流抵抗［Ω］．

〈弥田 秀昭〉

図30 入力電圧の低下に伴いオン時間が増え100%オン状態になると出力電圧を維持できなくなる

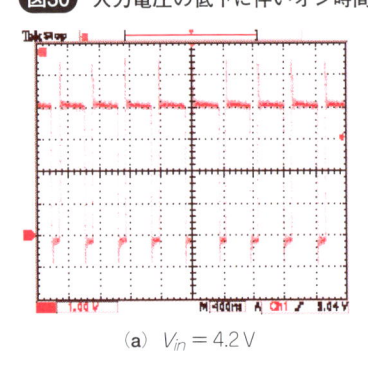

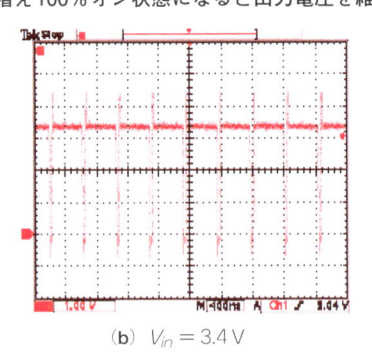

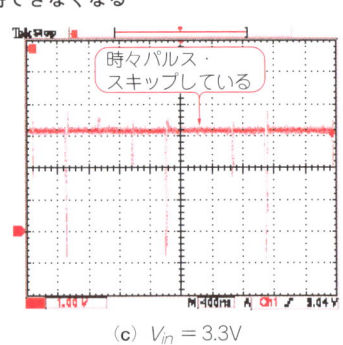

(a) V_{in} = 4.2 V
(b) V_{in} = 3.4 V
(c) V_{in} = 3.3 V （時々パルス・スキップしている）
(d) V_{in} = 3.0 V （100%ON状態）

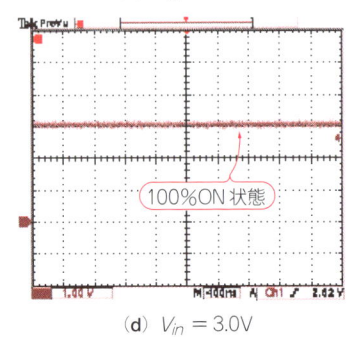

図31 100%オン状態で動作時の抵抗成分
（ハイ・サイド・スイッチのオン抵抗，インダクタの直流抵抗，負荷電流，負荷）

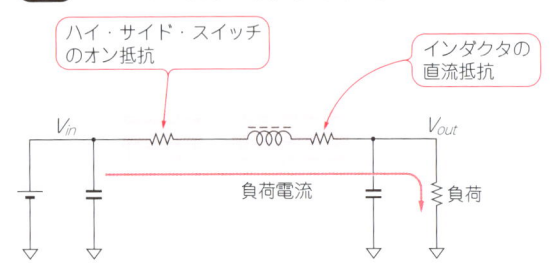

4-18 入力が低下すると降圧型DC-DCコンバータの応答特性はどのように変わるか？

高速負荷変動時の出力電圧応答を調べる

V_{in}とV_{out}に電圧差がなく，オン・デューティが大きな状態，例えばオン・デューティが90%の場合を考えます．この場合，負荷電流が急増したとしても，オン時間を増加できるのは残りの10%だけしかなく，負荷電流の増加に追従してインダクタ電流を増加させようとしても時間がかかります．

エネルギー不足状態が長引くために出力電圧の低下が大きくなり，出力電圧のアンダシュートが大きくなります．

● オン・デューティが大きいときの応答特性を確認

出力を3.3Vに設定したTPS62260（テキサス・インスツルメンツ）を使用して，負荷電流を0mAから500mAへ高速に変動させたときの出力電圧を**図32**に示します．

図32(a)の$V_{in} = 4.2$Vでは，500mAの高速負荷変動に対して80mVの電圧低下しか発生しておらず，出力電圧に対して−2.4%と十分な制御応答能力があります．

図32(b)の$V_{in} = 3.5$Vになるとアンダシュートも240mVと大きくなり，−7.2%なので，電源電圧幅にマージンの少ない部品ではそろそろ誤動作の可能性が出てきます．

図32(c)の$V_{in} = 3.3$Vでは入出力電位差がないためにDC-DCコンバータとしての制御能力はまったくなく，500mAの高速負荷変動で400mVものアンダシュートが発生しています．過渡応答後の出力電圧もボトムの2.9Vから3.12V程度までにしか戻りません．

$V_{in} = 3.3$Vでも無負荷なら3.3Vが出力可能ですが，負荷電流が500mAであることによりスイッチとインダクタの抵抗により電圧が低下してしまいます．

以上から，負荷となる回路の電流変動により発生する電圧変動が許容値内であるかどうかの確認が必要です．

なお，電流の変化が一般的なDC-DCコンバータの応答速度である100k〜200kHz，つまり10μ〜5μs程度かけて変化するような低速な電流変化の場合や，電流変化量が500mAより少なければ，発生する電圧のアンダシュート量もその分小さくなります．

● アンダシュートの対策は出力コンデンサの容量を増やすこと

出力容量を2倍にすると電圧のドロップは約半分になります．しかし，出力コンデンサの増加はLCフィルタのコーナ周波数を低下させ，電源としての応答速度を遅らせます．このため元の電圧への復帰時間は長くかかるようになり，

カットオフ周波数を，低い方へと移動させます．カットオフ周波数はDC-DCコンバータの負帰還で行われる内部位相補償の周波数と密接な関係があるので，出力コンデンサの容量を無制限には増加できません．

〈弥田 秀昭〉

図32 入力電圧の低下に伴うオン・デューティの増加により応答特性が劣化する（スイッチング・ノード：2V/div，出力電圧：100mV/div，AC）

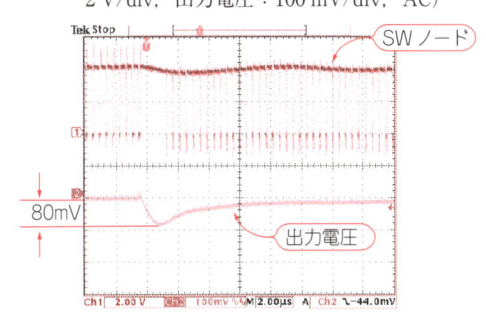

(a) $V_{in} = 4.2$V

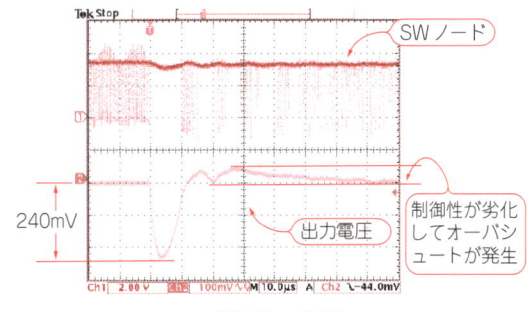

(b) $V_{in} = 3.5$V

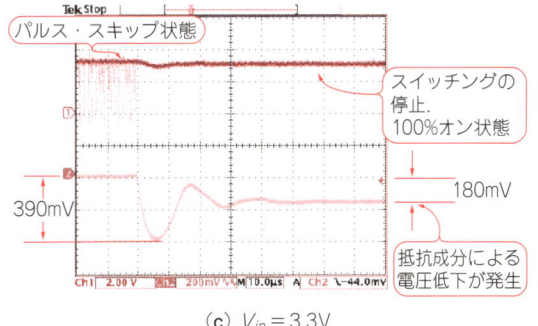

(c) $V_{in} = 3.3$V

4-19 降圧型コンバータの動作電圧範囲に関する注意点は？
入出力間電位差が大きいとときの出力電圧の振る舞いを調べる

降圧型DC-DCコンバータICには，入力電圧範囲が3.5～36 V，5.5～60 Vというように非常に広いものがあります．そして，これらICの出力電圧は，0.8 V，1.22 Vというように低い電圧まで設定可能になっています．しかし，入力と出力の電圧範囲がおのおの動作範囲内なのに，24 Vや40 Vといった高い電圧から1.2 Vや1.8 Vといった低い電圧を直接作れない場合があります．

この制限は，スイッチ素子がオン/オフするために必要な最小オン時間と，スイッチング周期によって作られる時間との比による，降圧比の限界により発生します．

● 電位差が制限以上での動作はリプルの増大と応答特性の悪化を招く

TPS5430(テキサス・インスツルメンツ)の出力電圧を1.8 Vに設定し，入力電圧を上昇させていきます．図33はV_{in} = 12 V時のスイッチング・ノードの波形でオン時間が380 nsとなっています．このときのオン・デューティは，380/2000 = 19.0％です．この値は，V_{out}/V_{in} = 1.78 V/12 V = 14.8％より4％ほど大きくなっています．

この理由は，DC-DCコンバータで発生する損失を補うために必要なパワーの分，オン・デューティが広がるためです．この状態から入力電圧を上昇させていくと，図34のようにオン時間は短くなっていきますが，30 Vで140 nsになった時点で最小オン時間に達し，オン時間はこれ以上短くはなっていません．

入力電圧が上昇してもオン・デューティが固定化しているので，入力電圧が上昇すると出力電圧も上昇するはずです．しかし，出力電圧は1.78 Vのまま安定しています．いったい何が起きているのでしょうか？

パルス幅がこれ以上短くできないことからエネルギーが過剰となり出力電圧が上昇します．その結果，大幅なパルス幅の減少要求から，図35のようにパルスがなくなり，そのクロックでのエネルギー供給がなくなるため電圧の低下が生じます．スイッチング動作は，次のクロックから再開されます．

エネルギー供給が時々スキップするために必要エネルギー量の平均値は低下し，出力電圧の平均値は設定電圧を維持できます．しかし，安定に連続したパルス列から不連続なパルスとなるため，出力電圧に発生するリプル電圧は大きくなります．

降圧比の限界を超えてもリプル電圧が大きくなるだけで，出力電圧は維持できています．しかし，この状態に負荷電流の変動が加わるとさらに大きな電圧変動が発生してしまいます．

〈弥田 秀昭〉

図33 12 V入力，1.8 V出力時の実際のオン・デューティ比はDC-DCコンバータで発生する損失を補う分4％ほど広い (5 V/div, 400 ns/div)

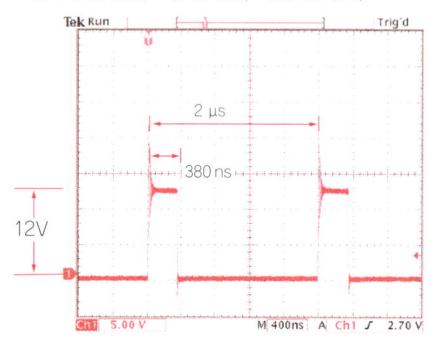

図34 出力電圧一定における入力電圧対オン時間例
TPS5430を使った降圧型DC-DCコンバータを使った．

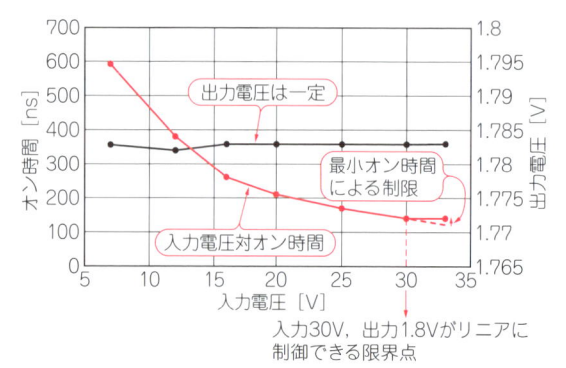

入力30V，出力1.8Vがリニアに制御できる限界点

図35 入出力電圧差が大きくなるとリニアなPWMではなくスイッチングをスキップして出力電圧を制御するためリプルが増える

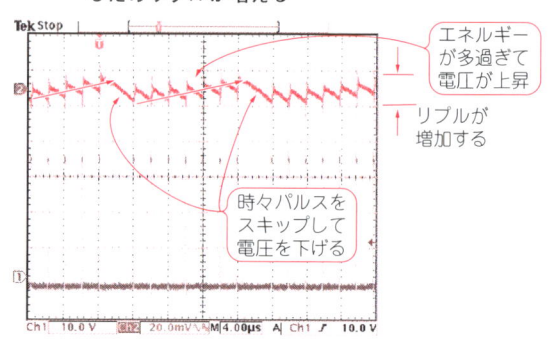

4-20 大電流低電圧出力のPOLコンバータに求められる仕様はどのようなものがあるか？

電圧精度を確保するためには多くの要求項目がある

パターン幅が45 nm，60 nmのICやFPGAではコア電圧が低電圧化しています．わずかな電圧ディップやノイズの影響でICの許容電圧範囲をオーバ，または過不足になり，電源異常によるエラーを起こすことがあります．

5Vロジック時代では電源の設定電圧精度を気にしないで使っていましたが，微細化ICでは電源の設定電圧値は大変重要です．

例えば，コア電圧が1.2Vの場合に動作電圧範囲が±2%とすると電圧では±24 mVです．入力電圧変動，負荷変動，温度変動，経時ドリフト，リプル・ノイズに電源の設定誤差を加えると±24 mV以内に電圧を保つのは大変難しくなります．

市販品のPOLコンバータでは，BSV-1.5S22R0H（ベルニクス）などのように出力電圧設定精度±1%以内を保証した製品も発売されています．

高精度POLコンバータに求められる電圧の精度を左右する各項目は次のとおりです．
- 入力変動［±mV］
- 負荷変動［mV］
- 設定電圧［±mV］
- リプル電圧［±V_{P-P}］
- サージ・ノイズ［±V_{P-P}］
- 温度ドリフト［±mV］
- 経時ドリフト［±mV］
- 過渡負荷時のオーバシュート電圧(0%負荷→100%負荷)［+mV］
- 過渡負荷時のアンダシュート電圧(100%負荷→0%負荷)［-mV］

〈鈴木 正太郎〉

---

column　汎用高速応答型と超高速応答POLコンバータの制御は違う？

単に発振周波数を高くしても高速応答のPOLコンバータはできません．負荷が急変したときに従来のPWMでの負帰還回路では，出力の変化を検出して変調回路を経由してパルス幅制御が行われます．誤差増幅器による位相遅れで変調信号は徐々に伝わり制御されます．この非制御の期間，出力電圧はコンデンサC_{out}の電荷で保たれます．急激に負荷に電流が流れるとコンデンサの放電電流が出力へ流れますが，このコンデンサの等価抵抗(ESR)，リード・インダクタンス(ESL)の大小が応答波形を決めてしまいます．

この時のΔV_{out}は次のとおりです．

$$\Delta V_{out} = \Delta V_{Cout} + \Delta I_{out} \times R_{ESR}$$

図Dの回路は誤差増幅器は使わずにヒステリシス・コンパレータを使ったBang-Bang制御方式のDC-DCコンバータです．誤差増幅器の位相遅れが無い分制御速度が速くなります．

◆参考文献◆
(1) 鍋島隆；ヒステリシスPWM制御方式を用いた降圧形コンバータについて，平成16年10月26日，日本学術振興会．

図D　ヒステリシス・コンパレータを使った高速応答のBang-Bang制御DC-DCコンバータ

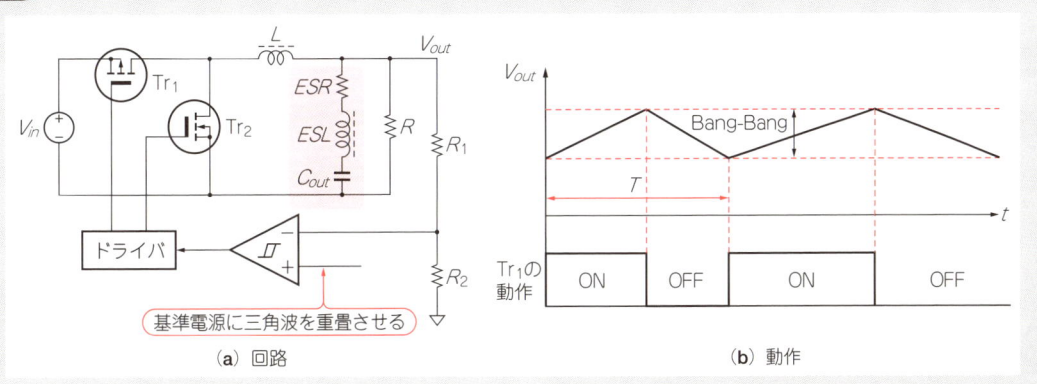

(a) 回路　　(b) 動作

4-21 高電圧を生成するコッククロフト・ウォルトン回路の動作は？
出力電圧は段数に応じて増やすことができる

　高圧電源の高圧発生方法はいくつかありますが，最も多用されている方法が**コッククロフト・ウォルトン回路**方式です．コッククロフト・ウォルトン回路はコンデンサとダイオードを多段式に組み合わせて構成されます．

　図36は2ステージ・コッククロフト・ウォルトン回路と動作説明の図です．最初の電流I_{D1}がD_1を通してC_1に充電されます．次にC_1に充電された電荷がD_2を通してC_2にI_{D2}の電流が流れC_2が充電されて電圧は2倍になります．この動作を繰り返してI_{D3}が流れ，またI_{D4}が流れ最終的には，この回路ではトランスの2次電圧を4倍電圧に昇圧できます．これをコッククロフト・ウォルトン4段昇圧といいます．

　さらに高い高電圧を作るには，このコッククロフト・ウォルトン段数を増段すればよいわけです．ただし倍電圧は偶数倍となり奇数倍はできません．この方式では200kVくらいまでは制作可能ですが，それに伴い高圧ダイオード，セラミック・コンデンサの選定が大切になります．

　高圧出力を定電圧制御させるには入力電圧を制御して負帰還による定電圧コントロールを行います．1次側のトランジスタをPWM制御することはできません．高圧トランスは巻き線数が多く，容量をドライブするようになりパルス幅制御ができません．

　それでは，絶縁トランスの巻き線昇圧はどの程度できるのでしょうか？経験的にはハニカム巻き線（次節4-22参照）で1：60が限度となります．トランスで昇圧できない分はコッククロフト・ウォルトンを使うことになります．

　写真1は35kV，500μAを作っているコッククロフト・ウォルトン回路です．**写真2**は18kV，1mAのコッククロフト・ウォルトン回路です．これらは絶縁材を充填して高電圧処置をして製品化されます．

〈鈴木 正太郎〉

図36 コッククロフト・ウォルトン昇圧回路

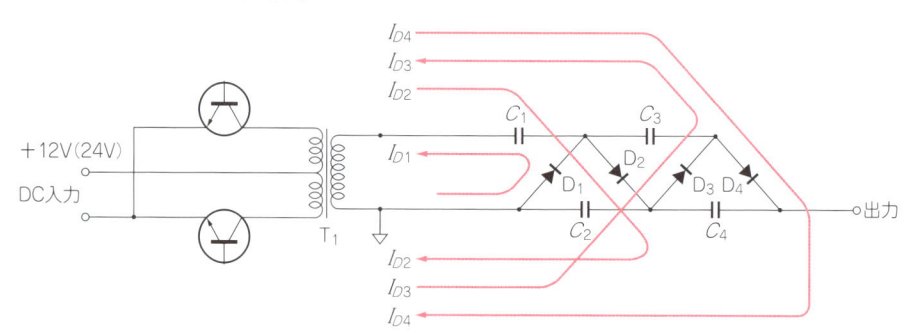

写真1 ＋35kV/500μAコッククロフト・ウォルトン回路の実装

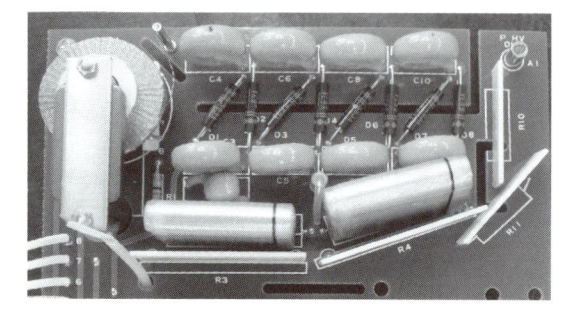

写真2 ＋18kV/1mAコッククロフト・ウォルトン回路の実装

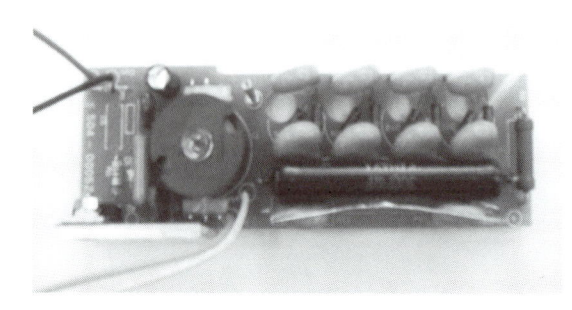

4-22 高圧電源のトランスは巻き線間結合容量との戦いというのはなぜか？
線間をクロスさせるハニカム巻き線が使われる

1000 V くらいからの電圧を高圧と言っていますが，取り扱う技術の違いで100 Vでも高圧と言う人もいます．何ボルトから高圧というのかは定義があいまいです．筆者は3 kVまでを中高圧，3 kV以上を高圧としています．

● トランスのみによる昇圧は巻き線間に生じる容量により現実的ではない

高圧電源を作るためには電圧の昇圧方法が最重要になります．昇圧には①トランスによる②コッククロフト・ウォルトン回路による③インダクタを高周波でスイッチングすることによる，などが考えられます．

図37に示すようなトランスだけを使った昇圧はシンプルに見えますが，例えば，2 kVの高圧電源を作るのに，小型化を目指して20 kHz程度の高周波スイッチングを用いてトランスだけで昇圧するのは実際上不可能です．

その理由は図38を見れば理解できます．トランスというのはコンデンサの固まりなのです．例えば，1次電圧が24 Vで2次電圧を2000 Vにするトランスは，巻き線を考えると，24 V：2000 V = 24ターン：Xターンとした場合X = 2000ターンになります．トランスの2次巻き線を2000ターンも巻くと多大な線間容量が生じてしまい，矩形波でスイッチング・ドライブしても矩形波が出力されません．

この多大な線間容量を持つトランスのスイッチングはコンデンサをスイッチングしているようになり交流的な「なまった」2次電圧が出てきます．図38(a)の巻き線構造では各電線は平行巻き線（次々に線の隣に順次巻かれる）ですから，線と線が平行している部分は容量を生じてコンデンサになってしまいます．

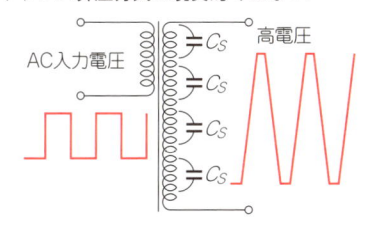

● トランスの巻き線間結合容量を低減する方法

解決の方法はいくつか存在しています．その一例が図38(b)に示すハニカム巻き線(honeycomb-structure)による高圧トランスです．写真3に外観を示します．

蜂の巣のように巻き線部が見えるためにハニカムと呼ばれます．前記の平行巻きに対して約45°の角度で左右に繰り返し巻きます．巻き線図でも分かるように電線がクロスする部分は「点」であり，生じる容量は極めて小さくなるのです．CRTテレビなどの高圧トランスはフライバック・トランスで，高圧巻き線側は巻き線をいくつかのセクションに分けたボビンの構造で対応しています．

高圧電源回路はこのようなトランスとコッククロフト回路の組み合わせで設計されるのが一般的です．ここではトランスは巻き線数が多大だとコンデンサになってしまうほど容量を持つことを理解してください．

〈鈴木 正太郎〉

（初出：「トランジスタ技術」2009年5月号 特集第4章）

図37 トランスの巻き線比で高電圧を発生させるとトランスの線間容量により波形が交流的になり大きな損失を発生する
トランス昇圧方式は現実的ではない．

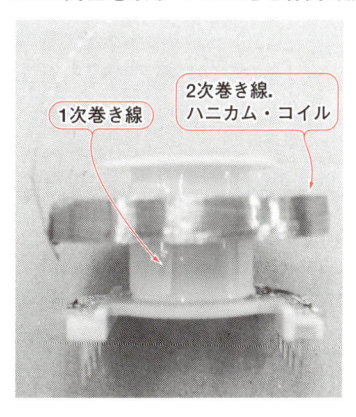

図38 巻き方により容量を小さくすることができる
(a) 巻き線が平行：分布容量は大きくなりコンデンサのようになる．トランスとして使えない
(b) ハニカム構造：分布容量を極めて小さくできる

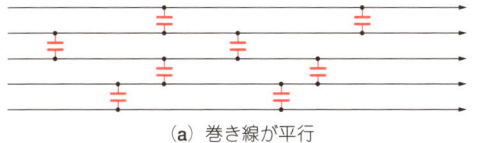

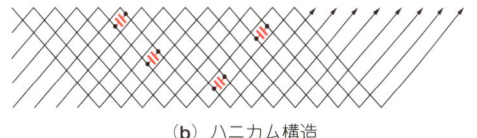

写真3 24 kV高圧電源用ハニカム巻き線高周波トランス
1次巻き線／2次巻き線，ハニカム・コイル

徹底図解★はじめての電源回路設計 Q&A集

第**5**章
保護回路や熱/ノイズ対策の常識を身に付けよう

電源回路の実装の注意点

5-1 半導体の使用温度と熱抵抗，許容損失の考え方は？
考え方をマスタして，しっかり計算できるようになろう

　パワー回路に使用するパワー・デバイスは，絶対最大定格で使用温度が決められています．ほとんどの半導体は**チャネル（ジャンクション）温度が150℃** までです．2SK3911（東芝）の絶対最大定格を**表1**に示します．**表1**の絶対最大定格から，チャネル温度が150℃を超えて使用することはできないことが分かります．

　また，機器の信頼性を保つために，絶対最大定格に余裕を持った値（ディレーティング）で使用します．一般的にチャネル温度のディレーティングは**80 %以下**とするので，150℃×0.8 = 120℃以下のチャネル温度で使用します．

● チャネル温度の求め方

　表2に示すチャネル-ケース間熱抵抗は，**図1**のように，チャネルとケース間の熱抵抗を示しているので，デバイスの損失とケース温度が分かればチャネル温度が分かります．例えば，2SK3911のデバイス損失P_Dが60 Wで，ケース温度T_Cが50℃のとき，チャネル温度T_{ch}［℃］は，

$$T_{ch} = R_{th(ch-c)} \times P_D + T_C$$

から，

$$(0.833℃/W \times 60 W) + 50℃ ≒ 100℃ \cdots\cdots (5-1)$$

となります．

　表2に示すチャネル-外気間熱抵抗は，**図2**のように，デバイス単体で使用した場合の熱抵抗を示しています．つまり，周囲温度T_aが30℃で，デバイス損失P_Dが1.5 Wの場合，

$$T_{ch} = R_{th(ch-a)} \times P_D + T_a$$

図1 チャネル-ケース間熱抵抗

表1(1) MOSFET 2SK3911の絶対最大定格（$T_a = 25℃$）

項　目		記号	定　格	単位
ドレイン-ソース間電圧		V_{DSS}	600	V
ドレイン-ゲート間電圧 ($R_{GS} = 20 kΩ$)		V_{DGR}	600	V
ゲート・ソース間電圧		V_{GSS}	± 30	V
ドレイン電流	DC	I_D	20	A
	パルス	I_{DP}	80	A
許容損失($T_c = 25℃$)		P_D	150	W
アバランシェ・エネルギー（単発）		E_{AS}	792	mJ
アバランシェ電流		I_{AR}	20	A
アバランシェ・エネルギー（連続）		E_{AR}	15	mJ
チャネル温度		T_{ch}	150	℃
保存温度		T_{stg}	− 55 〜 150	℃

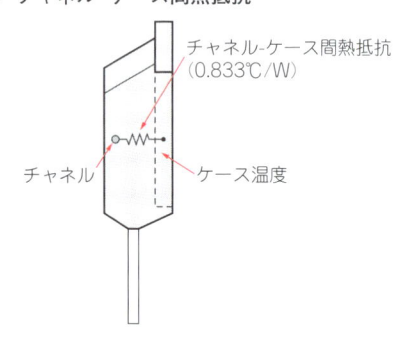

図2 チャネル-外気間熱抵抗

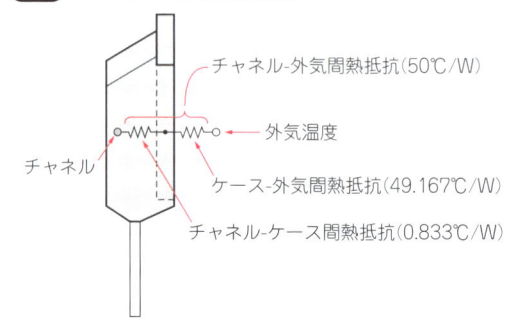

チャネル-外気間熱抵抗(50℃/W)
外気温度
ケース-外気間熱抵抗(49.167℃/W)
チャネル-ケース間熱抵抗(0.833℃/W)

表2(1) MOSFET 2SK3911の熱抵抗特性

項　目	記号	最大	単位
チャネル-ケース間熱抵抗	$R_{th(ch-c)}$	0.833	℃/W
チャネル-外気間熱抵抗	$R_{th(ch-a)}$	50	℃/W

から，

$$(50℃/W × 1.5 W) + 30℃ = 105℃ \cdots\cdots (5-2)$$

となります．

　熱抵抗とは熱の伝わりにくさを表し，電気抵抗の計算で使うオームの法則と同じ計算式で算出できます．**熱計算をオームの法則に置き換えると，熱抵抗は電気抵抗，損失は電流，温度は電圧となります．**

● ケース温度-許容損失の関係

　使用するデバイスのデータシートに，**表2**のようにチャネル-ケース間熱抵抗が記載されていない場合，チャネル-ケース間熱抵抗は，絶対最大定格の許容損失とチャネル温度から計算することもできます．絶対最大定格にはケース温度 T_C が25℃時の許容損失 P_D（150 W）と最大チャネル温度 T_{ch}（150℃）が記載されています．

　従って，$T_C = 25℃$ 時は絶対最大定格に記載されている許容損失まで許容され，$T_C = 150℃$ 時は損失が0 Wである必要があります．

　つまり，最大チャネル温度を $T_{ch\,max}$ [℃]，許容損失を定義しているケース温度 T_C [℃]，許容損失を P_D [W]，熱抵抗を $R_{th(ch-c)}$ [℃/W] とすると，

$$(T_{ch\,max} - T_C) \div P_D = R_{th(ch-c)}$$

から，

$$(150℃ - 25℃) \div 150\,W = 0.833℃/W \cdots\cdots (5-3)$$

と計算できます．この式をグラフにしたのが**図3**に示すケース温度-許容損失のグラフです．

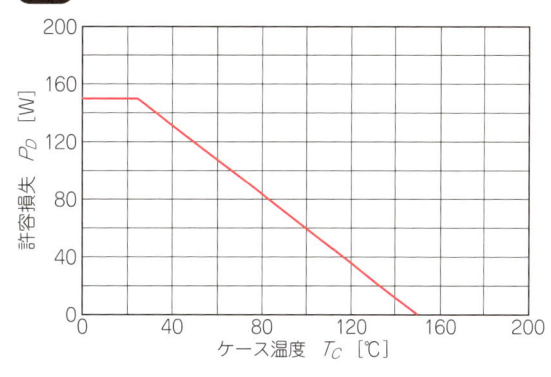

図3[(1)] ケース温度-許容損失のグラフ

● 許容損失の求め方

　デバイス周囲温度が40℃になる環境で使用する機器で，2SK3911を放熱器に取り付けないで使用する場合，**許容損失**は，

$$[(150℃ × 0.8) - 40℃] \div 50℃/W = 1.6\,W \cdots (5-4)$$

となります．

　なお，デバイスのケース温度は，**図1**のように，放熱器に取り付ける面で規定しています．型式などの印刷面は，データシートに記載されている熱抵抗とは異なるので注意が必要です． 〈浅井 紳哉〉

◆引用文献◆
(1) 2SK3911データシート，㈱東芝．

パッケージと熱抵抗の例 column

　電源ICでよく使用されているパッケージと，その熱抵抗の例をいくつか示します．ただし，同じパッケージでも内部構造などによって熱抵抗は大きく異なりますから，この例はあくまでも参考として見てください．実際の熱抵抗は，必ずそれぞれのICのデータシートで確認が必要です． 〈宮崎 仁〉

● TO220パッケージの例
[TL2575シリーズ 1 A 降圧型DC-DCコンバータ(TI)]．放熱タブのある挿入実装用パッケージ．データシートより．

熱抵抗	チャネル-放熱タブ下端	$R_{th(ch-c)}$	0.38℃/W
	チャネル-外気	$R_{th(ch-a)}$	26.5℃/W

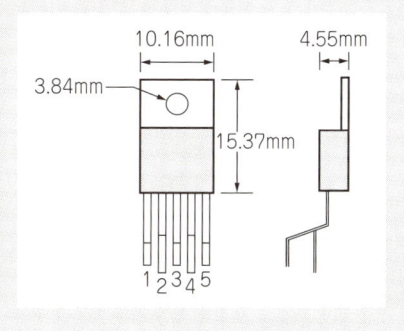

● SOT23パッケージの例
[TPS62200シリーズ 300 mA 降圧型DC-DCコンバータ(TI)]．0.95 mmピッチの面実装用パッケージ．データシートより．

熱抵抗	チャネル-外気	$R_{th(ch-a)}$	250℃/W
許容損失	$T_A = 25℃$	P_D	400 mW

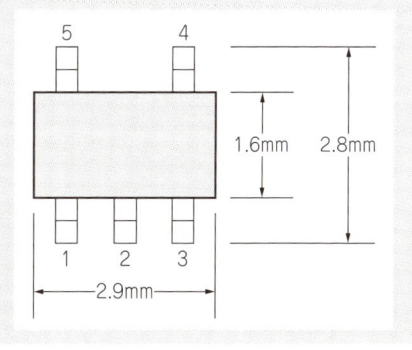

5-2 放熱器を選ぶための計算方法は？
ディレーティングを考慮して放熱器の熱抵抗を決める

● デバイスの許容損失を求める

絶対最大定格の許容損失のディレーティングを，ここでは50%とします．例えば，許容損失150 Wの2SK3911の場合は，75 W以下で使用します．

● 熱抵抗を求める

チャネル-ケース間熱抵抗が0.833℃/Wのデバイス(2SK3911)に，熱抵抗が2.53℃/Wの放熱器(30BS098L50)を取り付けた場合，図4(a)のようなモデルになります．

ただし，2SK3911のパッケージはTO-3Pで放熱面がドレイン電位となるので，放熱器とデバイスの間に絶縁シートを入れる必要があります．

絶縁シートにも熱抵抗があります．絶縁シートの熱抵抗を0.29℃/Wとすると，合計の熱抵抗は，チャネル-ケース間熱抵抗と絶縁シート熱抵抗，放熱器熱抵抗から次式で求まります．

$$0.833 + 0.29 + 2.53 = 3.653℃/W$$

● 放熱器を選定する

最高周囲温度が40℃のとき，デバイスの許容損失は，許容損失＝[(絶対最大定格のチャネル温度×ディレーティング)−最高周囲温度]÷合計熱抵抗なので，次式となります．

$$[(150℃ × 0.8) − 40℃] ÷ 3.653℃/W = 21.9 W$$

一般的には，デバイスでの損失から，必要となる放熱器を選定します．デバイス(2SK3911)に25 Wの損失があり，最高周囲温度が40℃のとき，放熱器の合計熱抵抗の最大値は，次式で求まります．

$$[(150℃ × 0.8) − 40℃] ÷ 25 W = 3.2℃/W$$

合計熱抵抗は3.2℃/W以下である必要があります．放熱器の熱抵抗は，合計熱抵抗からチャネル-ケース間熱抵抗と絶縁シート熱抵抗を引いた値となります．絶縁シートの熱抵抗を0.29℃/Wとすると，

$$3.2 − 0.833 − 0.29 = 2.077℃/W$$

となります．2.077℃/W以下となる熱抵抗の放熱器，例えば1.68℃/Wの放熱器(30BS098L100，図5)を選定します．

チャネル温度を検算し，ディレーティングを考慮した最大チャネル温度を満足することを確認します．

$$[(0.833℃/W + 0.29℃/W + 1.68℃/W) × 25 W] + 40℃ = 110℃$$

● デバイスが複数の場合の計算方法

また，デバイスが複数になった場合の合計熱抵抗は，次式のように計算することになります．

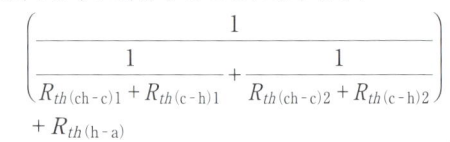

$$\left(\cfrac{1}{\cfrac{1}{R_{th(ch\text{-}c)1} + R_{th(c\text{-}h)1}} + \cfrac{1}{R_{th(ch\text{-}c)2} + R_{th(c\text{-}h)2}}} \right) + R_{th(h\text{-}a)}$$

例えば，デバイス(2SK3911)が2個の場合，図4(b)．

図5(1) 放熱器30BS098(リョーサン)の熱抵抗例

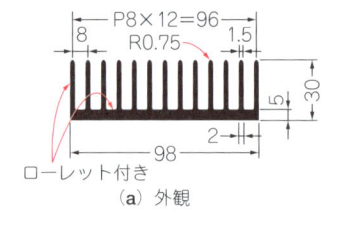

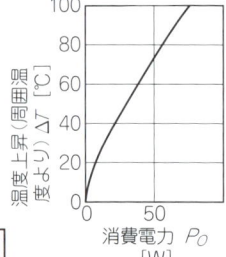

(a) 外観

切断寸法 [mm]	熱抵抗 [℃/W]	重量 [g]
L100 (アルマイト)	1.68	261

(b) 熱抵抗

(c) 消費電力対半導体素子取り付け面温度上昇

図4 熱抵抗のモデル例

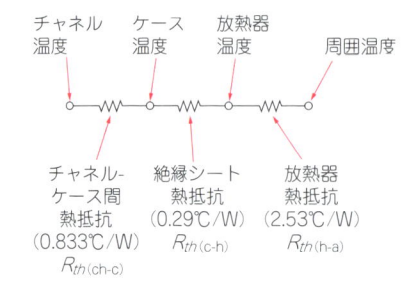

(a) 直列モデル

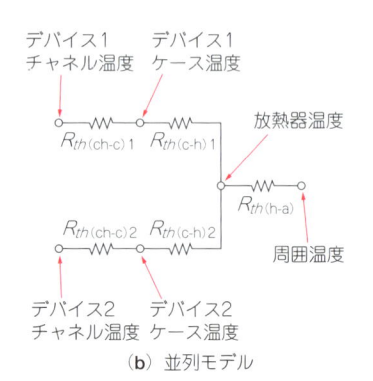

(b) 並列モデル

のようなモデルになります．熱抵抗の計算は，チャネル-ケース間熱抵抗$R_{th(ch-c)}$と絶縁シート熱抵抗$R_{th(c-h)}$の合計熱抵抗が並列に接続され，放熱器の熱抵抗$R_{th(h-a)}$を合計します．

損失25 Wのデバイス(2SK3911)が2個，最高周囲温度が40℃の場合，必要な放熱器の熱抵抗を求めます．合計の熱抵抗，放熱器の熱抵抗の順に算出します．

$$[(150℃ × 0.8) - 40℃] ÷ 50 W = 1.6℃/W$$
$$1.6℃/W - [(0.833℃/W + 0.29℃/W) ÷ 2)]$$
$$= 1.0385℃/W$$

1.0385℃/W以下となる放熱器，例えば熱抵抗0.89℃/Wの放熱器(30BS098L300)を選定します．

ここで，チャネル温度を検算します．
$$[(0.833℃/W + 0.29℃/W) ÷ 2 + 0.89℃/W] × 50 W + 40℃ = 112.6℃$$

チャネル温度112.6℃となり，ディレーティングを考慮した最大チャネル温度を満足します．

〈浅井 紳哉〉

◆引用文献◆
(1) ヒートシンク製品カタログ，汎用ヒートシンク，http://www.ryosan.co.jp/business/heatsink/pdf/05.pdf, ㈱リョーサン．

放熱器の製品例 column

パッケージや実装方法に応じて選択できる小型放熱器の製品例を紹介します．同じシリーズでさらに大型のものもあります．サイズ，形状，材質，表面処理，実装方法によって放熱特性は変わりますから，必ずデータシートで熱抵抗の値を確認する必要があります．

〈宮崎 仁〉

◆参考文献◆
(1) リョーサン，PDFカタログ．

● A:TO-220用/B:絶縁型TO-220用，クリップ・タイプ放熱器[PH-0124A/B-S/M(リョーサン)(1)]
パッケージをはさみこむように簡単に実装できるタイプですが，熱抵抗は大きめ．

表面処理	熱抵抗R_{th}[K/W]
S:黒色アルマイト	53.2
M:アルマイトなし	64.1

● 一般用放熱器 IC-10-S/M(リョーサン)(1)
パッケージに熱伝導性接着テープなどで固定する．放熱フィンが円柱タイプなので，空気の流通方向による影響があまりない．

表面処理	熱抵抗R_{th}[K/W]
S:黒色アルマイト	31
M:アルマイトなし	32.5

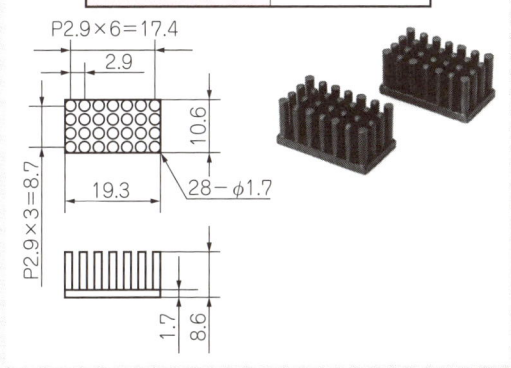

● ネジ穴付き放熱器 IC-1625-STL/MT(リョーサン)(1)
基板にネジ止めで実装できる放熱器．TO-220などをネジ止め固定できる．

表面処理	熱抵抗R_{th}[K/W]
STL:黒色アルマイト	19.9
ML:アルマイトなし	22.9

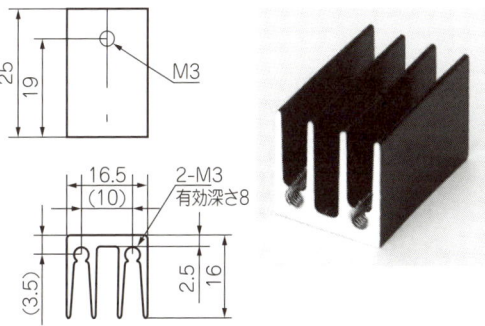

5-3 ベタ・グラウンド・パターンのノイズ低減効果は？
比較実験してみよう

　絶縁型DC-DCコンバータは，金属シールド・ケースに収納されている製品が数多く市販されています．しかし，最近では金属シールド面が5面という製品が多くなりました．6面全方向シールドが一番良いのですが，端子の絶縁構造が面倒になることや，6面構造でのコストの問題などが5面シールド採用の要因です．

　絶縁型DC-DCコンバータには当然，絶縁トランスが使われています．この絶縁トランスを高周波でスイッチングすることでトランスから漏れ磁束が発生します．トランスにギャップがあればさらに漏れ磁束は増大します．

　この漏れ磁束を金属シールド・ケースでシールドさせて，ノイズの伝播を低減しています．漏れ磁束はシールド板があることで磁束のループを金属面で断ち切り，渦電流となって消滅します．

● シールド板とベタ・グラウンド・パターンの効果

　図6(a)に示すように，5面シールドの場合，シールド板があることでかなりの量の漏れ磁束が断ち切られますが，やはり開口面からは漏れ出します．

　図6(b)は，5面シールド・ケースの開口面側にループ・アンテナを取り付けて，漏れ磁束を測定した波形です．プリント基板側にはいっさいのベタ・グラウンド・パターンを作りません．この結果，漏れ磁束は574 mV$_{p-p}$でした．

　一方，図6(c)は，プリント基板にベタ・グラウンド・パターンを金属ケースよりも広い面積で作りました．図6(d)は漏れ磁束を測定した波形で，156 mV$_{p-p}$と漏れ磁束は大幅に低減できました．

● ベタ・グラウンド・パターンのアース配線は不要

　このベタ・グラウンド・パターンはグラウンドへのアース配線が必要でしょうか？

　結論は，銅パターンは厚みが大切であり浮いていても一向にかまいません．磁束ループを金属材で絶ち切ることが重要です．

〈鈴木 正太郎〉

図6 ベタ・グラウンド（シールド）は電磁ノイズを軽減する

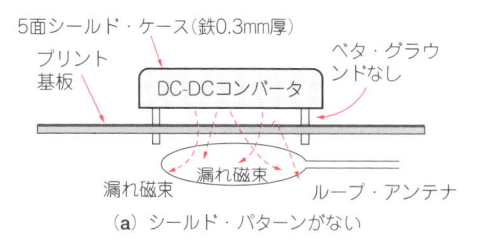

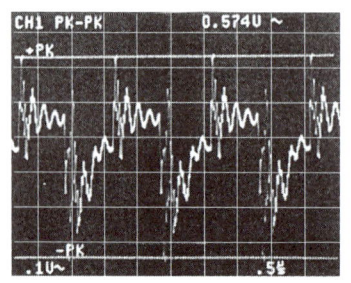

(a) シールド・パターンがない

(b) (a)の漏れ磁束の測定波形(0.1V/div，0.5μs/div)

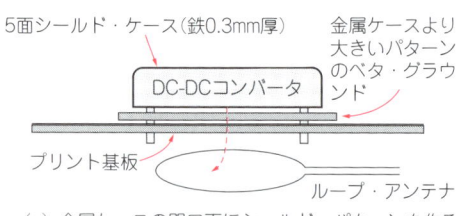

(c) 金属ケースの開口面にシールド・パターンを作る

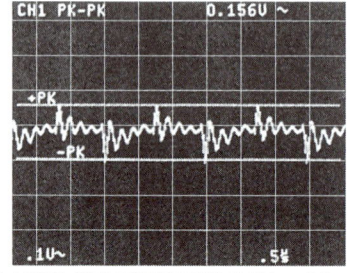

(d) (c)の漏れ磁束の測定波形(0.1V/div，0.5μs/div)

5-4 アモルファス・ビーズのノイズ低減効果は？

アモルファス材料はB-Hカーブの特徴からサージ電流や急峻な電流変化の緩和に最適

アモルファスは非晶質金属で作られた磁性材です．アモルファス・コアは特許の問題で応用が遅れた素材です．性能は高透磁率で直流重畳特性に優れているので，コバルト系アモルファスではチョーク・コイルに適しています．また，高周波のマグ・アンプ制御用磁性材としても多く使われています．

アモルファスのB-Hカーブを図7に示します．合わせて，フェライト・コアのB-Hカーブを重ねて描きましたが，アモルファスのB-Hカーブは磁界の幅がシャープで細く，磁束密度はフェライトに比較して大きい特性を持っています．

このB-Hカーブの特徴を生かして，サージ対策や急峻な電流変化時のdi/dt緩和素子としての活用があります．急峻な電流が流れても保磁力が小さく，飽和

図7[(1)] アモルファス素子のB-Hカーブ

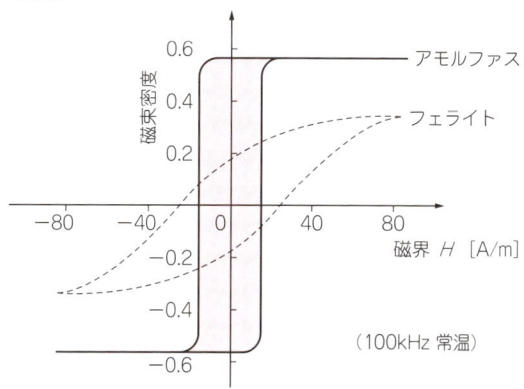

ノイズ/サージ抑制ビーズの製品例　column

信号ラインや電源ラインに手軽に挿入できるフェライト・ビーズは，高周波での挿入損失が大きく，比較的低レベルの外来ノイズを減衰させて除去する効果をもちます．一方，Co基アモルファスやナノ結晶軟磁性材料などの新しい素材を用いたノイズ/サージ抑制ビーズは，スイッチングによる急峻な電流変動(di/dt)を抑制し，ノイズ/サージの発生自体を抑える効果をもちます．製品例を紹介します．

〈宮崎 仁〉

◆参考文献◆
(1) 東芝マテリアル，PDFカタログ．
(2) 日立金属，PDFカタログ．

●アモルファス・ビーズ [(商品名アモビーズ)の製品例[(1)]]

	外径[mm]	長さ[mm]	内径[mm]	総磁束[μWb]	A_L値[μH]
AB3X2X3W	4.0 max	4.5 max	1.6 min	0.9 min	3.0 min
AB3X2X4.5W	4.0 max	6.0 max	1.6 min	1.3 min	5.0 min
AB3X2X6W	4.0 max	7.5 max	1.6 min	1.8 min	7.0 min
AB4X2X4.5W	5.0 max	6.0 max	1.5 min	2.7 min	9.0 min
AB4X2X6W	5.0 max	7.5 max	1.5 min	3.6 min	12.0 min
AB4X2X8W	5.0 max	9.5 max	1.5 min	4.8 min	16.0 min
AB2.8X4.5DY	4.0 typ	5.7 typ	–	0.9 min	–

●ナノ結晶軟磁性体 [(商品名ファインメット)ビーズの製品例[(2)]]

	外径[mm]	長さ[mm]	内径[mm]	総磁束[μWb]	A_L値[μH]
FT-3AMB3X	4.0 max	5.0 max	1.6 typ	2.2 min	2.0 min
FT-3AMB3AR	4.0 max	7.0 max	1.6 typ	3.6 min	3.3 min
FT-3AMB4AR	5.0 max	7.0 max	1.6 typ	7.3 min	5.5 min

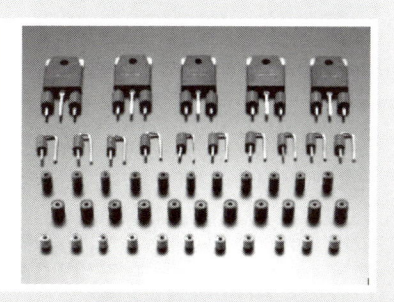

図8[(1)] アモルファス素子による磁気スナバ〔ノイズ抑制素子〕

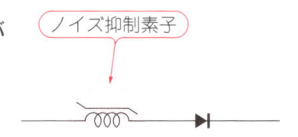

点の三角部が極めて小さいので，急峻な電流には高いインピーダンスとなりその後直ちに飽和してしまうのでフェライトのような損失が出ません．

従来の*CRスナバ*の代わりに，**図8**のようにアモルファス・ビーズを入れてdi/dt対策にも使われます．

アモルファス・ビーズはスイッチング・パワーMOSFETのドレイン線に挿入してdi/dtの緩和を図り，ASO（Area of Safe Operation；安全領域）を拡大してノイズ対策と安全動作領域の確保にも役立てられています．フェライトと比較して磁気飽和が狭く，発熱も小さいため応用が広がります． 〈鈴木　正太郎〉

◆参考文献◆
(1) チョッパーコンバータへの適用例，http://www.toshiba-tmat.co.jp/list/pdf/mag31.pdf，東芝マテリアル㈱．

5-5　スイッチング電源のノイズ発生経路は？
スイッチのある一次側から変動電流ノイズがトランスの寄生容量やFGと放熱フィンの容量結合により入力側へ戻る

図9にフライバック・コンバータのノイズの発生源を示します．

フライバック・トランスの周囲で電位変動の大きい部分は，図の変動電位Aとなります．この部分はスイッチングごとに0～数百Vとなります．

この部分Aとトランスの二次側巻き線や接地FGに寄生容量が存在します．

例えば，トランスにおける寄生容量が大きいと，変動電位とともに寄生容量Cを充放電することとなり，コモン・モード・ノイズの増加となります．

このほか，スイッチ冷却用のフィンなども表面積が大きいため，接地FGとの寄生容量となりノイズの経路となります．

つまり，変動電位Aの部分から二次側回路やフィンなどを介して接地を経由し，入力の電源に帰ってくるルートがノイズの経路となります．

トランスの巻き線構造を工夫するだけでも寄生容量Cを小さくする方法があり，これによりノイズを10 dB程度小さくできることもあります．この方法を**図10**に示します． 〈長井　真一郎〉

図9 フライバック・コンバータのノイズ発生源

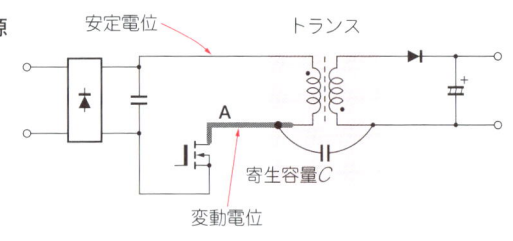

図10 フライバック・コンバータの巻き線を工夫して，ノイズを低減する方法

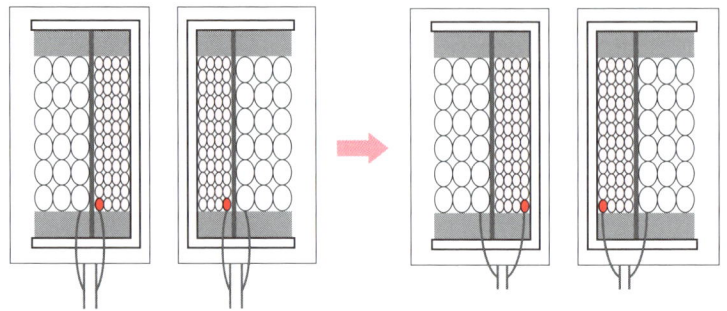

（a）従来の巻き線構造（赤丸部分が**図9**のA部分に当たる）
（b）ノイズを低減するための巻き線構造（変動電位部Aを二次巻き線から遠ざける） 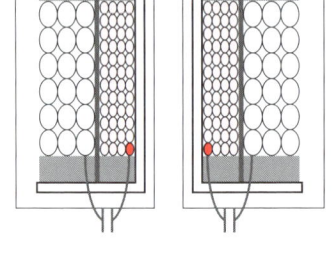
（c）巻き線構造の変更により，ノイズを低減したトランスの例（外観に差はない）

5-6 過電流保護回路の種類と使い方は？
出力特性変化と出力遮断の二通りがある

● 過電流保護の必要性
電源回路から規定の出力電流以上の電流を出力すると，電源回路の発熱が増加して破損することがあります．例えば，5 V/1 A の電源回路は，5 Ω の装置（負荷）でちょうど出力電流が 1 A になります．もし，電源回路に接続する装置（負荷）が 5 Ω 未満の抵抗値なら，出力電流は 1 A 以上に増加してしまいます．単純なオームの法則から次のようになります．

　　定格の装置（負荷）のとき，5 V ÷ 5 Ω = 1 A
　　4 Ω の装置（負荷）のとき，5 V ÷ 4 Ω = 1.25 A

電源回路は電力を変換するので，変換効率による内部損失（熱）が発生します．定格電流は使用環境温度によりディレーティング（低減：derating）が必要な場合もあります．よって，出力電流が定格以上になると電源回路の発熱が増加して，破損することがあるわけです．

● 過電流保護回路の種類と動作
このような理由により，多くの出力電流を（無理矢理）出力しても壊れない電源回路が必要とされます．これは電力を必要とする装置（負荷）側の問題でもありますが，過負荷の状態では装置（負荷）の消費電力が増加するので，装置（負荷）自身も破損の可能性を持っています．

電源回路の破損を防止する過電流保護回路（Over Current Protection）の種類は，その動作特性から図11 のように，定電流電圧垂下型，フの字型，への字型があります．設定された出力電流を超えると出力電圧を低下して，電源回路の過負荷を防止して破損を防ぎます．通常は装置（負荷）を電源回路から外せば，出力電圧は設定値まで復帰します．

また，これらの動作特性以外に電源回路の動作を停止する遮断型があり，設定された出力電流を超えると動作を停止して出力電圧をゼロにします．遮断型は装置（負荷）を外しても出力電圧は復帰せず，入力電源を一度オフして過電流保護回路をリセットさせ，再度入力電源をオンする必要があります．

● 3端子レギュレータの場合
過電流保護回路は，通常レギュレータ IC に内蔵されています．3端子レギュレータの例として NEC エレクトロニクスの μPC2900 シリーズの出力特性を図12 に示します．

定格電流の 1 A に対して約 1.4 A 以上の電流を出力すると，安定化された出力電圧を低下して出力電流が増加しないように動作し，電源回路と装置（負荷）を保護します．この図では，V_{in} = 5 V ではへの字，V_{in} = 16 V ではフの字のような動作を示しています．

● DC-DC コンバータの場合
DC-DC コンバータであれば，IC のしきい値電圧によりますが，電流経路に電流検出用低抵抗（例えば 0.1 Ω）を直列に挿入し，電流の増加による電圧降下を電流-電圧変換して検出します．

また，電流検出用低抵抗の代わりに MOSFET のオン抵抗 $R_{DS(on)}$ を利用して，電流の増加による電圧降下を電流-電圧変換して出力電流を検出する方法もあります．いずれの場合も，電源回路の出力電圧を低下して出力電流が増加しないように動作し，電源回路と装置（負荷）を保護します．

〈吉岡 均〉

◆引用文献◆
(1) μPC29XX シリーズ データシート G10026JJ4V0DS00, 1996 年，ルネサス エレクトロニクス㈱．
http://www.necel.com/nesdis/image/G10026JJ4V0DS00.pdf

図11 各種の過電流保護回路による出力特性

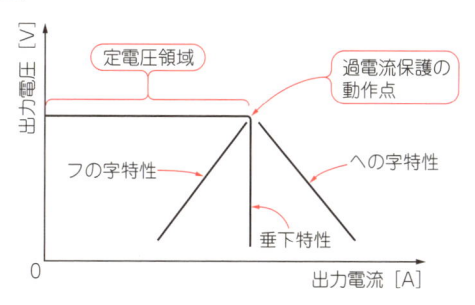

図12(1) 3端子レギュレータ μPC2900 の出力特性

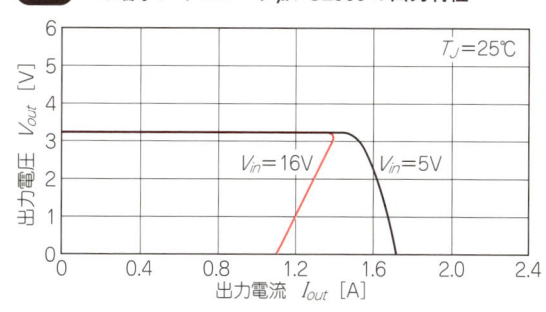

5-7 過電圧保護回路の使い方は？
過電圧の発生要因と対策について

● 過電圧保護の必要性

電源回路が規定の出力電圧以上の電圧を出力すると，装置(負荷)を破損してしまいます．仮に電源回路が破損あるいは制御不能になったとしても，出力電圧を規定以上に上昇しない機能として，過電圧保護回路(OVP：Over Voltage Protection)が必要です．過電圧発生時に電源回路の制御を停止する方法が考えられますが，電源回路によっては入力電圧をそのまま出力してしまいます．

定格電圧3.3 Vの装置(負荷)に電源回路の入力電圧5 Vが加わったり，定格5 Vの装置(負荷)に電源回路の入力電圧12 Vが加われば，入力電圧オーバで装置(負荷)の回路部品が破壊あるいは最悪では焼損することも考えられます．

● 3端子レギュレータの場合

図13のように3端子レギュレータで，5 V→3.3 Vの電源回路において，入出力間の直列素子(通常は3端子レギュレータ内部のバイポーラ・トランジスタ)が破損してショート状態になれば，入力電圧5 Vがそのまま3.3 Vの装置(負荷)に加わり，装置(負荷)を破損してしまいます．

● DC-DCコンバータの場合

12 V→5 Vの降圧型DC-DCコンバータでも同様に，スイッチング素子(通常はMOSFET)は入力～出力間に配置されます．従って，図14のように，MOSFETのドレイン-ソース間が何らかの原因でショート状態になれば，入力電圧12 Vがそのまま5 Vの装置(負荷)に加わり，装置(負荷)を破損してしまいます．

● クローバ回路

スイッチ素子が破損する場合はほとんどがショートです．いくら過電圧を検出して制御回路がゲート信号を止めても，ショートしたスイッチ素子はOFF(オープン)にはなりません．

必ず装置(負荷)を守れる過電圧保護回路は，図15のクローバ回路です．シリーズ・ドロッパ方式による3端子レギュレータでも，スイッチング方式の降圧型DC-DCコンバータでも使用できます．クローバ回路は，アナログチックであまりおしゃれな回路ではありませんが，出力電圧が上昇したことを検出して出力端子を押さえ込むので，過電圧保護回路としてもっとも有効な方法です．

出力電圧より少し高い電圧のツェナー・ダイオード，例えば5 V出力であれば5.6 Vのツェナー・ダイオードを選定し，ツェナー電圧以上になるとサイリスタのゲートに信号を入力しサイリスタが出力端子をショートします．

サイリスタのゲートのCRはノイズ防止用です．直列のヒューズは電源回路に内蔵された過電流保護回路の動作点電流以下の値を選定することで，サイリスタON時にヒューズを切り，電源回路の2次破壊を防止します．　　〈吉岡 均〉

図13 3端子レギュレータの入出力ショートと過電圧

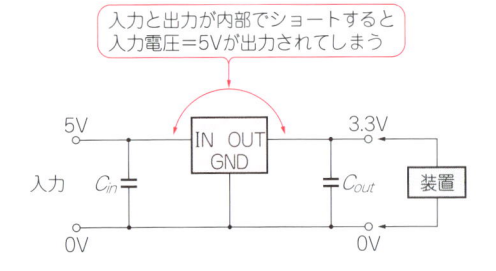

図14 降圧型DC-DCコンバータのMOSFETショートと過電圧

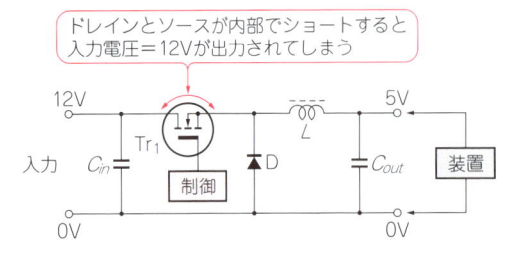

図15 クローバ回路による強制的な過電圧保護回路

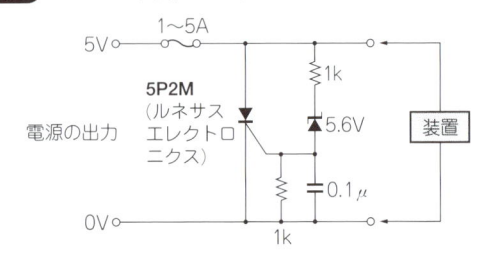

5-8 コンデンサを利用してノイズを抑えるにはどのような回路がある？

アブソーバとクランプ回路を紹介する

● 急峻な電圧変化によるサージ電圧

スイッチング動作するポイントをスイッチング・ノードと呼びます．スイッチング・ノードは電源回路の入力や出力に対して大きな電圧/電流の変化をします．従って，サージ電圧やサージ電流を発生してノイズの発生源になりやすい部分です．

また，このノイズがスイッチ素子やダイオードの耐圧や電流定格を超えれば，スイッチ素子やダイオードが破損する可能性が高いので，サージ電圧抑制回路を設ける必要があります．コンデンサCで抑制できるのは急峻な電圧変化によるサージ電圧です．

高速なスイッチ素子はサージ電圧を多く発生し，スイッチの耐圧を越えないようサージ電圧の抑制回路が必要です．呼び方としては，スナバ(Snubber：急に止めるもの)，アブソーバ(Absorber：緩衝器，広義にスナバ)，クランパ(Clamper：押さえつけるもの)などがあります．

● アブソーバ回路

図16に示す回路において，スイッチ素子Tr_1のドレイン-ソース間に接続したCRがアブソーバ回路です．抵抗Rの発熱が大きいので，あまり高周波には適しません．

スイッチ素子のドレイン-ソース間にCRアブソーバを構成したときのスイッチ素子の電圧/電流波形とロード・ラインを図17に示します．スイッチ素子のロード・ラインは，スイッチ素子の安全動作領域を確認するために用いられ，電圧と電流による面積が少ない方がスイッチング損失が少なくなります．なお，トランス巻き線間にはスイッチ素子に加わる電圧波形の180°位相の信号が発生するので，CRアブソーバ回路はトランス巻き線間に接続しても同じ効果が得られます．

● クランプ回路（クランパ）

図18に示す回路において，スイッチ素子のドレイン-ソース間に接続したRCDがクランプ回路です．

クランプ回路は，スイッチ素子Tr_1がOFFしたときのサージ電圧エネルギをダイオードDを経由してコンデンサCに蓄え，スイッチ素子がONしたときに抵抗Rでコンデンサに蓄えられた電荷を放電します．ダイオードDで抵抗Rをバイパスして直接コンデンサCに蓄えるので，サージ電圧の吸収効果が高いのが特徴です．また，図に示すRCDクランプ回路は，Cが大きければ純粋なクランプ回路の特性を示します．

スイッチ素子のドレイン-ソース間にRCDクランプ回路を構成したときの，スイッチ素子の電圧/電流波形とロード・ラインを図19に示します．CRアブソーバと比較すると，ターン・オフ時のスイッチ素子電圧が穏やかに立ち上がるのでロード・ラインが狭く，この部分だけを限定すれば低損失なスイッチング動作です．

〈吉岡 均〉

◆引用文献◆
(1) 由宇義珍：パワー・デバイスの保護と大電力化の技法，トランジスタ技術，1994年9月号，CQ出版社．

図16 スイッチング回路とCRアブソーバ

図17[(1)] CRアブソーバ回路による動作波形とロード・ライン

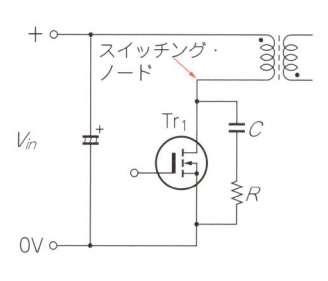

図18 スイッチング回路とRCDクランプ回路

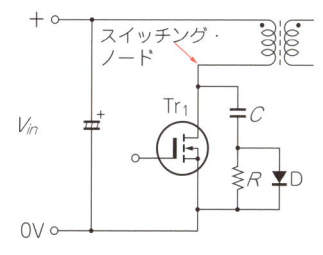

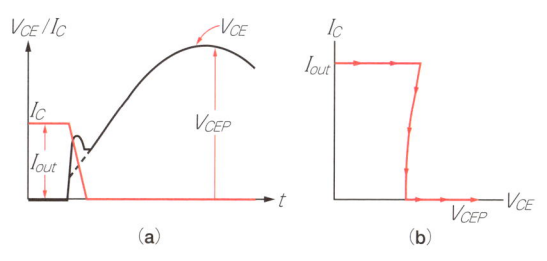

図19[(1)] RCDクランプ回路による動作波形とロード・ライン

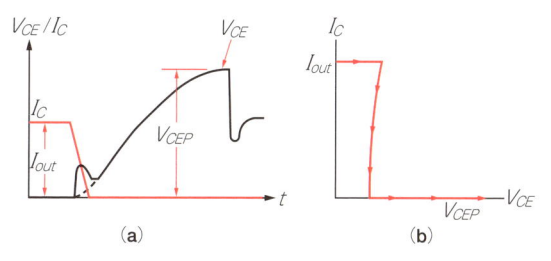

5-9 スイッチング周波数の選定とノイズ規制の関係は？

知っていないとノイズ規制がクリアできないかも

装置仕向け地のノイズ規制に合わせてスイッチング周波数を選定することは，装置完成後の雑音端子電圧や輻射ノイズの対策に有効です．雑音端子電圧はACコンセントに戻っていくノイズの量を規定し，輻射ノイズは電磁波として空中に飛んで行くノイズの量を規定しています．

● 雑音端子電圧の規制値とスイッチング周波数

日本国内の場合，ノイズ規制はVCCI（情報処理装置等電波障害自主規制協議会：Voluntary Control Council for Information Technology Equipment）なので，150 kHz以上でノイズの限度値が規制されています．従って，スイッチング周波数をこれより若干低い130 kHz程度に設定します．

米国の場合，ノイズ規制はFCC（Federal Communications Commission）なので，450 kHz以上でノイズの限度値が規制されています．スイッチング周波数をこれより若干低い400 kHz程度に設定します．

- VCCI→スイッチング周波数150 kHz以下
- FCC→スイッチング周波数450 kHz以下

このように，スイッチング周波数の設定をノイズ規制の発生する周波数以下にすることにより，基本発振周波数がノイズ規制の限度値以下になるので，少なくとももっともノイズ発生の多い原発振を規格周波数外にすることができます．当然，高調波成分も発生しますが，高調波分は次数が高くなるほど減少していきます．

● 雑音端子電圧の限度値

図20は，VCCI EMI規格表の雑音端子電圧限度値のグラフです．

図20(a)はクラスA情報処理装置用で主にバッテリ駆動で動作するノートPCなどのハンドヘルド機器に対応します．

図20(b)はクラスB情報処理装置用で主に据置きで使用されるデスクトップPCなど，ACコンセントから使用する機器に対応します．

〈吉岡 均〉

◆引用文献◆
(1) VCCI EMI規格表，情報処理装置等電波障害自主規制協議会．
（初出：「トランジスタ技術」2009年5月号 特集第6章）

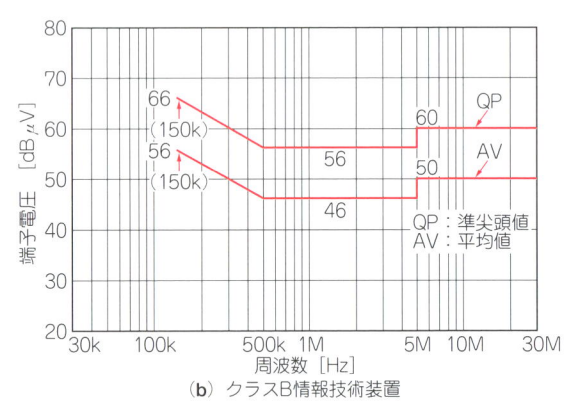

図20(1) VCCI EMI規格表の雑音端子電圧限度値

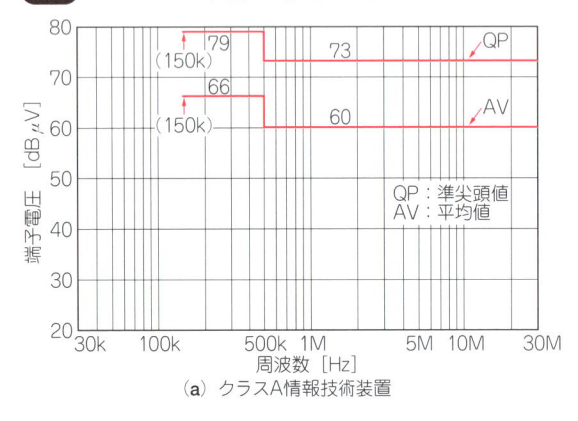

(a) クラスA情報技術装置

(b) クラスB情報技術装置

基板設計と配線のポイントは？ column

スイッチング電源の部品実装や基板設計は，パターンや配線によるインダクタンスと浮遊容量をどれだけ減らすかがポイントになります．

パターンを近づけるほど，パターンによるインダクタンスは小さくなり浮遊容量は大きくなります．パターン幅は，太いほど直流抵抗が少なくなります．スイッチング電流はピーク電流が大きく，平均電流に比べて実効電流が大きいため，パターン幅は太い方が望ましいです．ただし，パターン間に印加される電圧から，必要なパターン間隔を維持する必要があります．

大型機器の場合，パターンではなく配線で実装する場合も多くなります．高速なスイッチング電流が流れる配線は，ツイストペア配線にすることで，配線によるインダクタンスは小さくなります．

〈浅井 伸哉〉

第6章 オンライン電源設計ツールの活用法

誰でも実用設計や部品選定の手法を学べる

Prologue
オンライン設計ツール「WEBENCH」で電源回路を一発で自動生成
ツールを利用するのが今風のやり方

■ 実地訓練が一番だけれど…

設計を身に付けるには，実際に設計と評価を繰り返していくことが一番です．それによって「ちゃんと動作する回路」の事例を自分の中に積み上げていけば「この定数を変えればこうなる」，「この部品を使えばこんな動作になる」ということが見えてきます．

しかし，ディジタル回路など一般の回路設計に従事している設計者としては，電源設計は日常的な仕事というわけではなく，経験値を増やすのは容易ではありません．練習で設計してみるには計算も面倒だし，試作用の部品も揃っていないことが多いでしょう．

そこで以下第6章〜第8章では，電源設計用のフリー・ツールを活用して，設計の疑似体験を積み重ねていこうと考えました．

■ 電源ICの老舗テキサス・インスツルメンツのオンライン設計ツール

● ソフトウェアのインストールは不要

ここでは，テキサス・インスツルメンツ（以下TI）社のWEBENCH（ウェベンチ）オンライン設計ツールを使います．同社のウェブ・サイト（http://www.tij.co.jp/）にアクセスすれば，特別なソフトウェアをインストールすることなく，ブラウザ（Internet Explorerなど）から直接操作できます．

WEBENCHツールは無料で利用できますが，初回の利用時にユーザ登録が必要です．登録後は，Cookieを有効にしてあるパソコンならいつでも自動でWEBENCHツールを利用できます（Cookieが無効な場合は，その都度パスワード認証が求められる）．

常時接続のインターネット環境があれば，それほど高速でなくてもストレスなく使用できるでしょう．私は普段，イー・モバイルで無線アクセスしています．

WEBENCHツールは，TI社のウェブ・サイトのさまざまなページからアクセスできます．最近は，電源（Power）以外に，LEDドライバ，クロック・ドライバ，高速インターフェース，基準電圧，フィルタ，センサの設計に使えるツールが用意されています．

● 完成度の高いツール

WEBENCHツールの良いところは，簡単な操作で「ちゃんと動作する」回路を自動設計してくれて，動作特性などのデータも豊富に提供してくれる点です．定数や部品の変更や特性変化の確認も簡単です．本書では割愛しますが，シミュレータを使えば試作なしで一通りの動作を検証できます．

● WEBENCHツールで設計できる回路はTI社のICを使ったものに限られる

何よりありがたいのは，実際に使用されている部品のデータベースが豊富に蓄積されているので，「こんな部品がある」，「こんな部品を使えばよい」という知識が身に付くことです．

ただし，制御ICはTI社の製品に限定されますが，同社では簡単・確実に使える制御ICとして，シンプル・スイッチャ・シリーズを豊富にラインナップしています．これらは，そのまま実用にもなりますし，学習にも適しています．

6-1 LM2596を用いた降圧型DC-DCコンバータの設計例は？

回路構成は基本回路そのもの，仕様に合わせてインダクタやコンデンサの定数を求める

それでは早速，実際にWEBENCHツールを使用した電源設計の事例を見てみましょう．本章では，シンプル・スイッチャ・シリーズの初期の製品であるLM2596を使った回路を設計してみます．

■ 降圧型DC-DCコンバータの定番IC LM2596

LM2596は，1990年代中ごろに登場したシンプル・スイッチャ・シリーズの第2世代の製品で，降圧型DC-DCコンバータICの定番として使われてきました．スイッチ素子としてバイポーラ・トランジスタを内蔵しています．最近主流のMOSデバイスと比べると効率は低く，スイッチング周波数も150 kHzと低めです．

LM2596は最大40 Vの入力電圧を降圧して，3.3 V（LM2596-3.3），5 V（LM2596-5.0），12 V（LM2596-12）の固定電圧，または1.2～37 V（LM2596-ADJ）の可変電圧を出力できます．出力電流は最大3 Aです．

■ LM2596の概要ページで仕様を入力する

表1に示す仕様の回路を設計してみます．制御ICには，電圧出力固定タイプのLM2596-5.0を使います．WEBENCHツールはこれらの要求仕様から外付け部品を決定して，自動的に推奨設計を生成してくれます．

使用したいICが決まっているなら，そのICの概要ページからスタートするのが便利です．ここでは，LM2596の概要ページを開き，そこからWEBENCHツールを利用します．

● ワンクリックで自動設計！

図1のように仕様を入力して[Start Your Design]のボタンを押せば，自動的に設計が行われます．設計が終わると，図2のように回路図(Schematic)，部品表(BOM：Bill of Materials)，動作特性表(Operating Values)，特性グラフ(Charts)などが表示されます．

過去に設計したデータの履歴は"My Design"に保存されて，いつでも取り出すことができます．同じ要求仕様を入力しても，WEBENCHツールは毎回計算を行って部品を選択し，最適な推奨回路をダイナミックに生成しているようです．したがって部品データベースが更新されたりすると，以前の設計とは異なる推奨回路が出てくることもあります．そんな場合にも，"My Design"で以前の設計を取り出せるのは便利です．

■ 回路図(Schematic)

図3(次頁)が自動生成された回路図です．

● すべての部品の定数が求まっている

LM2596-5.0は，入力コンデンサC_{in}，出力コンデンサC_{out}，インダクタL_1，ダイオードD_1の4個の外付け部品で動作します．この推奨設計では，C_{in} = 30 μF（10 μFを3個並列接続），C_{out} = 1000 μF，L_1 = 39 μHです．D_1は順電圧V_F = 0.5 VのSBDです．回路図で

表1 LM2596を使った降圧型DC-DCコンバータの要求仕様

項目		仕様	単位
入力電圧	$V_{in\,min}$	9	V
	$V_{in\,max}$	14	V
出力電圧	V_{out}	5	V
出力電流	I_{out}	3	A

図1 LM2596の概要ページで要求仕様を入力する

図2 オンライン設計ツールWEBENCHのメイン画面

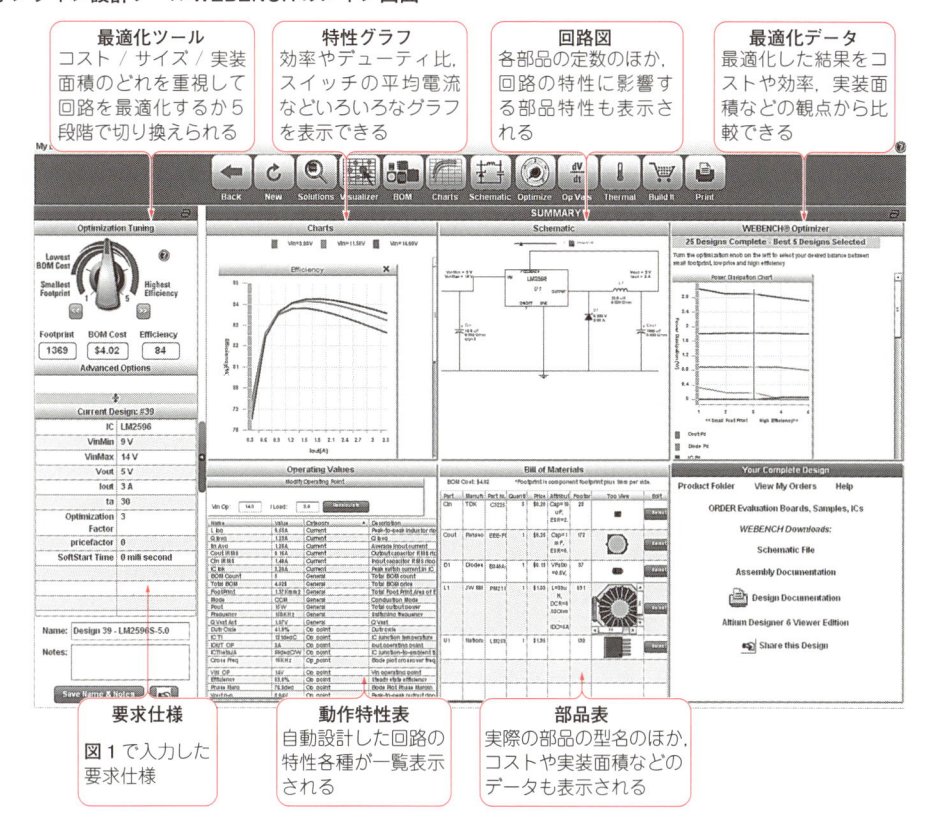

- **最適化ツール**: コスト／サイズ／実装面積のどれを重視して回路を最適化するか5段階で切り換えられる
- **特性グラフ**: 効率やデューティ比，スイッチの平均電流などいろいろなグラフを表示できる
- **回路図**: 各部品の定数のほか，回路の特性に影響する部品特性も表示される
- **最適化データ**: 最適化した結果をコストや効率，実装面積などの観点から比較できる
- **要求仕様**: 図1で入力した要求仕様
- **動作特性表**: 自動設計した回路の特性各種が一覧表示される
- **部品表**: 実際の部品の型名のほか，コストや実装面積などのデータも表示される

図3 WEBENCHツールは制御ICや周辺部品を選んで接続してくれる

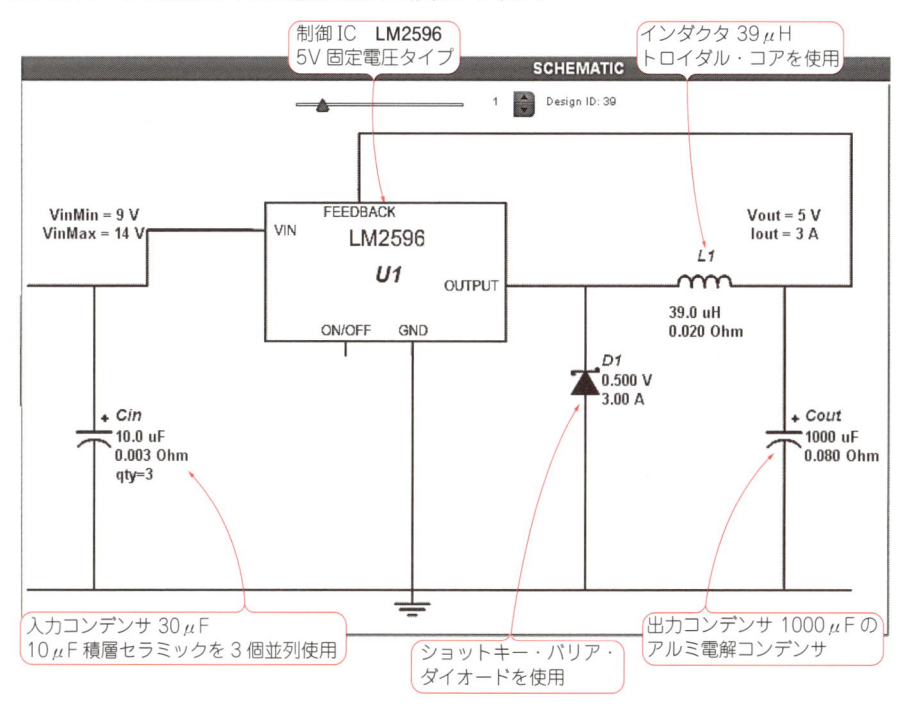

- 制御IC LM2596 5V固定電圧タイプ
- インダクタ 39μH トロイダル・コアを使用
- VinMin = 9 V / VinMax = 14 V
- Vout = 5 V / Iout = 3 A
- L1: 39.0 uH / 0.020 Ohm
- D1: 0.500 V / 3.00 A
- Cin: 10.0 uF / 0.003 Ohm / qty=3
- Cout: 1000 uF / 0.080 Ohm
- 入力コンデンサ 30μF 10μF積層セラミックを3個並列使用
- ショットキー・バリア・ダイオードを使用
- 出力コンデンサ 1000μFのアルミ電解コンデンサ

6-1 LM2596を用いた降圧型DC-DCコンバータの設計例は？

WEBENCHツールの利用方法

column

　WEBENCHオンライン・ツールは電源ICだけでなく，TI社のさまざまなアナログIC製品の設計をカバーするツールです．同社Webサイトのいろいろなところに，WEBENCHツールのスタート画面があります．

　たとえば，**図A**のトップ・ページからWEBENCHツールを利用する場合，まず利用したいツールの種類をタブで選択します．現在は，電源，FPGA/μP，LED，Clocks，Filters，センサ，Interface，Referenceの8個のタブがあります．

　電源のタブを選び，本文の**図1**（p.86）と同じように要求仕様を入力すると，まず使用可能な電源ICのリストから，設計に使用する電源ICを選択するツールが開きます（**図B**）．このツールは，たくさんの電源ICの特徴をグラフで比較できるもので，WEBENCH Visualizerと呼ばれています．ただ，使用したいICが先に決まっているような場合は，このVisualizerを使わずに，本文の**図1**のように各ICの概要ページからWEBENCHツールに入る方が分かりやすいかもしれません．

図A TI社のWebサイトのトップ・ページ

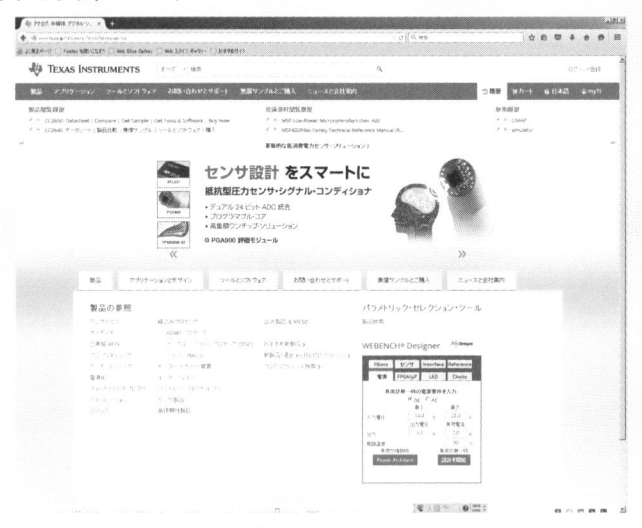

図B WEBENCH Visualizer

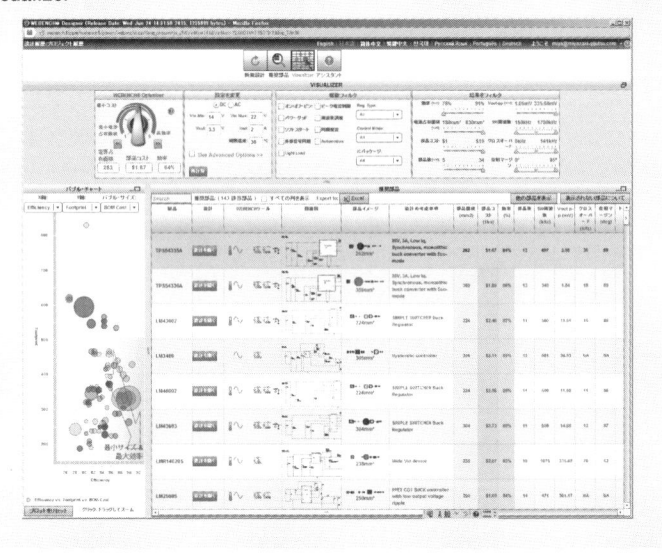

はC_{in}が1個しか表示されていませんが，qty＝3という表示があり，3個並列で使用することを示しています．WEBENCHツールの回路図を見るときは，このような表示に注意が必要です．

回路図には，動作特性に影響を与えるESR, V_Fなどの特性値や定格値も記載されています．

● 実際の部品が選ばれて一覧表示される

回路図上の各部品にマウス・カーソルを合わせると，型名やメーカ名のほか，主な特性などがポップアップ表示されます．WEBENCHツールの回路図はすべて実際の部品が選ばれており，オンライン購入もできます．

各部品をクリックすると，詳細情報リストが表示されます．したがって，わざわざ部品表を開かなくても，回路図だけ見ながら設計や試作を進めていくことができます．

● 回路図上から部品を変更できる

詳細情報リストの[Edit]ボタンを押せば，WEBENCHツールの部品データベースから代替可能な部品を選んで表示してくれます．それを使って，ユーザがオリジナルの設計を進めることも可能です．また，詳細情報を入力してカスタム部品を作ることも可能なので，部品データベースにない部品も使用できます．

6-2 動作特性表と特性グラフの見方は？
WEBENCHツールでは設計に必要な計算値を表やグラフで確認できる

■ 動作特性表（Operating Values）

図4に示すように，インダクタのピーク電流（I_{PP}），スイッチの平均電流（I_{AVG}）をはじめとするさまざまな特性値が一覧で表示されます．

● 表示値は簡易的な計算結果

動作特性表に表示される値は，簡易的な計算によるもので，実際の回路が，このように動作するとは限りません．しかし，データシートをもとに手計算するのはたいへんです．

回路の動作をもっと精度良く見積もるときは，WEBENCHツールが備える高精度シミュレータを利用します．

■ 特性グラフ（Charts）

図5は特性グラフです．特性表と同様の項目について，条件を変えながら多数のデータを計算し，結果をプロットしたものです．

● グラフは追加できる

デフォルトで表示されるグラフはその中の一部であり，そのほかは必要に応じて追加できます．

LM2596の場合，デフォルトでは効率（efficiency）とデューティ比（duty cycle）の二つが表示されます．そのほかにも，インダクタのピーク電流（I_{PP}），スイッチの平均電流（I_{AVG}）など，数多くの特性グラフを選択して表示できます．

図4 細かな特性が一覧で表示される

OPERATING VALUES

Modify Operating Point
Vin Op: 14.0   I Load: 3.0   [Recalculate]

動作条件を変えて[Recalculate]ボタンをクリックすると，その条件での特性が表示される

Name	Value	Category	Description
L Ipp	0.55A	Current	Peak-to-peak inductor ripple current
Q Iavg	1.23A	Current	Q Iavg
Iin Avg	1.28A	Current	Average input current
Cout IRMS	0.16A	Current	Output capacitor RMS ripple current
Cin IRMS	1.48A	Current	Input capacitor RMS ripple current
IC Ipk	3.28A	Current	Peak switch current in IC
BOM Count	5	General	Total BOM count
Total BOM	4.02$	General	Total BOM price
FootPrint	1.37Kmm2	General	Total Foot Print Area of BOM components
Mode	CCM	General	Conduction Mode
Pout	15W	General	Total output power

図5 デフォルトでは出力電流に対する効率とデューティ比の変化が表示される

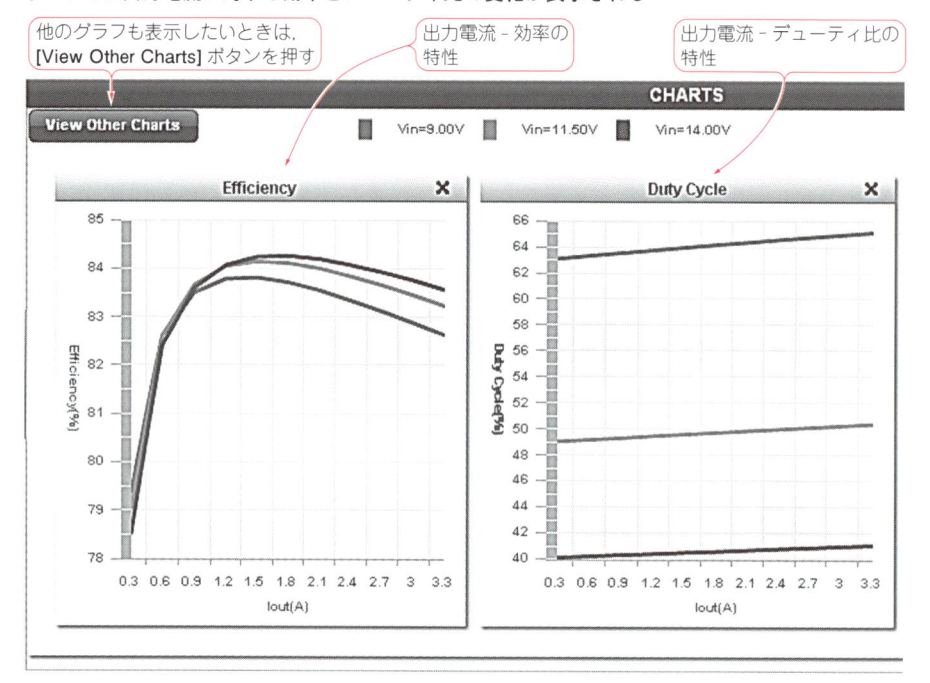

他のグラフも表示したいときは，[View Other Charts]ボタンを押す

出力電流 - 効率の特性

出力電流 - デューティ比の特性

● 各ポイントの値も表示できる

実際のツールでは，グラフ上の各ポイントにマウスを合わせると，数値がポップアップ表示されます．特性表に載っていない条件での特性値も，この特性グラフから容易に読み取ることができます．また，特性表には2～3桁程度で四捨五入された値が表示されますが，特性グラフのポップアップ表示ではかなり下の桁まで表示してくれます．

● 効率グラフの読み方

効率のグラフ（**図6**）をもう少し詳しく見てみます．同じ制御ICでも，使い方（要求仕様や回路定数）で効率グラフは変わりますが，傾向は読み取れます．

効率やデューティ比は入力電圧による変化が大きいため，通常は要求仕様の最大入力電圧（ここでは14 V），中間入力電圧（ここでは11.5 V），最小入力電圧（ここでは9 V）の三つのグラフを作成します．

▶ 入力電圧が高くデューティ比が小さいときほど効率が高い

制御ICの多くは，入力電圧が高いほど損失が大きく効率が低いため，通常は最大入力電圧を最悪条件として特性値を表示します．しかし**図6**からもわかるように，LM2596では入力電圧が高いほど損失が小さく，効率が高くなる場合があります．第7章で説明しますが，これはLM2596は制御ICの損失が，ダイオードの損失よりも大きいためです．

制御ICの損失はおもに内蔵スイッチのON期間に

図6 LM2596の出力電流対効率グラフ

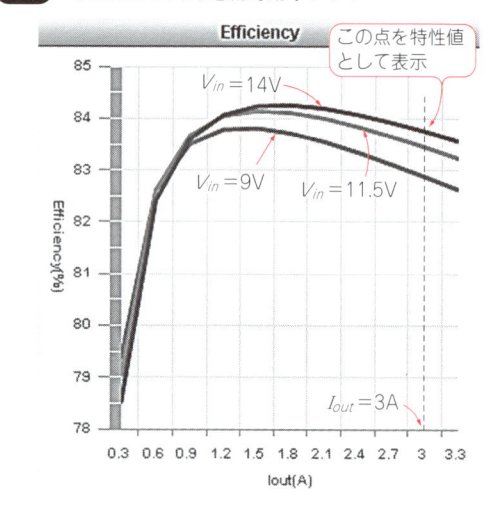

発生し，ダイオードの損失はおもに内蔵スイッチのOFF期間に発生します．そのため，デューティ比が大きい（ON時間が長い）ほど制御ICの損失の比率が高まります．デューティ比はV_{out}/V_{in}とほぼ同じなので，V_{in}が低いほどデューティ比が大きくなり，制御ICの損失も増えるというわけです．効率は出力電流によっても変わります．一般に，出力電流が小さくても大きくても効率は低くなり，中ほどにピークがきます．このピークが左寄りなら小出力で効率が良く，右寄りなら大出力で効率が良いと考えられます．

6-3 部品表(BOM)の見方は？

WEBENCHツールでは設計に採用した部品データを部品表で確認できる

■ 部品表(BOM：Bill of Materials)

図7に示すのは部品表です．**図3**の回路で使用している各部品の**型名**(Part Number)，**メーカ名**(Manufacturer)，**主要特性**，**部品コスト**(Price)，**実装面積**(Footprint)などが記載されています．各部品の詳細情報についてさらに知りたければ，**型名をクリックすればデータシートが表示**されます．

● 部品サイズもコストも一目瞭然

部品表では，実装面積の数値とともに，部品の上面図が表示されます．**どの部品が場所をとるか一目でわかる**とともに，基板実装時のイメージもつかみやすくなっています．実装面積の数値は，部品自体のサイズに上下左右それぞれ1 mmの余裕を加えて，実際に実装したときのサイズに近づけてあります．

ここでは，インダクタL_1の実装面積($891\,mm^2$)が最も大きく，トータル実装面積($1369\,mm^2$)の約2/3を占めていることがわかります．また，インダクタL_1は部品コスト($1.09)も2番目に大きく，トータル部品コスト($4.02)の1/4強を占めています．

図7 実際の部品の型名などが入った部品表が表示される

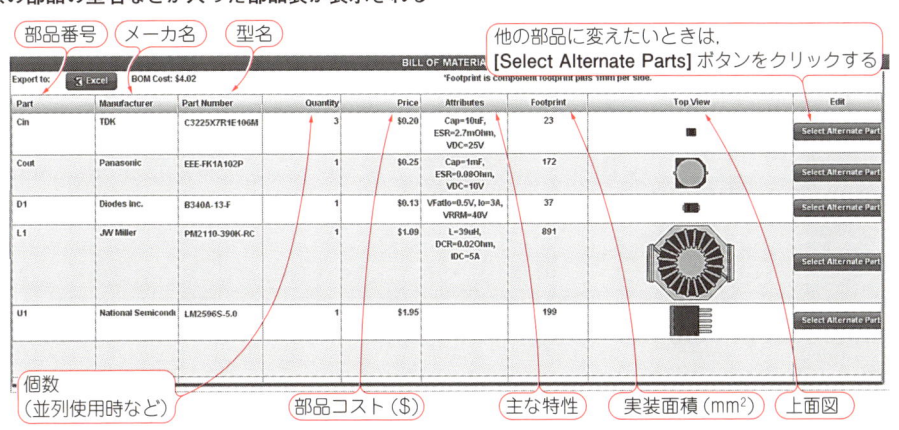

---

column
WEBENCHツールは110社，21000種の周辺部品のデータ・ベースを備える

WEBENCHツールでは，トータル実装面積(各部品の実装面積の総和)とトータル部品コスト(各部品の部品コストの総和)を使って設計を評価し，後述の最適化ツール(WEBENCH Optimizer)で最適化を行います．もちろん，実際の実装面積はパターン設計によって変わりますし，部品コストは購入時期や購入数量，購入ルートなどによって変わります．それでも，比較のための定量的な評価指標としてこれらの値は十分に役立つはずです．

自動設計に使用するために，WEBENCHツールはインダクタ，コンデンサ，ダイオード，MOSFETなど膨大な部品データ・ベースを蓄積しています．最近の情報では，**110社，21000種の周辺部品**をサポートしているようです．日本ではなじみのないメーカもありますが，国内メーカの部品もかなり含まれています．また，基本的にDigi-Keyなどでオンライン発注可能な部品が選ばれています．

WEBENCHツールでは，設計作業から部品調達，試作へとシームレスに作業を進めることができます．

6-4 トレードオフを考慮した最適化の事例は？

効率とサイズの両立は難しい，効率重視で最適化するか，サイズ重視で最適化するか

一般に，要求仕様を満たす方法はいくつも考えられます．その中から，さまざまな条件を考慮して最適なものを選ぶ必要があります．特に，**効率**，**実装サイズ**，**部品コスト**という三つの条件は，実際のシステム設計において強く要求されます．

この三つは「あちらを立てるとこちらが立たない」**トレードオフの関係**です．したがって，それらをいかに数値化し，評価するかが重要になってきます．

■ 効率重視の最適化（ダイヤルを5に設定）

実際に，ダイヤルを右いっぱい（ダイヤル5）に回して，効率重視の最適化を行ってみます．すると **図8** のように，IC以外の回路の定数（実際には部品そのもの）がすべて変わり，サイズが1410 mm^2，コストが$11.71，効率が85％になります．

図8 効率重視で最適化した推奨回路

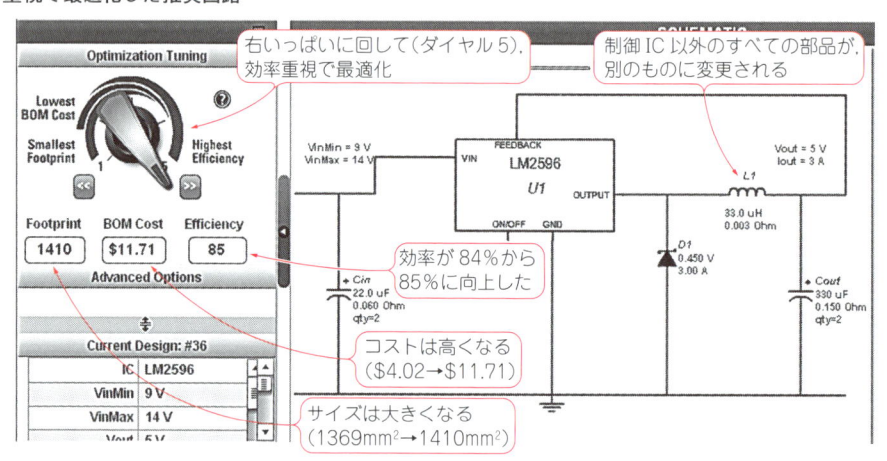

- 右いっぱいに回して（ダイヤル5），効率重視で最適化
- 制御IC以外のすべての部品が，別のものに変更される
- 効率が84％から85％に向上した
- コストは高くなる（$4.02→$11.71）
- サイズは大きくなる（1369mm^2→1410mm^2）

---

column　ダイヤルを回すだけで「何かを立てた」設計に最適化できる

WEBENCHツールが最初に表示する推奨設計（**図3**）は，効率とサイズのバランスをとり，コストを最小にしたものです．コストを重視した最適化設計と呼べるでしょう．

WEBENCHツールには，ユーザの希望に応じて効率やサイズを最適化できるように，**図C**のような5段階のダイヤルをもつ最適化ツール"WEBENCH Optimizer"を備えています．

● ダイヤルを右に回すと効率重視，左に回すとサイズ重視に

図Aのように，ダイヤルの最初の状態は中央（ダイヤル3）です．ダイヤルの下側には実装サイズ（Footprint），部品コスト（BOM Cost），動作効率（Efficiency）が表示されています．この推奨設計の実装サイズは1369 mm^2，部品コストは$4.02，効率は84％です．ダイヤルを右に回す（ダイヤル3→4→5）と効率重視の最適化，左に回す（ダイヤル3→2→1）とサイズ重視の最適化ができます．

図C WEBENCHツールの最適化ダイヤル

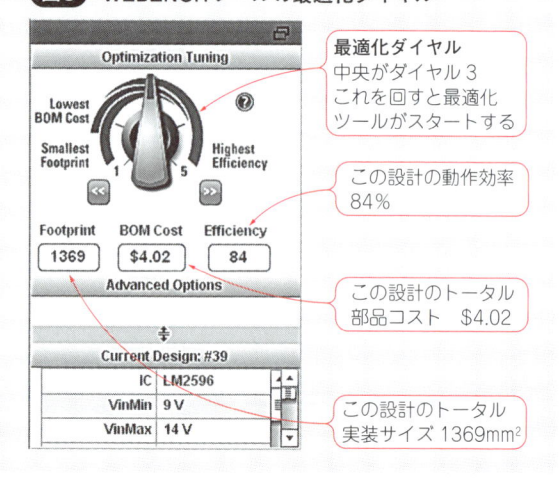

- 最適化ダイヤル　中央がダイヤル3　これを回すと最適化ツールがスタートする
- この設計の動作効率　84％
- この設計のトータル部品コスト　$4.02
- この設計のトータル実装サイズ　1369mm^2

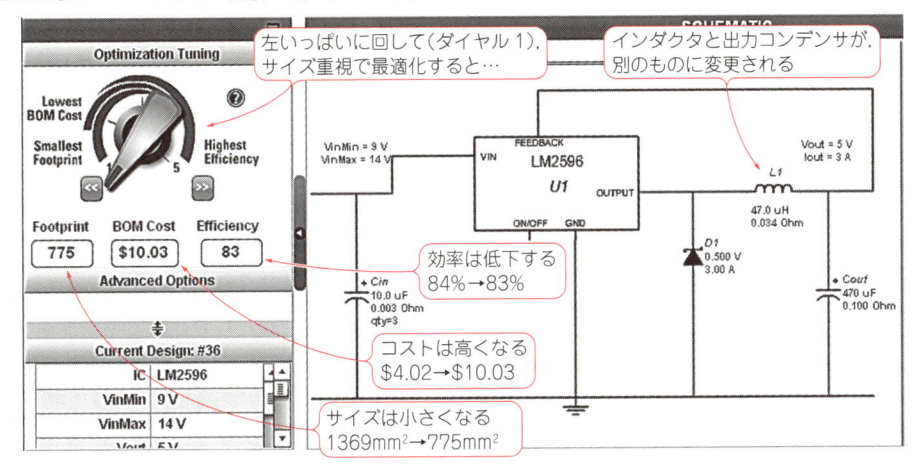

図9 WEBENCHツールがサイズ重視で最適化して推奨する回路

● 効率が1％アップし損失が約7％ダウン

この最適化で，効率 η はダイヤル3の84％から85％にアップしました．1％の効率改善はわずかな違いのようですが，損失で考えればもう少し差があります．

効率 $\eta = 84\%$ のときの損失 $P_{d(84\%)}$ は，

$$P_{d(84\%)} = P_{in} - P_{out} = \frac{1-\eta}{\eta} P_{out} = \frac{1-0.84}{0.84} \times 5 \times 3$$

$$\fallingdotseq 2.86 \text{ W}$$

と求まります．効率 $\eta = 85\%$ のときの損失 $P_{d(85\%)}$ は同様に，

$$P_{d(85\%)} = (0.15/0.85) \times 5 \times 3 \fallingdotseq 2.65 \text{ W}$$

と求まります．効率が84％から85％に改善したことによって，損失は 2.86-2.65=0.21 W 減少しており，改善前の 2.86 W から見ると約7％の減少といえます．

WEBENCHツールが効率向上のために具体的にどのような方法を使ったのかは，後ほど検討します．

■ サイズ重視の最適化（ダイヤルを1に設定）

次に，ダイヤルを左いっぱい（ダイヤル1）に回して，サイズ重視の最適化を行ってみます．

● サイズが約半分になった

回路は **図9** のように変わり，サイズが 775 mm^2，コストが \$10.03，効率が83％になりました．サイズはダイヤル3の 1369 mm^2 から 1/2 近くに小型化できました．小型化のために具体的にどのような方法を使ったのかも，効率の話と合わせて後ほど検討します．

電源設計ツール　　　　　　　　　　　　　　　column

電源設計はアナログ回路設計の中でも特に難しいものの一つです．基本的には電源ICが決まれば回路構成はほぼ決まるのですが，個々の部品を決めるのは容易ではありません．定数計算も手間がかかりますし，インダクタンスやキャパシタンスなどの基本的な定数は同じでも，ESRや直流重畳特性などそれぞれの部品に固有のパラメータが大きく影響してきます．

電源ICメーカでは，ICのユーザをサポートするために，それぞれ工夫をこらしています．最近では，ネットワークからオンラインで利用できる設計ツールや，パソコン上で動作する設計ツールを提供するメーカも多くなっています．本書で取り上げているWEBENCHツール（NS社）だけでなく，テキサスインスツルメンツ（TI）のSWIFT Designer，リニアテクノロジー（LTC）のLTSpice，SwitcherCAD，フェアチャイルドセミコンダクターのFPS Designer，マキシムのEESimなどはよく知られています．

6-5 どんなデータを比較して最適化するか
それぞれの設計でサイズ,効率,コストを計算して比較する

　以上のように,「ダイヤルを回すだけ」で簡単に最適化した設計結果が得られましたが,WEBENCHはいったい,何をどのように最適化しているのでしょうか?

■ 要求仕様を満たす25の条件から五つを選んで比較表示

　WEBENCHの最適化ツールは,ダイヤルを回すたびに試行錯誤して部品を入れ換えたりしているわけではありません.最適化ツールを起動したときに,要求仕様を満たす25種類の設計を実行し,その中から最適な五つの条件を選んでいます.そして,この五つの条件の効率,サイズ,コストを定量的に見積もって比較し,ダイヤル1～5に割り当てます.

● 最適化データを見れば何を立てたか一目瞭然

　最適化ツールは,この五つの設計の特徴を視覚的に比較できるグラフを最適化データとして表示してくれます.これを見れば,「何を立てて,何が立たなかったのか」もわかりますし,実際にダイヤルを回す前に最適化の効果を知ることもできます.
　LM2596の場合,図10に示す四つのグラフが表示されます.いずれのグラフも,横軸の値はダイヤル1～5(異なる5個の推奨設計)に対応しています.グラフ上の各ポイントにマウスを合わせれば,数値がポップアップ表示されます.このグラフを見れば,ダイヤルをいくつにすればどんな特性が得られるか一目でわかります.
　この中で,一番右のコスト比較グラフ(Total BOM Price Chart)と,その隣のサイズ/効率比較グラフ(Footprint And Efficiency Chart)に注目してみましょう.残りのグラフについては,後ほど詳しく解説します.

■ 特性グラフを読む

● コスト比較グラフ(Total BOM Price Chart)

　図11は,LM2596を使った5種類の推奨設計のコストを比較したものです.中央の3が最も低コストで,両側にいくほどコストは高くなっています.最初の推奨設計(ダイヤル3)は,最も低コストのものが選ばれたことがわかります.
　また,ダイヤル1やダイヤル5では,ダイヤル3に比べてかなりコストが高くなることもわかります.

● サイズ/効率比較グラフ(Footprint And Efficiency Chart)

　図12は,LM2596を使った5種類の推奨設計のサイズと効率を比較したものです.局所的に例外もありますが,全体的な傾向としては,右側にいくほど効率は高くなる代わりに,サイズも大きくなります.これが,電源設計における典型的なトレードオフです.

● 最適化による効率/サイズ/コストの変化の傾向

　コスト比較グラフとサイズ/効率比較グラフを合わせて見ると,次の二つのことがわかります.
(1) ダイヤルを右(ダイヤル3→4→5)に回せば効率が向上するが,その代わりにサイズが大きくなりコストがアップする

図10 WEBENCHツールが表示する特性グラフのいろいろ

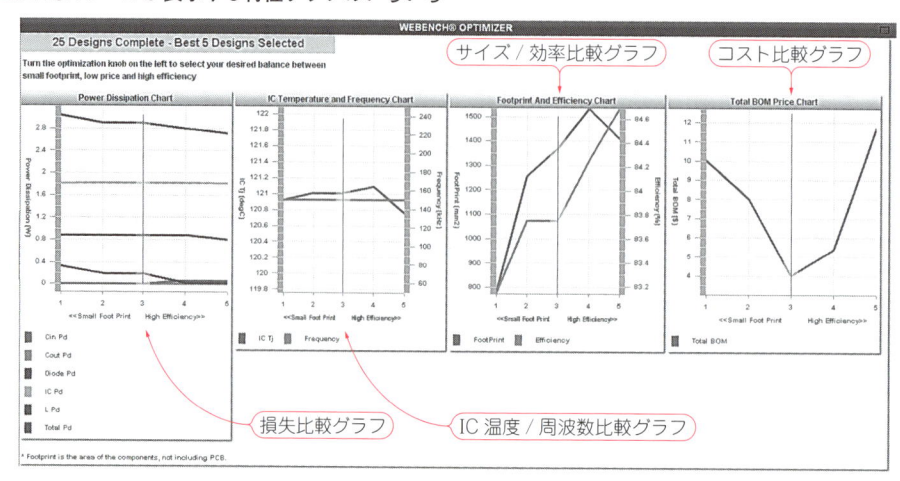

図11 コスト比較グラフ

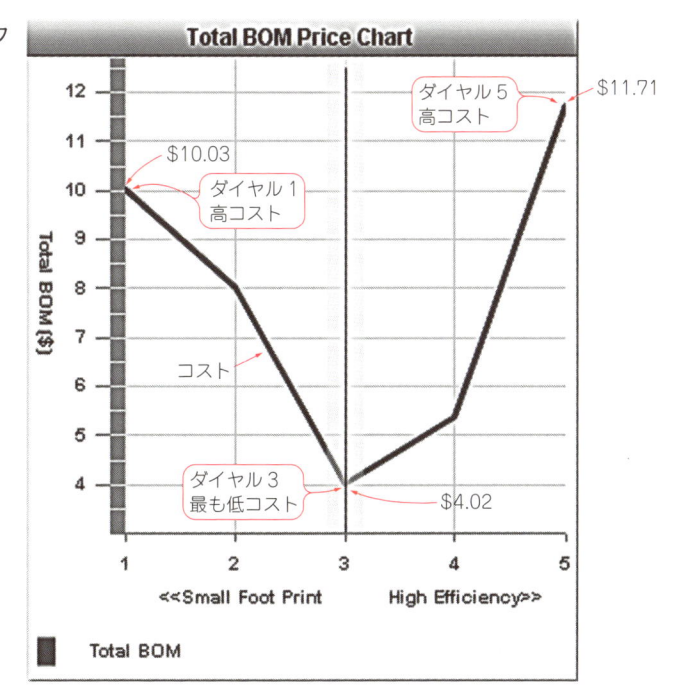

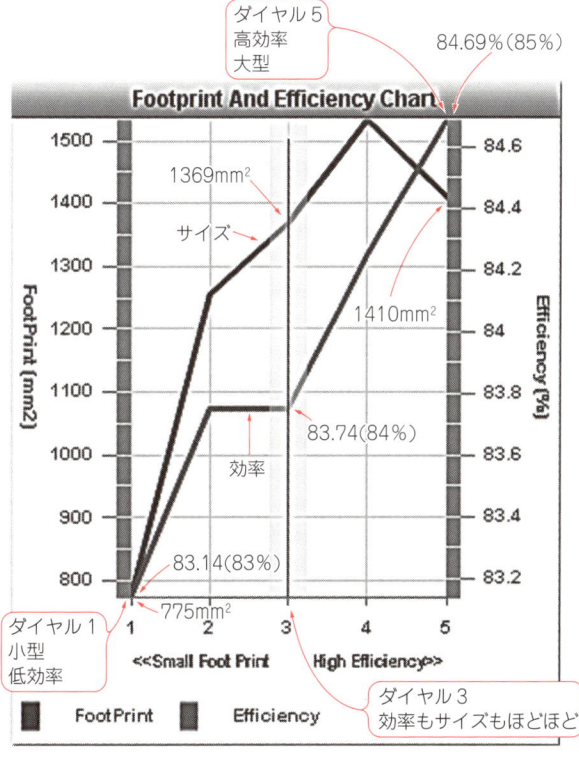

- ダイヤル1 高コスト $10.03
- ダイヤル3 最も低コスト $4.02
- ダイヤル5 高コスト $11.71

図12 サイズと効率のグラフ
効率の（　）内の数値は四捨五入した値.

- ダイヤル1 小型 低効率 775mm²、83.14(83%)
- ダイヤル3 効率もサイズもほどほど 83.74(84%)
- ダイヤル5 高効率 大型 1369mm²、1410mm²、84.69%(85%)

(2) ダイヤルを左に（ダイヤル3→2→1）回せばサイズが小さくなるが，その代わりに効率が低くなりコストがアップする

ダイヤル1～5の制御ICと回路構成はまったく同じなので，この違いは外付け部品の選択によって生じたものです．同じLM2596を使った推奨回路でも，外付け部品によっていろいろ差を付けられることがわかります．

6-6 どの部品をどう変えて最適化するか

インダクタ，コンデンサ，ダイオードなどの代替部品を検討する

　LM2596の推奨設計回路のうち，コスト重視（ダイヤル3），サイズ重視（ダイヤル1），効率重視（ダイヤル5）の三つについて，どのような部品を使っているのか，何を変えたことで効率，サイズ，コストが変わったのかを詳しく見てみましょう．

■ 効率を上げると何が起きる？

● 効率を1％改善するとコストが3倍近く跳ね上がる

　表2 は，コスト重視の推奨回路と効率重視の推奨回路の部品を比較したものです．外付け部品（入力コンデンサC_{in}，出力コンデンサC_{out}，インダクタL_1，ダイオードD_1）が，すべて違うものに置き換えられています．効率重視の回路では効率が84％から85％にアップし，サイズの拡大は1369 mm^{2}から1410 mm^{2}とわずかです．その代わりにコストは3倍近くアップしています．

● ダイオード，インダクタ，コンデンサを低損失なものに置き換えた

　効率改善のためには，損失を減らすことが必要です．外付け部品で損失の主な要因となるのは，インダクタのESRとダイオードのV_Fです．コスト重視の回路では，ごく一般的な（ボリューム・ゾーンの）部品を選んでいます．そのためESRやV_Fを重視すれば，より高性能の部品に置き換える余地があります．

　表2 からもわかるように，効率重視の最適化ではC_{out}とL_1はESRの小さい部品に，D_1はV_Fの小さい部品に置き換えられています．

● 高性能な外付け部品がコストを押し上げた

　一般的に，コンデンサやインダクタを低ESR化するには，外形が大きくなったり価格が高くなったりする傾向があります．

　L_1のESRは0.02 Ωから0.003 Ωへと大幅に低減されています．その代わり，コストは2倍近くアップしています．効率重視の回路では，シールド・コアに平角巻き線の低ESRインダクタをL_1に採用しているためです（p.99　コラム参照）．

　C_{out}はESRの低減はわずかですが，サイズが172 mm^{2}から117.2 mm^{2}へと小さくなっています．その代わり，部品コストは25倍以上と大幅にアップしてしまいました．これは，効率重視の回路ではC_{out}として，高性能のタンタル・コンデンサを採用したためです．

■ サイズを小さくすると何が起きる？

● サイズを半分にするとコストは2倍以上に

　表3 は，コスト重視の推奨回路とサイズ重視の推奨回路の部品を比較したものです．外付け部品のうち，出力コンデンサC_{out}とインダクタL_1の二つが違うも

表2 コスト重視と効率重視の部品の比較

(a) コスト重視の最適化（ダイヤル3）

部品 \ 仕様		型名/定数	ESR [Ω]	V_F [V]	実装面積 [mm^2]	コスト [$]
入力コンデンサ	C_{in}	30 μF	0.001	−	70.2	0.6
出力コンデンサ	C_{out}	1000 μF	0.080	−	172.0	0.25
インダクタ	L_1	39 μH	0.020	−	891.0	1.09
ダイオード	D_1	B340A-13-F	−	0.5	37.3	0.13
制御IC	U_1	LM2596	−	−	199.0	1.95
合計		−	−	−	1369.5	4.02

(b) 効率重視の最適化（ダイヤル5）

部品 \ 仕様		型名/定数	ESR [Ω]	V_F [V]	実装面積 [mm^2]	コスト [$]
入力コンデンサ	C_{in}	44 μF	0.030	−	154.8	0.86
出力コンデンサ	C_{out}	660 μF	0.075	−	117.2	6.78
インダクタ	L_1	33 μH	0.003	−	895.0	1.99
ダイオード	D_1	B340LB-13-F	−	0.45	44.2	0.14
制御IC	U_1	LM2596	−	−	199.0	1.95
合計		−	−	−	1410.2	11.72

表3 コスト重視とサイズ重視の部品の比較

部品	仕様	型名/定数	ESR [Ω]	V_F [V]	実装面積 [mm²]	コスト [$]
入力コンデンサ	C_{in}	30μF	0.001	–	70.2	0.60
出力コンデンサ	C_{out}	1000μF	0.080	–	172.0	0.25
インダクタ	L_1	39μH	0.020	–	891.0	1.09
ダイオード	D_1	B340A-13-F	–	0.5	37.3	0.13
電源IC	U_1	LM2596	–	–	199.0	1.95
合計	–	–	–	–	1369.5	4.02

(a) コスト重視の最適化(ダイヤル3)

部品	仕様	型名/定数	ESR [Ω]	V_F [V]	実装面積 [mm²]	コスト [$]
入力コンデンサ	C_{in}	30μF	0.001	–	70.2	0.60
出力コンデンサ	C_{out}	470μF	0.100	–	58.6	4.25
インダクタ	L_1	47μH	0.034	–	410.0	3.10
ダイオード	D_1	B340A-13-F	–	0.5	37.3	0.13
電源IC	U_1	LM2596	–	–	199.0	1.95
合計	–	–	–	–	775.1	10.03

(b) サイズ重視の最適化(ダイヤル1)

のに置き換えられています．効率の低下は84％から83％にとどまっていますが，サイズは1369 mm²から775.1 mm²へと大幅に小さくなりました．その代わり，コストは2倍以上にアップしています．

● 実装面積が大きい部品を小型のものに置き換えた

コスト重視の回路のトータル実装サイズは1369 mm²で，このうち約2/3の891 mm²をインダクタL_1が占めています．そのため，L_1を小型化できれば大きな効果を上げられます．

サイズ重視の回路では，L_1を小型のものに置き換えるとともに，C_{out}も容量を減らして小型化しています．特に，L_1は891 mm²から410 mm²へと1/2以下に小型化されています．これは，シールド・コアに平角巻き線の小型インダクタをL_1に採用したためです(p.99 コラム参照)．

C_{out}も同様に，172 mm²から58.6 mm²へと1/3以下に小型化されています．これは，高性能のタンタル・コンデンサをC_{out}に採用したからです．

● 部品の小型化はコストの増大を招く

表3を見ると，L_1のコストはほぼ3倍に，C_{out}のコストは15倍以上にアップしています．また，どちらの部品もESRが少し大きくなっています．

＊

効率重視/サイズ重視の最適化では，ESRやサイズなど性能が際立った部品を活用することによって，あまりサイズを大きくせずに高効率化を実現したり，あまり効率を低下させずに小型化を実現しています．そのトレードオフとして，どちらもコストは大幅に上昇してしまいました．

オンライン・シミュレータ   column

電源に限らず，回路の動作検証ではSpice系のシミュレータが広く用いられており，リニアテクノロジーのLTSpice，テキサスインスツルメンツのTINAのようにICメーカがフリーで頒布しているものもあります．

また，米国EDAベンダのTransim社は，ネットワークからオンラインで利用できるシミュレータ技術WebSIMを，提携先の半導体メーカを通じて提供しています．これも電源には限らず，NXP，フェアチャイルド，マキシム，インターシル，ローム，ルネサスなど多くのICメーカがTransimベースのオンライン設計ツールを提供しています．

6-7 最適化の効果が大きい部品を見つける方法は？

元々損失やサイズが大きい部品は，改善効果も大きい

■ 一番効く部品を特定する

最適化による効率，サイズ，コストの変化はどの部品で最も大きく現れているかを見てみましょう．

● 損失に効く部品

図10に示した最適化データの中に，各部品の損失を示すグラフがあります．図13が損失比較グラフです．制御IC，ダイオード，インダクタ，入力コンデンサ，出力コンデンサの5個の部品の損失をそれぞれ算出し，さらにその合計としてトータル損失を算出しています．ただし，第2章の2-14節で説明したように，制御ICの損失はここで算出した以外のすべての損失を含めて見積った値と考えられます．

トータルの損失を見ると，サイズ重視の回路の損失が大きく，効率重視の回路の損失が小さくなっています．各部品の損失を詳しく見ると，LM2596を使った回路では制御ICの損失が最も大きく，ダイオードの損失はその1/2程度，インダクタの損失はさらに小さいことがわかります．

▶**インダクタの低ESR化が効率改善に寄与した**

制御ICの損失はどの最適化条件でも同じです．ダイオードの損失は効率重視の回路でやや小さいだけでほとんど同じです．最適化による効率の変化は，おもにインダクタ損失の変化から生じます．

インダクタの損失P_{dL1}は，第2章の2-14節でも説明したように$P_{dL1} = 1.1 I_{out} R_{ESR}$であり，インダクタの$ESR$に比例します．そのため，$ESR$が小さいインダクタに置き換えることで，効率重視の最適化ができます．

効率重視の回路では，インダクタ損失がきわめて小さくなっています．したがって，効率をこれ以上に向上させるには，インダクタを置き換えるだけでは難しいでしょう．

● 実装面積に効く部品

各部品ごとのサイズ比較をグラフにしたのが図14です．制御IC，ダイオード，インダクタ，入力コンデンサ，出力コンデンサのそれぞれの実装サイズと，それを合計したトータル実装サイズをグラフにしたものです．

▶**サイズの低減にもインダクタの変更が効いている**

個々の部品としてはインダクタのサイズが最も大きく，トータル実装サイズに占める比率も大きくなっています．サイズ重視の最適化では，このインダクタの小型化が大きく貢献することがわかります．

● コストに効く部品

各部品ごとのコスト比較をグラフにしたのが図15です．制御IC，ダイオード，インダクタ，入力コンデンサ，出力コンデンサのそれぞれの部品コストと，それを合計したトータル部品コストをグラフにしたものです．

図13 損失比較グラフ

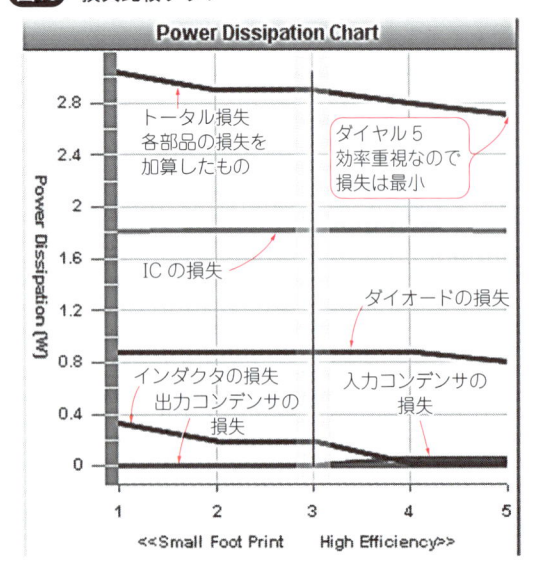

図14 L_1がトータルの実装面積に効いている

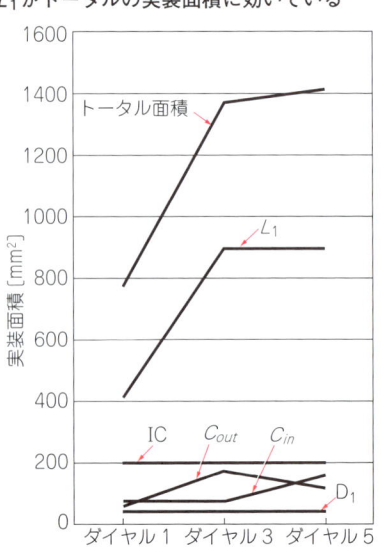

図15 部品ごとのコストの比較

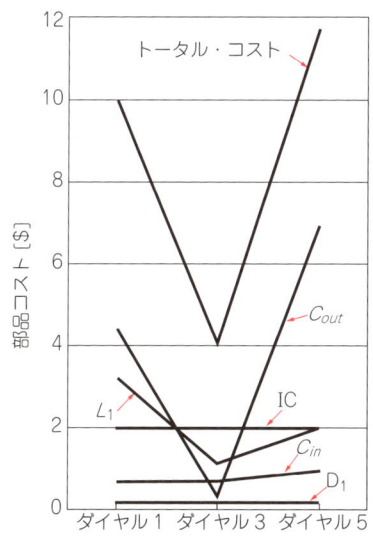

▶ **高性能なインダクタは全体のコストを押し上げる**

個々の部品のコストはダイヤルによって大きく異なっています．コスト重視の回路では，制御ICのコストが最も高く，ほかはすべてそれよりも低コストの部品が選ばれています．サイズ重視/効率重視の場合を見ると，インダクタや出力コンデンサのコストがはね上がっており，それによってトータル部品コストも高くなっています． 〈宮崎 仁〉

（初出：「トランジスタ技術」2010年6月号　別冊付録）

インダクタの種類は優先する条件によってコロコロ変わる　column

▶ **コストを重視したときに選ばれるインダクタ（図B）**

トロイダル・コアに丸線を巻いた伝統的なタイプです．サイズは891 mm^{2}と大きく，トータル実装サイズの2/3近くを占めています．ESRは0.02 Ωです．

▶ **効率を重視したときに選ばれるインダクタ（図C）**

E型シールド・コアに平角巻き線という最近のタイプです．サイズは895 mm^{2}で，コスト重視の場合とほぼ同じですが，ESRは0.003 Ωと小さくなっています．

▶ **サイズを重視したときに選ばれるインダクタ（図D）**

ドラム型シールド・コアに平角巻き線という最近のタイプです．ESRは0.034 Ωで，コスト重視のインダクタよりもやや大きいですが，サイズは410 mm^{2}と半分以下になっています．

このように，平角巻き線タイプのインダクタでも，低ESRでサイズが大きいものや，小サイズでESRが大きいものなど，いろいろな製品があります．

図C 効率重視で選ばれたインダクタ

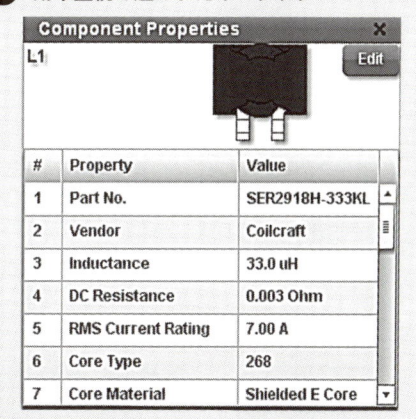

#	Property	Value
1	Part No.	SER2918H-333KL
2	Vendor	Coilcraft
3	Inductance	33.0 uH
4	DC Resistance	0.003 Ohm
5	RMS Current Rating	7.00 A
6	Core Type	268
7	Core Material	Shielded E Core

図B コスト重視で選ばれたインダクタ

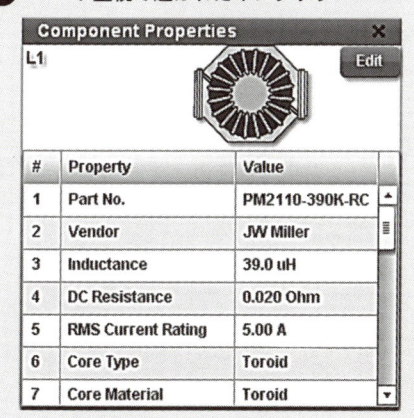

#	Property	Value
1	Part No.	PM2110-390K-RC
2	Vendor	JW Miller
3	Inductance	39.0 uH
4	DC Resistance	0.020 Ohm
5	RMS Current Rating	5.00 A
6	Core Type	Toroid
7	Core Material	Toroid

図D サイズ重視で選ばれたインダクタ

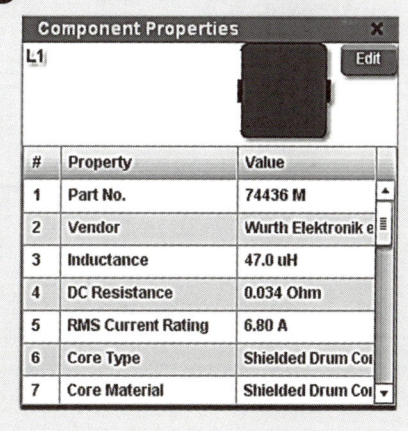

#	Property	Value
1	Part No.	74436 M
2	Vendor	Wurth Elektronik e
3	Inductance	47.0 uH
4	DC Resistance	0.034 Ohm
5	RMS Current Rating	6.80 A
6	Core Type	Shielded Drum Cor
7	Core Material	Shielded Drum Cor

第7章 最近のICで実用設計を体験する

LM22676による降圧型DC-DCコンバータの設計

7-1 LM22676を用いた降圧型DC-DCコンバータの設計例は？
パワーMOSFET内蔵で小型, 低コストを両立した

　LM22676は，2008年に登場したシンプル・スイッチャ・シリーズの第5世代の製品です．MOSFETやPWM制御回路などを内蔵しており，わずかな外付け部品で簡単に使用できます．最大42Vの入力電圧を降圧して，5V（LM22676-5.0）または1.28～37V（LM22676-ADJ）の出力電圧が得られます．出力電流は最大3Aです．本章では，固定出力電圧タイプのLM22676-5.0（以降，単にLM22676と書く）を使った電源回路を設計してみます．要求仕様は第6章と同じく，入力電圧V_{in}＝9～14V，出力電圧V_{out}＝5V，出力電流I_{out}＝3Aとします．

■ コスト重視の推奨回路で比較

　図1は，WEBENCHツールで自動設計した回路です．ダイヤルを3に設定しているので，コスト重視の設計です．LM22676は，入力コンデンサC_{in}およびC_{inx}，出力コンデンサC_{out}，インダクタL_1，フリーホイール・ダイオードD_1，ブースト・コンデンサC_{bst}の6個の外付け部品で動作します．

　6-1で紹介したLM2596を使った回路（図3, p.87）と比べて，LM22676では入力コンデンサC_{inx}とブースト・コンデンサC_{bst}が増えていますが，これらがサイズやコストに与える影響はわずかです．

　LM22676は入力耐圧が42Vと高く，スイッチング周波数も500kHzと高いために，スイッチングによるV_{in}やV_{SW}の電圧変動は急峻です．容量の異なる入力コンデンサを並列で用いることで，広い帯域で入力インピーダンス低減の効果をあげています．

　ブースト・コンデンサC_{bst}は，内蔵のNチャネルMOSFETの駆動電圧を生成するために使用します．

図1 WEBENCHツールで生成したLM22676を使った電源回路（コスト重視）

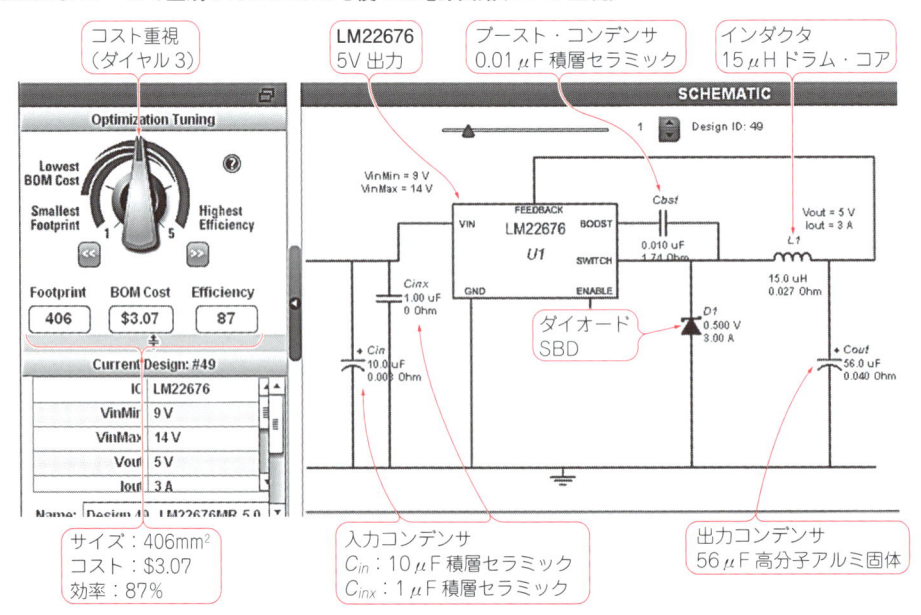

7-2 LM22676ではどのような最適化が可能か？

小型・低コスト化の余地は少ないが、効率はさらに向上できる

■ コストの比較と効率/サイズ比較グラフで事前に検討する

図2に示すように，WEBENCHツールの最適化ツールを起動すると，従来IC LM2596のときと同様に四つのグラフが表示されます．

LM2596のグラフ（6-5節の図10, p.94）と比較して，どのグラフも平坦な領域が多いことが一目でわかります．特に，ダイヤル2〜4については，どのグラフもまったく平坦に見えます．実は，今回の要求仕様でLM22676の設計を行ったところ，ダイヤル2，ダイヤル3，ダイヤル4は同一の設計結果でした．つまり，実質上はダイヤル1/3/5の3段階の最適化になります．

● 制御IC自体が小型・低コストに最適化されているのでサイズやコストの最適化の余地がない

コスト比較グラフ（**図3**）と効率・サイズ比較グラフ（**図4**）を詳しく見てみましょう．効率重視（ダイヤル5）の最適化では，効率が大きく改善される代わりに，コストやサイズは悪化しています．それに対して，サイズ重視（ダイヤル1）の最適化ではサイズの改善はごくわずかで，その代わりコストや効率の悪化もわずかです．

これは，LM22676は，IC自体がきわめて小型・低

図2 WEBENCHツールが出力する最新IC LM22676を使った電源のトレードオフ検証結果
どのグラフも平坦なところが多く最適化の効果が小さい．

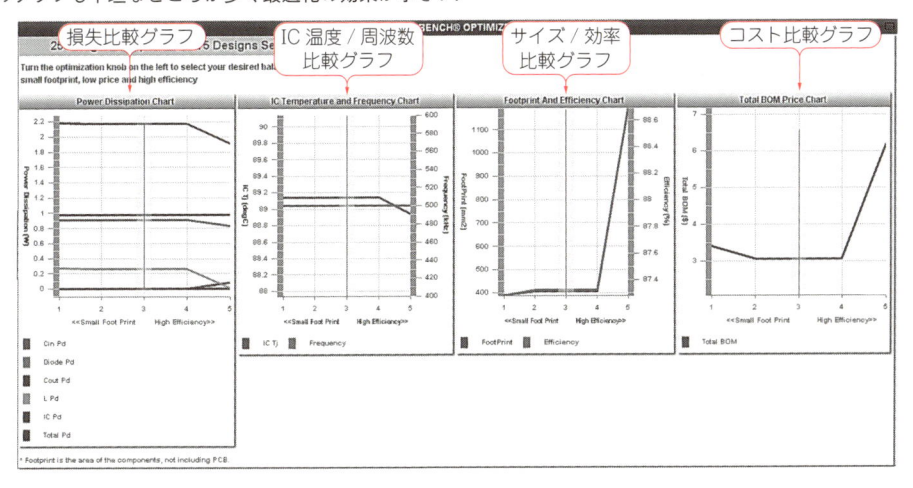

図3 コスト比較グラフ
- 効率重視ではコスト上昇が大きい
- サイズ重視でのコスト上昇はわずか

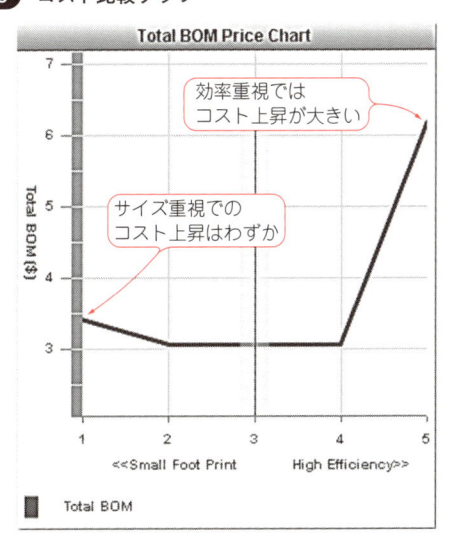

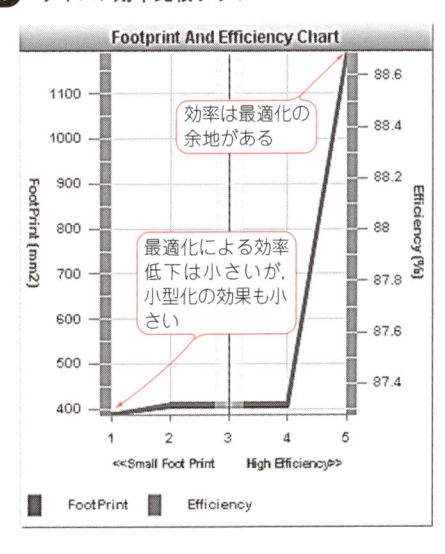

図4 サイズ/効率比較グラフ
- 効率は最適化の余地がある
- 最適化による効率低下は小さいが，小型化の効果も小さい

コスト向けに最適化されており，それ以上サイズ重視の最適化を行う余地がほとんどないということです．一方，効率重視なら最適化の余地があります．

■ 効率重視で最適化してみる

ダイヤル5を選んで効率重視の最適化を行うと，回路図は図5のように変わりました．

● 効率が2%アップする代わりにL_1とC_{in}のコスト/サイズが大幅増

コスト重視の最適化結果と比較すると，効率ηは87%から89%へと2%アップしました．また，サイズは406 mm²から1191 mm²へと3倍近くに拡大し，コストも$3.07から$6.16へとほぼ2倍にアップしています．

それぞれの回路の部品を比較したのが表1です．入力コンデンサC_{in}，インダクタL_1，ダイオードD_1が変更されています．C_{in}は容量を2倍に増やし，L_1はインダクタンスは同じですがESRが小さい部品を選んでいます．その分，サイズとコストも増加しています．ダイオードも低V_Fのものに置き換えていますが，サイズやコストの増加はわずかです．

図5 効率重視で最適化した推奨回路

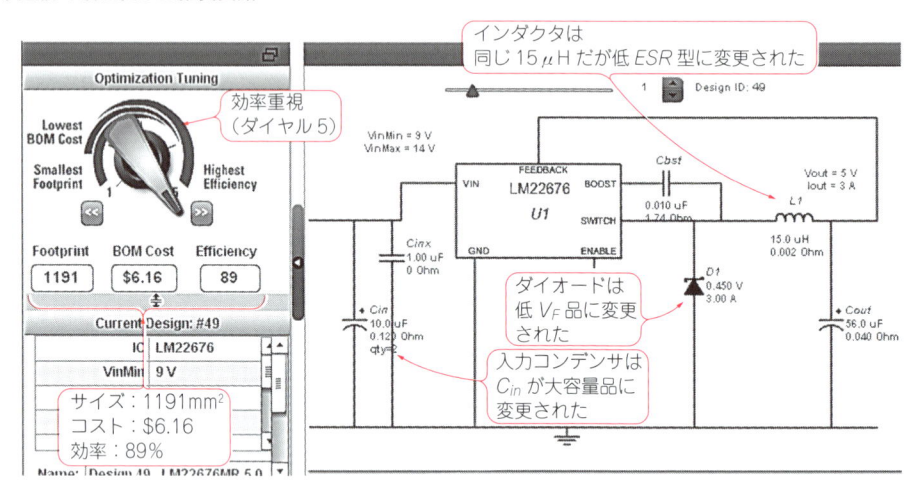

表1 コストを重視した場合と効率を重視した場合の部品の仕様

部品	仕様	型名/定数	ESR [Ω]	V_F [V]	実装面積 [mm²]	コスト [$]
入力コンデンサ	C_{in}	10 μF	0.003	–	23.4	0.20
	C_{inx}	1 μF	0.000	–	13.0	0.02
出力コンデンサ	C_{out}	56 μF	0.040	–	53.3	0.36
ブースト・コンデンサ	C_{bst}	0.01 μF	1.740	–	13.0	0.01
インダクタ	L_1	15 μH	0.027	–	210.0	0.43
ダイオード	D_1	B340A-13-F	–	0.50	37.3	0.13
制御IC	U_1	LM22676	–	–	55.6	1.92
合計	–	–	–	–	405.6	3.07

(a) コスト重視の最適化（ダイヤル3）

部品	仕様	型名/定数	ESR [Ω]	V_F [V]	実装面積 [mm²]	コスト [$]
入力コンデンサ	C_{in}	20 μF	0.060	–	116.8	1.99
	C_{inx}	1 μF	0.000	–	13.0	0.02
出力コンデンサ	C_{out}	56 μF	0.040	–	53.3	0.36
ブースト・コンデンサ	C_{bst}	0.01 μF	1.740	–	13.0	0.01
インダクタ	L_1	15 μH	0.002	–	895.0	1.73
ダイオード	D_1	B340LB-13-F	–	0.45	44.2	0.14
制御IC	U_1	LM22676	–	–	55.6	1.92
合計	–	–	–	–	1190.9	6.17

(b) 効率重視の最適化（ダイヤル5）

■ サイズ重視で最適化してみる

ダイヤル1を選んでサイズ重視の最適化を行うと，回路図は**図6**のように変化します．サイズが389 mm²，コストが＄3.41，効率が87％となりました．

コスト重視の最適化結果と比較すると，サイズは406 mm²からわずかに小型化され，コストは＄3.07からわずかに増えただけです．効率もコスト重視では87.32％，サイズ重視では87.28％で，わずかに低下するだけです．

● インダクタが少し小型なものに置き換わっただけ

それぞれの回路の部品を比較したのが**表2**です．インダクタL_1をやや小型のものに置き換えただけで，ほかの部品は共通です．LM2596の例のように，外付け部品を置き換えるだけで効率重視の回路やサイズ重視の回路に変えられる場合もあります．しかし，部品の置き換えによる最適化は万能ではなく，限界があることもわかりました．

図6 サイズ重視で最適化した推奨回路

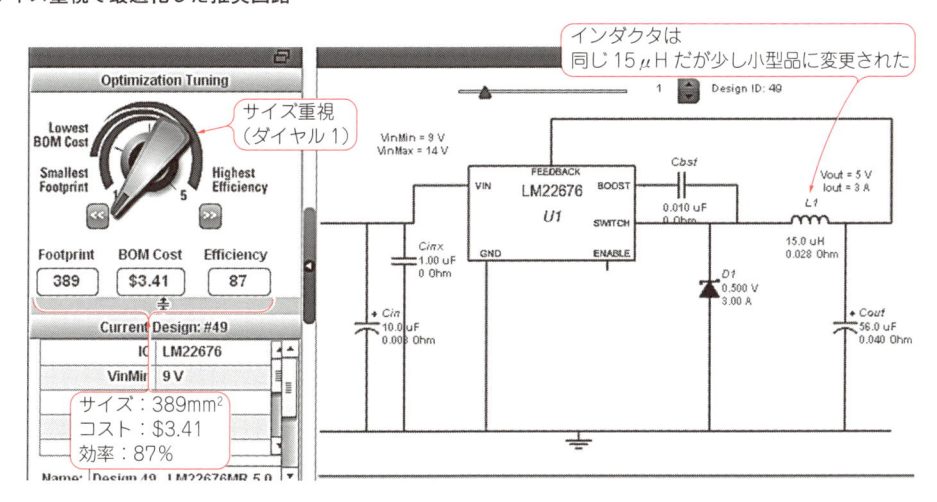

表2 コストを重視した場合とサイズを重視した場合の部品の仕様

（a）コスト重視の最適化（ダイヤル3）

部品	仕様	型名/定数	ESR [Ω]	V_F [V]	実装面積 [mm²]	コスト [＄]
入力コンデンサ	C_{in}	10 μF	0.003	–	23.4	0.20
	C_{inx}	1 μF	0.000	–	13.0	0.02
出力コンデンサ	C_{out}	56 μF	0.040	–	53.3	0.36
ブースト・コンデンサ	C_{bst}	0.01 μF	1.740	–	13.0	0.01
インダクタ	L_1	15 μH	0.027	–	210.0	0.43
ダイオード	D_1	B340A-13-F	–	0.50	37.3	0.13
制御IC	U_1	LM22676	–	–	55.6	1.92
合計		–	–	–	405.6	3.07

（b）サイズ重視の最適化（ダイヤル1）

部品	仕様	型名/定数	ESR [Ω]	V_F [V]	実装面積 [mm²]	コスト [＄]
入力コンデンサ	C_{in}	10 μF	0.003	–	23.4	0.20
	C_{inx}	1 μF	0.000	–	13.0	0.02
出力コンデンサ	C_{out}	56 μF	0.040	–	53.3	0.36
ブースト・コンデンサ	C_{bst}	0.01 μF	1.740	–	13.0	0.01
インダクタ	L_1	15 μH	0.028	–	196.0	0.77
ダイオード	D_1	B340A-13-F	–	0.50	37.3	0.13
制御IC	U_1	LM22676	–	–	55.6	1.92
合計		–	–	–	391.6	3.41

7-3 LM22676での設計で最適化の効果が大きい部品は何か？

損失が大きいのはダイオードとインダクタ，サイズについては最適化の余地は少ない

■ 最適化による変化はどの部品で現れているか

● 損失の比較

図7 に示すのは，WEBENCH が出力した制御IC，ダイオード，インダクタ，入力コンデンサ，出力コンデンサの各部品の損失とトータル損失の検討結果です．効率重視の最適化では，インダクタとダイオードの損失を低減することで，トータル損失を低減しています．インダクタの損失はきわめて小さくなっており，インダクタを置き換えることでこれ以上効率を上げるのは難しそうです．

● サイズの比較

各部品のサイズのグラフを **図8** に示します．個々の部品としてはインダクタのサイズが大きく，ほかはきわめて小さくなっています．サイズ重視で最適化しても，インダクタのサイズはほとんど変わらず，置き換えによる小型化は難しいと考えられます．

● コストの比較

各部品ごとのコストをグラフにしたのが **図9** です．個々の部品としては制御ICのコストが高く，トータル部品コストに占める割合も高くなっています．効率重視で最適化した場合では，インダクタと出力コンデンサも制御ICと同程度のコストになっています．

図7 損失比較グラフ

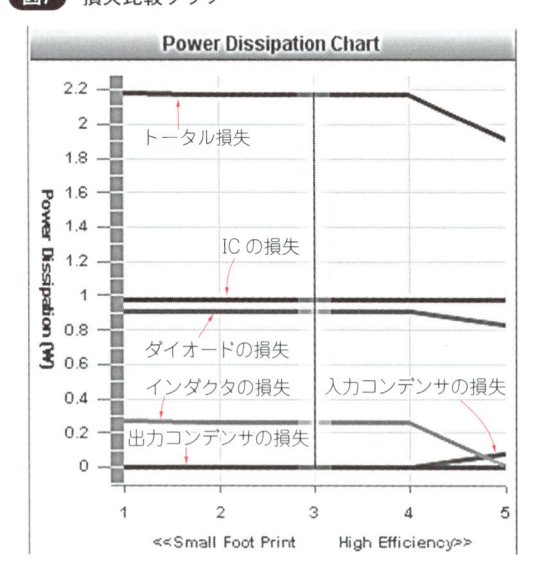

図8 サイズ比較グラフ

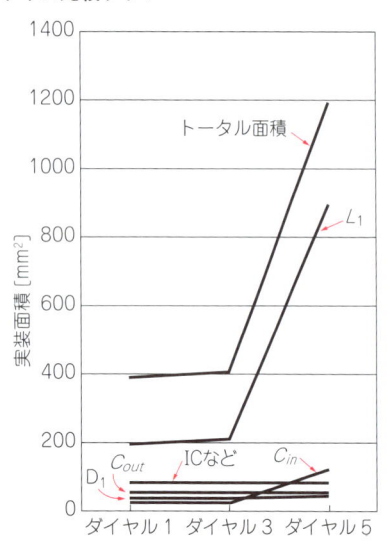

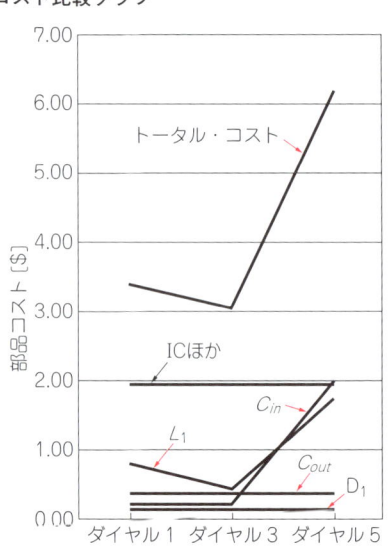

図9 コスト比較グラフ

7-4 入力電圧が変わると設計はどう変わるか？

入力電圧が高くなれば，一般にオフ時間を長くしなければならないので，それに見合った設計が必要

　これまで入力電圧9～14 V，出力電圧5 V，出力電流3 Aという条件での設計例を比較してきました．これらの条件を変えれば，部品の選択も変わってきますし，特性もいろいろ変わってきます．ここでは，入力電圧の条件だけを変えて設計してみましょう．
　出力電圧5 V，出力電流3 Aという条件はそのままで，入力電圧の要求仕様を7～10 V，9～14 V，12～24 V，22～40 Vの4段階に変化させたときの推奨回路を，**図10**，**表3**に示します．また，サイズ，コスト，効率，損失，デューティ・サイクルなどの変化を**表4**，**図11**に示します．いずれも，WEBENCHツールによるコスト重視の設計です．

(1) 部品選択について

　入力電圧 V_{in} の変化によって，入力コンデンサ C_{in}，出力コンデンサ C_{out}，インダクタ L_1 が変えられています．また，表では省略しましたが，ダイオード D_1 も必要に応じて高耐圧で電流容量の大きいものに変えられています．V_{in} が上がるとオン時の逆電圧が高くなり，またオフ時間が長くなるため平均ダイオード電流が増えるからです．

▶インダクタ L_1

　V_{in} が上がると，インダクタ電圧が上がって dI/dt が大きくなるので，L_1 を大きく選ぶ必要があります．たとえば，リプル電流を $\Delta I = 0.3 \times I_{out}$ に抑えるための最小インダクタンスは，V_{in} が7～10 Vのとき5.6 μH，22～40 Vのとき11 μHとなります（**表4**）．
　表3を見ると，V_{in} が22～40 Vのときは L_1 = 22 μHとやや大きく，V_{in} が7～10 V，9～14 V，12～24 Vのときは L_1 = 15 μHです．いずれも，余裕をもった値になっています．

▶出力コンデンサ C_{out}

　C_{out} は低ESRが重要なので，導電性高分子タイプの固体アルミ電解コンデンサを用いています．また，L_1 と C_{out} による LC フィルタは，共振周波数 f_0 が f_{SW} の1/100程度になるように選ばれています（**表4**）．

▶入力コンデンサ C_{in}

　C_{in} は，スイッチがオン時に過渡電流を供給します．V_{in} が上がるとオン時間が短くなるので，容量は小さくできます．ただし，C_{in} の耐圧も高くしなければなりません．

図10 入力電圧を変えたときの回路図

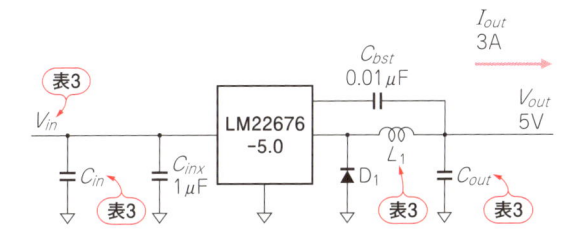

表3 入力電圧を変えたときのコンデンサとインダクタ

LM22676-5.0		入力電圧				単位
		7～10 V	9～14 V	12～24 V	22～40 V	
■WEBENCHツールが選択した部品						
入力コンデンサ	C_{in}	20	10	4.7	2	μF
	ESR	0.0025	0.003	0.003	0.003	Ω
	サイズ	37.4	23.4	38.6	37.4	mm^2
	コスト	0.1	0.2	0.41	0.26	$
	備考	積層セラ×2	積層セラ	積層セラ	積層セラ×2	
出力コンデンサ	C_{out}	56	56	56	44	μF
	ESR	0.04	0.04	0.04	0.001	Ω
	サイズ	53.3	53.3	53.3	46.8	mm^2
	コスト	0.36	0.36	0.36	0.34	$
	備考	固体アルミ	固体アルミ	固体アルミ	積層セラ×2	
インダクタ	L_1	15	15	15	22	μH
	ESR	0.027	0.027	0.027	0.026	Ω
	サイズ	210	210	210	243	mm^2
	コスト	0.43	0.43	0.43	0.92	$
	備考	ドラム	ドラム	ドラム	シールド	

図11 入力電圧を変えたときのサイズ，コスト，効率および損失の変化

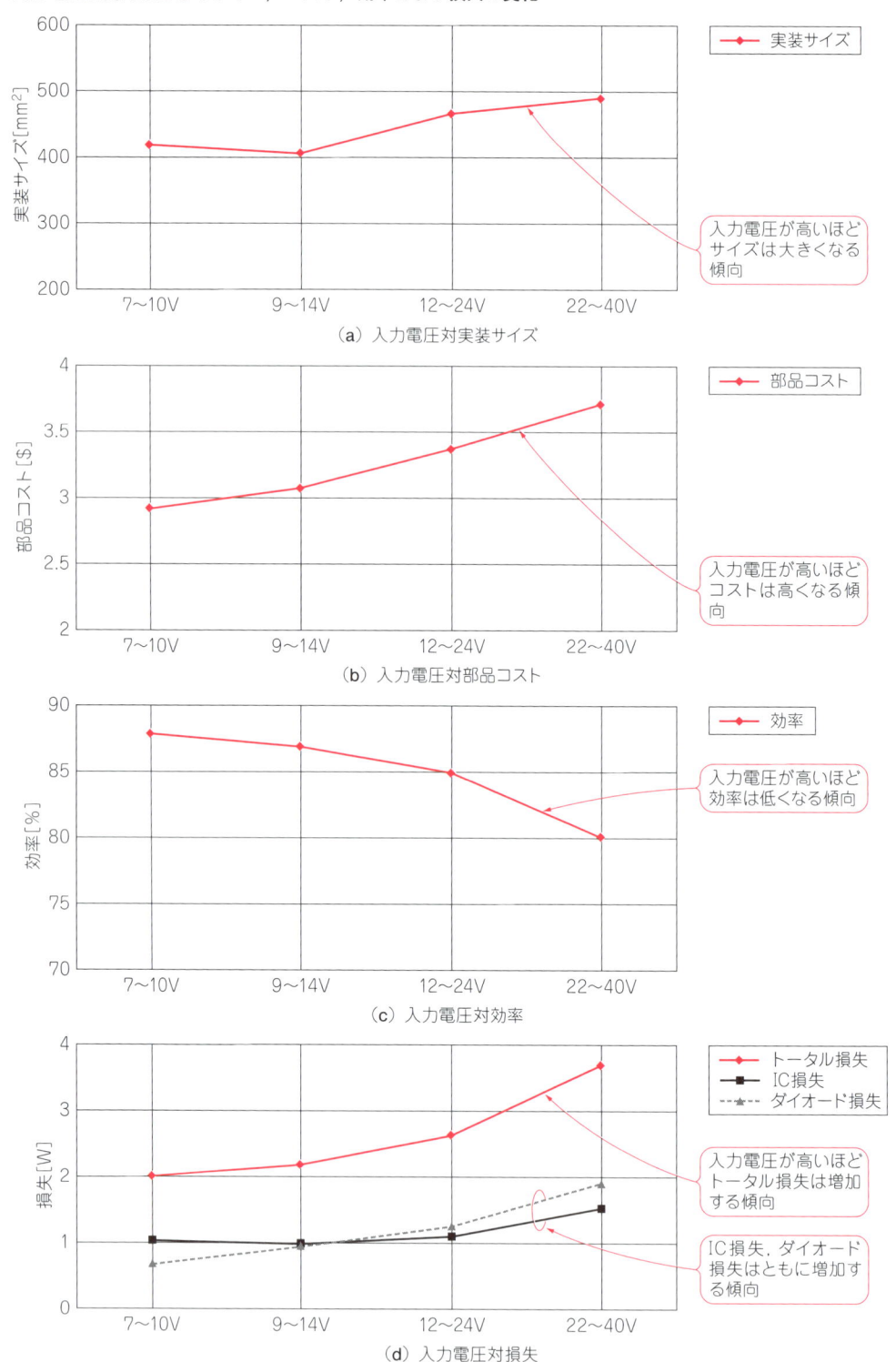

(a) 入力電圧対実装サイズ

入力電圧が高いほどサイズは大きくなる傾向

(b) 入力電圧対部品コスト

入力電圧が高いほどコストは高くなる傾向

(c) 入力電圧対効率

入力電圧が高いほど効率は低くなる傾向

(d) 入力電圧対損失

入力電圧が高いほどトータル損失は増加する傾向

IC損失，ダイオード損失はともに増加する傾向

表4 入力電圧を変えたときの設計データの変化

LM22676-5.0		入力電圧				単位
		7～10 V	9～14 V	12～24 V	22～40 V	
■WEBENCHツールの設計データ						
実装サイズ		417	406	467	492	mm²
部品コスト		2.92	3.07	3.38	3.72	$
効率	η	88	87	85	80	%
トータル損失	P_d	2.03	2.18	2.66	3.73	W
IC損失	P_{dIC}	1.07	0.98	1.11	1.55	W
ダイオード損失	P_{dD1}	0.68	0.92	1.27	1.93	W
出力電力	P_{out}	15	15	15	15	W
デューティ・サイクル	D_C	53.9%	38.7%	22.9%	14.2%	
最小インダンタンス	L_{min}	5.6	7.5	9.5	11.0	μH
出力リプル電流	ΔI	0.34	0.45	0.57	0.45	A$_{p-p}$
出力リプル電圧	V_{ripple}	14	18	23	0.4	mV$_{p-p}$
LCフィルタ共振周波数	f_0	5.49	5.49	5.49	5.12	kHz
■$\Delta I = 0.3 \times I_{out}$としたときのインダクタンス見積もり						
デューティ・サイクル	D_C	53.9%	38.7%	22.9%	14.2%	
最小インダンタンス	L_{min}	5.6	7.5	9.5	11.0	μH
■特性の見積もり						
出力リプル電流	ΔI	0.34	0.45	0.57	0.45	A$_{p-p}$
出力リプル電圧	V_{ripple}	14	18	23	0.4	mV$_{p-p}$
LCフィルタ共振周波数	f_0	5.49	5.49	5.49	5.12	kHz

(注)インダクタンス見積もりの計算式は，$D_C = (V_{out} + V_F)/(V_{in} - V_{SW} + V_F)$，$t_{ON} = D_C \times t_{CYC} = D_C/f_{SW}$，$L = (V_{in} - V_{SW} - V_{out})/(\Delta I \times t_{ON})$を用いた．

表3を見ると，V_{in}が上がるほど容量は小さくなりますが，耐圧を高めたためサイズは小さくならず，コストはむしろ高くなる傾向です．

一般にコンデンサの耐圧を高めるには誘電体の膜厚を厚くすることが必要です．それだけでも大型化につながりますが，膜厚が厚くなれば極板間の間隔が広がるため，同じ容量を得るには極板面積も広げなければならず，さらに大型化してしまいます．

(2) サイズとコストについて

一般に，入力電圧V_{in}が高くなると，入力コンデンサやダイオードの耐圧が高くなり，部品サイズや部品コストは増加する傾向にあります．ただし，V_{in}が下がるとオン時間が長くなって，入力コンデンサの容量も大きくなるので，V_{in}が7～10 Vのときもサイズはやや増加しています．

(3) 効率と損失について

入力電圧V_{in}が高くなると，デューティ・サイクルD_Cが小さくなりオフ時間が長くなるため，ダイオード損失が増えていきます．スイッチの定常損失は小さくなりますが，スイッチング損失などその他の損失は増えるので，LM22676ではV_{in}が特に低い領域を除いては，電源ICの損失も増える傾向です．そのため，トータル損失も増加しています．

出力電力($P_{out} = V_{out} \times I_{out}$)が変わらないため，トータル損失が増えた分だけ効率は低下していきます．

なお，この傾向は電源ICや外付け部品の品種によっても変わるので，入力電圧が高くなれば常に効率が低下するとは言えません．

アルミ電解コンデンサの耐圧　column

アルミ電解コンデンサはアルミ箔の陽極表面に形成したごく薄い酸化皮膜を誘電体として利用しています．この酸化皮膜は適正な電圧を加えたときだけ誘電体として働き，過電圧や逆電圧を加えると破壊されてしまいます．そこで，定格電圧が6.3 V，10 V，16 V，25 V，35 V，50 V，…というように細かく製品化されており，使用電圧の2～5倍ぐらいの定格電圧を目安に選ぶのが一般的です．定格電圧が高いほど酸化皮膜は厚くなり，同じ容量でも大型になっていきます．

7-5 出力電圧が変わると設計はどう変わるか？

出力電圧が高くなれば，一般にオン時間を長くしなければならないので，それに見合った設計が必要

ここでは，出力電圧の条件だけを変えて設計してみましょう．

入力電圧9～14V，出力電流3Aはそのままで，出力電圧を5Vから3.3V，2.5V，1.8V，1.3Vへと下げていったときの推奨回路を，**図12**，**表5**に示します．また，サイズ，コスト，効率，損失，デューティ・サイクルなどの変化を**表6**，**図13**に示します．いずれも，WEBENCHツールによるコスト重視の設計です．

なお，これまでは5V固定出力のLM22676-5.0を用いてきましたが，ここでは出力電圧を変えるために，可変出力のLM22676-ADJを用います．そのため，すべての設計で出力電圧設定用抵抗R_{fb1}，R_{fb2}が部品に追加されます．

また，$V_{out}=5$Vのときの設計は，他の結果と多少異なっています．

(1) 部品選択について

出力電圧V_{out}の変化によって，入力コンデンサC_{in}，出力コンデンサC_{out}，インダクタL_1が変えられています．

また，表では省略していますが，ダイオードD_1も必要に応じて電流容量が大きいものに変えられています．V_{out}が下がるとオフ時間が長くなり，平均ダイオード電流が増えるためです．

▶ インダクタL_1

V_{out}が下がると，インダクタ電圧は上がりますが，そのかわりオン時間が短くなってdI/dtが小さくなるので，L_1を小さくできます．たとえば，リプル電流を$\Delta I=0.3\times I_{out}$に抑えるための最小インダクタンスは，$V_{out}$が5Vのとき7.5μH，1.3Vのとき3.6μHとなります（**表6**）．

表5を見ると，V_{out}が5V，2.5VのときはL₁＝15

図12 出力電圧を変えたときの回路図

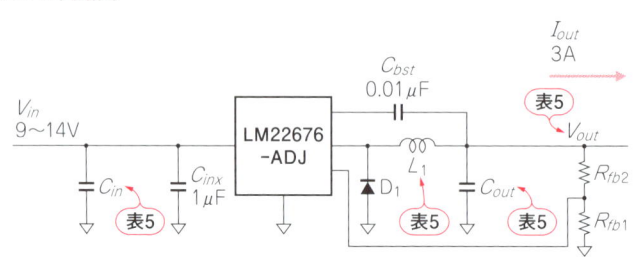

表5 出力電圧を変えたときのコンデンサとインダクタ

LM22676-ADJ		出力電圧					単位
		1.3 V	1.8 V	2.5 V	3.3 V	5 V	
■WEBENCHツールが選択した部品							
入力コンデンサ	C_{in}	2	10	10	10	10	μF
	ESR	0.0055	0.003	0.003	0.003	0.003	Ω
	サイズ	18.7	23.4	23.4	23.4	23.4	mm²
	コスト	0.03	0.2	0.2	0.2	0.2	$
	備考	積層セラ	積層セラ	積層セラ	積層セラ	積層セラ	
出力コンデンサ	C_{out}	270	270	470	100	100	μF
	ESR	0.02	0.02	0.02	0.035	0.1	Ω
	サイズ	77.4	77.4	156	53.3	58.6	mm²
	コスト	0.35	0.35	0.38	0.36	0.29	$
	備考	固体アルミ	固体アルミ	固体アルミ	固体アルミ	タンタル	
インダクタ	L_1	10	10	15	10	15	μH
	ESR	0.02	0.02	0.027	0.02	0.027	Ω
	サイズ	210	210	210	210	210	mm²
	コスト	0.43	0.43	0.43	0.43	0.43	$
	備考	ドラム	ドラム	ドラム	ドラム	ドラム	

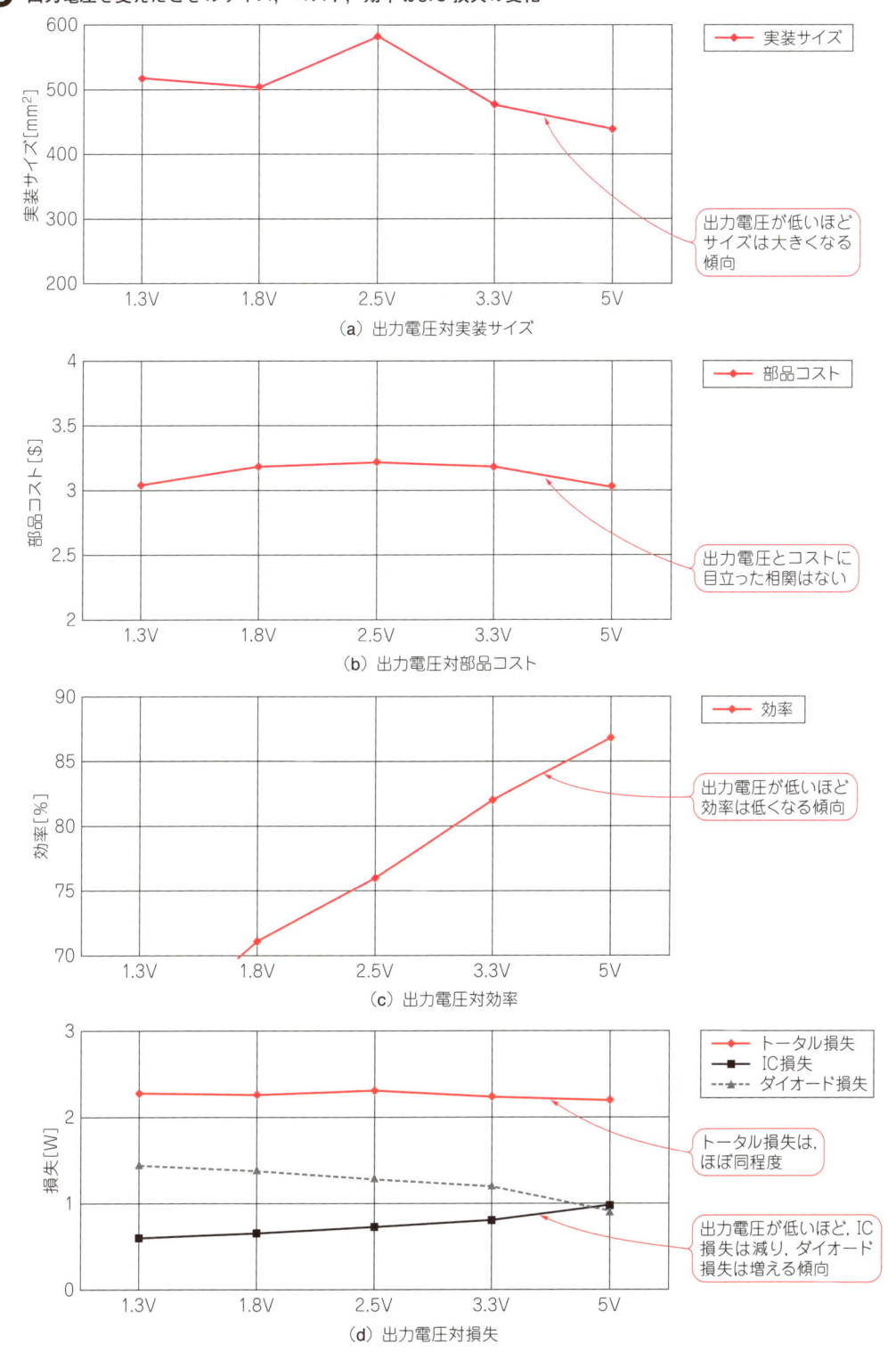

図13 出力電圧を変えたときのサイズ，コスト，効率および損失の変化

(a) 出力電圧対実装サイズ

> 出力電圧が低いほどサイズは大きくなる傾向

(b) 出力電圧対部品コスト

> 出力電圧とコストに目立った相関はない

(c) 出力電圧対効率

> 出力電圧が低いほど効率は低くなる傾向

(d) 出力電圧対損失

> トータル損失は，ほぼ同程度

> 出力電圧が低いほど，IC損失は減り，ダイオード損失は増える傾向

7-5 出力電圧が変わると設計はどう変わるか？

表6 出力電圧を変えたときの特性

LM22676-ADJ	出力電圧					単位
	1.3 V	1.8 V	2.5 V	3.3 V	5 V	
■WEBENCHツールの設計データ						
実装サイズ	516	502	581	478	437	mm²
部品コスト	3.03	3.17	3.2	3.18	3.01	$
効率	63	71	76	82	87	%
トータル損失	2.27	2.26	2.31	2.23	2.18	W
IC損失	0.62	0.67	0.74	0.81	0.98	W
ダイオード損失	1.44	1.38	1.3	1.21	0.92	W
出力電力 Pout	4.5	5.4	7.5	9.9	15	W
■$\Delta I = 0.3 \times I_{out}$としたときのインダクタンス見積もり						
デューティ D_C	13.0%	16.5%	21.4%	26.8%	38.7%	
Lの最小値	3.6	4.4	5.3	6.2	7.5	μH
■特性の見積もり						
出力リプル電流 ΔI	0.32	0.39	0.32	0.56	0.45	A_{p-p}
出力リプル電圧 V_{ripple}	6	8	6	19	45	mV_{p-p}
LCフィルタ共振周波数 f_0	3.06	3.06	1.90	5.04	4.11	kHz

μH,また3.3 V,1.8 V,1.3 Vのときは$L_1 = 10$ μHで,いずれも余裕をもった値になっています.$L_1 = 10$ μHと$L_1 = 15$ μHは同じシリーズの製品で,サイズ,コストも同じです.

▶ 出力コンデンサ C_{out}

V_{out}が下がれば,その分V_{ripple}も小さくしなければなりません.例えば,$50 mV_{p-p}$のV_{ripple}は,V_{out} = 5 Vに対してはわずか±0.5%ですが,V_{out} = 1.3 Vに対しては約±2%になります.そこで,C_{out}を100 μF以上と大きめに選んで,低ESRにしています.

V_{out}が2.5 V以下ではC_{out}は270〜470 μFと大きく,V_{ripple}を6〜8 mV_{p-p}に抑えています.その分,LCフィルタのf_0も低くなっています(**表6**).

V_{out}が5 VのときC_{out} = 100 μFとなっています.このC_{out}は低コストでESRが大きいため,容量を大きく選んでいます.固体アルミならC_{out} = 56 μFに代えることができます.

▶ 入力コンデンサ C_{in}

V_{in}は変わりませんが,V_{out}が下がるほどオン時間は短くなり,C_{in}を小さくできます.**表6**を見ると,V_{out}が1.3 VのときだけC_{in}を2 μFと小さくし,それ以外は10 μFと同じ値にしています.

(2) サイズとコストについて

出力電圧V_{out}が低くなると,それに比例して出力リプル電圧V_{ripple}を小さく抑えるために,出力コンデンサC_{out}の容量が大きくなります.その分,サイズもやや大きめになる傾向です.しかし,同時にC_{out}の耐圧を下げられるので,コスト的にはそれほど大きな変動はありません.

(3) 効率と損失について

出力電圧V_{out}が低くなってもトータルの損失P_dはあまり変わりません.ところが,出力電力$P_{out} = V_{out} \times I_{out}$が小さくなるため,効率$\eta$は急激に低下してしまいます.効率の値を評価する場合は,この点に注意すべきです.

出力電圧V_{out}が低くなると,デューティ・サイクルDCが小さくなるため,ダイオード損失が増え,スイッチの定常損失は減っていきます.入力電圧やスイッチング周波数が変わらなければ,スイッチング損失など電源ICのその他の損失は変わらないので,LM22676ではダイオード損失の増加と電源IC損失の減少がほぼ相殺されます.

7-6 出力電流が変わると設計はどう変わるか？

出力電流が大きくなれば,一般にインダクタンスを大きくし,各部品の電流容量やESRも検討しなければならない

ここでは，出力電流の条件だけを変えて設計してみましょう．

入力電圧9〜14V，出力電圧5Vはそのままで，出力電流を3Aから2.5A，2A，1.5A，1Aへと下げていったときの推奨回路を，図14 ，表7 に示します．また，サイズ，コスト，効率，損失，デューティ・サイクルなどの変化を 表8 ，図15 に示します．いずれも，WEBENCHツールによるコスト重視の設計です．

(1) 部品選択について

出力電流I_{out}の変化によって，出力コンデンサC_{out}，インダクタL_1が変えられています．また，表では省略していますが，ダイオードD_1は電流容量が小さいものに変えられています．

入力電圧と出力電圧が変わらないので，デューティ・サイクルは基本的には変わらず，入力コンデンサC_{in}はすべて同じものとなっています．

▶ インダクタ L_1

I_{out}が下がれば，その分リプル電流ΔIも小さくしなければならないので，L_1は大きくなります．例えば，リプル電流を$\Delta I = 0.3 \times I_{out}$に抑えるための最小インダクタンスは，$I_{out}$が3Aのとき7.5μH，1Aのとき22.7μHとなります（表8 ）．

表7 を見ると，ほぼ1.5〜2.5倍程度の余裕をもった値になっています．I_{out}が小さくなるほど定格の低いインダクタを使えるので，L_1が大きくても小型・低コストにできます．サイズではI_{out}が2Aのときの$L_1 = 18$μHが最も小型です．コストでは，I_{out}が1Aのときの$L_1 = 33$μHが最も低コストです．

▶ 出力コンデンサ C_{out}

I_{out}が小さくなるほどΔIも小さくなるので，同じC_{out}でも出力リプル電圧V_{ripple}を小さくできます．I_{out}が3A，2Aでは$C_{out} = 56$μFの固体アルミ，また2.5A，1.5Aでは$C_{out} = 44$μF（22μFを並列使用）の

図14 出力電流を変えたときの回路図

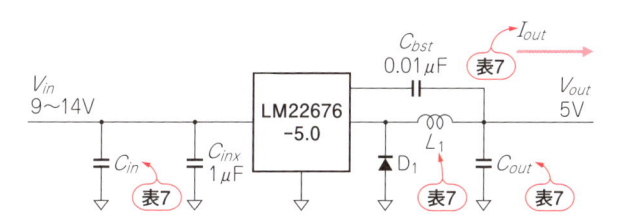

表7 出力電流を変えたときのコンデンサとインダクタ

LM22676-5.0		出力電流					単位
		1 A	1.5 A	2 A	2.5 A	3 A	
■WEBENCHツールが選択した部品							
入力コンデンサ	C_{in}	10	10	10	10	10	μF
	ESR	0.003	0.003	0.003	0.003	0.003	Ω
	サイズ	23.4	23.4	23.4	23.4	23.4	mm²
	コスト	0.2	0.2	0.2	0.2	0.2	$
	備考	積層セラ	積層セラ	積層セラ	積層セラ	積層セラ	
出力コンデンサ	C_{out}	100	44	56	44	56	μF
	ESR	0.1	0.001	0.04	0.001	0.04	Ω
	サイズ	58.6	46.8	53.3	46.8	53.3	mm²
	コスト	0.29	0.34	0.36	0.34	0.36	$
	備考	タンタル	積層セラ	固体アルミ	積層セラ	固体アルミ	
インダクタ	L_1	33	22	18	22	15	μH
	ESR	0.12	0.114	0.065	0.043	0.027	Ω
	サイズ	176	170	151	210	210	mm²
	コスト	0.27	0.33	0.48	0.43	0.43	$
	備考	ドラム	ドラム	シールド	ドラム	ドラム	

図15 出力電流を変えたときのサイズ，コスト，効率および損失の変化

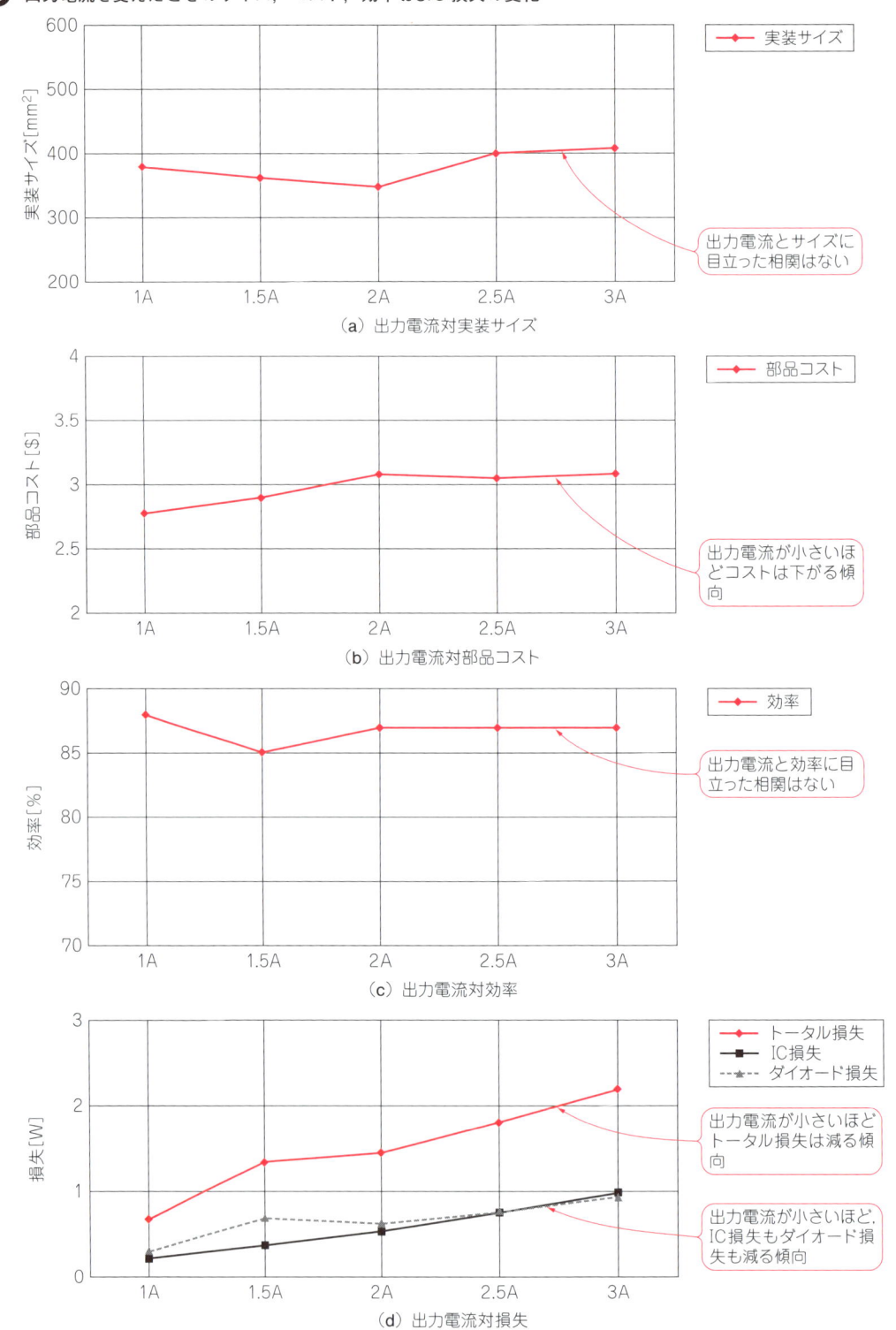

（a）出力電流対実装サイズ

出力電流とサイズに目立った相関はない

（b）出力電流対部品コスト

出力電流が小さいほどコストは下がる傾向

（c）出力電流対効率

出力電流と効率に目立った相関はない

（d）出力電流対損失

出力電流が小さいほどトータル損失は減る傾向

出力電流が小さいほど，IC損失もダイオード損失も減る傾向

表8 出力電流を変えたときの特性

LM22676-5.0		出力電流					単位
		1 A	1.5 A	2 A	2.5 A	3 A	
■WEBENCHツールの設計データ							
実装サイズ		377	360	347	399	406	mm²
部品コスト		2.77	2.89	3.08	3.05	3.07	$
効率	η	88	85	87	87	87	%
トータル損失	P_d	0.67	1.34	1.44	1.81	2.18	W
IC損失	P_{dIC}	0.23	0.37	0.53	0.74	0.98	W
ダイオード損失	P_{dD1}	0.3	0.68	0.61	0.76	0.92	W
出力電力	P_{out}	5	7.5	10	12.5	15	W
■$\Delta I = 0.3 \times I_{out}$としたときのインダクタンス見積もり							
デューティ・サイクル	D_C	38.2%	38.3%	38.5%	38.6%	38.7%	
最小インダタンス	L_{min}	22.7	15.5	11.3	9.0	7.5	μH
■特性の見積もり							
出力リプル電流	ΔI	0.21	0.32	0.38	0.31	0.45	A$_{p-p}$
出力リプル電圧	V_{ripple}	21	0.3	15	0.3	18	mV$_{p-p}$
LCフィルタ共振周波数	f_0	2.77	5.12	5.02	5.12	5.49	kHz

積層セラを選択しています．後者の方が若干小型，低コストです．この使い分けは，L_1とのバランスが関係しています．

I_{out}が3 A，2 Aのときは，L_1を小さめ，C_{out}を大きめに選んでいます．I_{out}が2.5 A，1.5 Aのときは，L_1を大きめ，C_{out}を小さめに選んで，バランスを取っています．

I_{out}が1 Aのときは，C_{out} = 100 μFと大きくなっています．このC_{out}は低コストでESRが大きいため，容量を大きく選んでいます．L_1は十分大きくΔIも抑えられているので，C_{out} = 56 μF（固体アルミ）やC_{out} = 44 μF（積層セラ）に代えることができます．

(2) サイズとコストについて

出力電流I_{out}が小さくなると，電流定格が低い部品を使えるため，サイズもコストも減らせる傾向だと考えられます．ただし，インダクタンスL_1も同時に大きくなるので，必ずしも小型・低コストにできるとは限りません．

特に，2 A，1.5 A，1 Aの三つについては，インダクタL_1がサイズとコストのトレードオフの関係になっていて，サイズは2 Aが最小で1 Aが最大，コストは1 Aが最小で2 Aが最大です．そのため，サイズのグラフは2 Aから1 Aに向かってやや増加，コストのグラフは2 Aから1 Aに向かってやや減少という結果になりました．

(3) 効率と損失について

出力電流I_{out}が小さくなると，スイッチやダイオードの定常損失が小さくなります．それで，電源IC損失とダイオード損失はともに減少し，トータル損失も減少します．一方，出力電力$P_{out} = V_{out} \times I_{out}$も同時に小さくなるので，効率$\eta$はあまり変わりません．

ただし，これは出力電流が小さくても1 A程度で，制御回路などその他の損失に比べて出力電力が十分に大きいためです．出力電流がさらに小さくなると，その他の損失の比率が相対的に大きくなるため，効率は低下します．

なお，I_{out}が1.5 Aのときダイオード損失がやや大きいのは，このときサイズやコストを優先して，V_Fがやや大きい品種を選んでいるためです．

Appendix

制御ICが変わると電源回路は大きく変わる
LM2596とLM22676の設計を比べる

■ サイズ，コスト，効率を比べる

コスト重視で最適化した，LM2596とLM22676の推奨設計を比較したのが**表A**です．

サイズが406 mm²，コストが$3.07，効率が87%となっています．LM2596と比較すると，サイズ，コスト，効率のすべてが改善されています．特に，サイズはLM2596を使った場合の3割以下で，大幅に小型化されています．

● 外付け部品が小型化と低コスト化に貢献

LM2596のパッケージはTO-263-5で，実装面積は199 mm²です．これに対して，LM22676のパッケージはPSOP-8で，実装面積は55.6 mm²とかなり小型化されています．なお，LM22676にもTO-263-7パッケージの製品があります．もちろんこれは大きな違いですが，それ以上に外付け部品が小型化に貢献しています．

D_1は$V_F = 0.5$ V，$I_F = 3$ Aで，どちらの回路にも同じものが使われています．C_{in}，C_{out}，L_1は，いずれもLM22676の回路の方が定数/実装面積ともに小さくなっています．特に，インダクタL_1は39 μH/891 mm²から15 μH/210 mm²へと，1/4以下に小型化されています．小型化に貢献しているのは，インダクタです．もちろん制御ICや出力コンデンサも小型化しています．

またコスト低減に貢献しているのは，インダクタと入力コンデンサです．

● 制御ICを新しくすると損失が減る

部品ごとの損失を比較したグラフを**図D**に示します．損失低減に大きく寄与しているのは制御ICです．

■ 制御ICの交換だけで 何故こんなに小型化できたのか？

● スイッチング周波数が高いので小型のインダクタを使える

第2章の2-9節(p.30)で説明したように，電源回路を小型化するにはスイッチング周波数を高くするのが決め手です．おおざっぱにいえば，スイッチング周波数が3倍になれば，L_1とC_{out}の値を1/3に抑えられます．インダクタは，インダクタンスが小さくなるとコイルの巻き数が減るので，小型化やESRの低減が可能です．また，コンデンサの容量が小さくなると極板面積が減るので，同様に小型化やESRの低減が可能です．

図D 従来IC(LM2596)と最新IC(LM22676)を使った場合の損失の比較

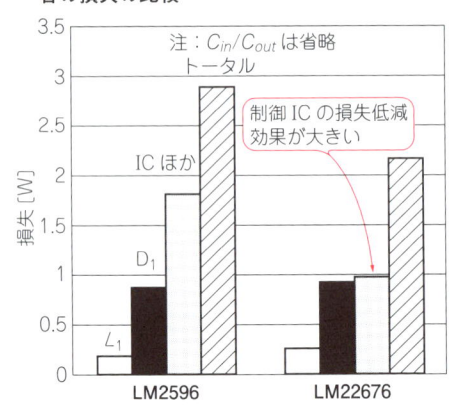

表A 従来IC LM2596と最新IC LM22676を使った電源の部品の仕様(WEBENCHツールによるコスト重視検討の結果)

部品	仕様	LM2596 型名/定数	ESR [Ω]	V_F [V]	実装面積 [mm²]	コスト [$]	LM22676 型名/定数	ESR [Ω]	V_F [V]	実装面積 [mm²]	コスト [$]
入力コンデンサ	C_{in}	30 μF	0.001	–	70.2	0.60	10 μF	0.003	–	23.4	0.20
	C_{inx}	–	–	–	–	–	1 μF	0.000	–	13.0	0.02
出力コンデンサ	C_{out}	1000 μF	0.080	–	172.0	0.25	56 μF	0.040	–	53.3	0.36
ブースト・コンデンサ	C_{bst}	–	–	–	–	–	0.01 μF	1.740	–	13.0	0.01
インダクタ	L_1	39 μH	0.020	–	891.0	1.09	15 μH	0.027	–	210.0	0.43
ダイオード	D_1	B340A-13-F	–	0.5	37.3	0.13	B340A-13-F	–	0.5	37.3	0.13
制御IC	U_1	LM2596	–	–	199.0	1.95	LM22676	–	–	55.6	1.92
合計		–	–	–	1369.5	4.02	–	–	–	405.6	3.07

● 内蔵スイッチング素子にMOSFETを採用して高速化と低損失化を両立

スイッチング周波数が高いほど，半導体のスイッチング損失が増大します．スイッチング周波数を高くするためには，制御ICやダイオードの低損失化と高速化を同時に進める必要があります．LM2596とLM22676の違いは，制御ICの進化の結果でもあります．

ICメーカでは，おもにプロセスの改良で低損失化と高速化を実現してきました．例えば，シンプル・スイッチャ・シリーズの場合，**表B**のように5世代にわたって高速化してきました．

LM2596はスイッチにバイポーラ・トランジスタを採用しているため，ON時の飽和電圧が高いことから定常損失が大きく，さらにスイッチング損失も大きくなっています．150 kHz以上にスイッチング周波数を上げることも困難でした．

LM22676は高速で低オン抵抗のMOSFETをスイッチに採用して，500 kHzのスイッチング周波数を実現しています．同じ第5世代の製品には，最大1 MHzで動作するものもあります．500 kHz動作ならかなり余裕があり，低損失で動作します．

■ 効率グラフの比較

最新IC LM22676と従来IC LM2596の損失の違いから，同じ要求仕様でも性能が変わってきます．第2章2-13節(p.34)で説明したように，スイッチのON期間には損失$V_{SW}I_{out}$，OFF期間には損失$V_F I_{out}$を生じます．同じコスト重視の回路では，LM2596の場合もLM22676の場合も，V_Fが0.5 Vの同じダイオードを使っています．つまり，全体の損失の違いに大きく影響しているのは，スイッチ電圧V_{SW}です．

● 従来IC LM2596ではスイッチでの損失が大きいためON期間が長いほど効率が低い

LM2596の内蔵スイッチは，飽和電圧($=V_{SW}$)が1.16 V_{typ}と高いバイポーラ・トランジスタです．$V_{SW} > V_F$なので，ON期間の損失がOFF期間よりも大きくなります．デューティ比は，原理的には入出力電圧比(V_{out}/V_{in})で決まり，今回の要求仕様では$V_{in} = 9$ Vのときが最大で$D ≒ 56\%$，$V_{in} = 14$ Vのときが最小で$D ≒ 36\%$となります．実際には，それぞれの値は損失の分だけもう少し大きくなります．

トータル損失の中でスイッチの定常損失とダイオードの定常損失は大きな部分を占めるので，LM2596はON期間が長いほど損失が大きくなります．このため，6-2節の図6(p.90)に示したように$V_{in} = 9$ Vのとき効率が最小，$V_{in} = 14$ Vのとき効率が最大となります．

● 最新IC LM22676ではダイオードでの損失が大きいためスイッチON期間が長いほど効率が高い

LM22676の効率グラフを**図B**に示します．LM2596の効率グラフ(6-2節の図6(p.90))とは違いがあるのがわかります．

LM22676はスイッチとして，オン抵抗($R_{DS(on)}$)0.1$Ω_{typ}$のMOSFETを使っています．$V_{SW} = I_{out}R_{DS(on)}$なので，$I_{out} = 3$ Aのとき$V_{SW} = 0.3$ Vとなり，$V_{SW} < V_F$の関係になります．つまり，スイッチでの損失がダイオードの損失よりも小さくなります．そのため，LM22676はON期間が長いほど損失が小さくなり，$V_{in} = 9$ Vのとき効率は最大，$V_{in} = 14$ Vのとき効率は最小となります．また，V_{SW}はI_{out}に比例するので，I_{out}が小さくなるほどスイッチでの損失が小さくなります．そのため，効率のピークは左寄りになり，小出力で効率が高いといえます．

〈宮崎 仁〉

(初出：「トランジスタ技術」2010年6月号 別冊付録)

図B WEBENCHツールによる最新IC LM22676を使った電源の出力電流と効率特性の検討結果

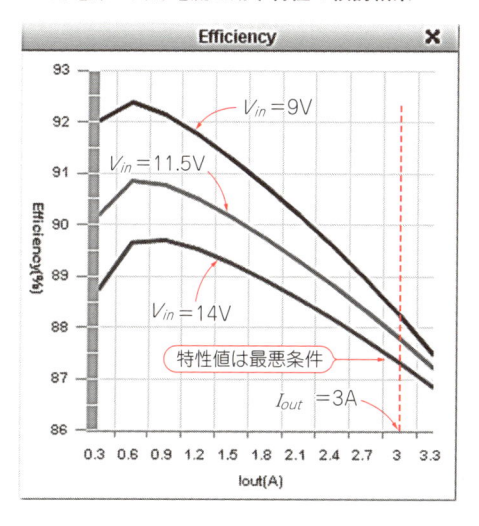

表B 進化するシンプル・スイッチャ・シリーズ

シリーズ		f_{SW} [kHz]	
		固定タイプ	可変タイプ
第1世代	LM257xシリーズ	52	−
第2世代	LM259xシリーズ	150	−
第3世代	LM267xシリーズ	260	−
第4世代	LM2557xシリーズ	−	50〜1000
第5世代	LM2267xシリーズ	500	200〜1000

第1〜3世代：バイポーラ・スイッチ 低速／損失大
第4〜5世代：MOSFETスイッチ 高速／損失小

Appendix　LM2596とLM22676の設計を比べる

徹底図解★はじめての電源回路設計 Q&A集

第**8**章
スイッチング周波数可変型制御ICを使った電源設計と最適化

LM22670による降圧型DC−DCコンバータの設計

8-1 LM22670を用いた降圧型DC−DCコンバータの設計例は？
まずスイッチング周波数を決めてから，それに合わせて定数を計算する

■ スイッチング周波数を可変できることのメリット

● 実装面積と効率の調整範囲が広い

　LM22670は，第7章で使用しているLM22676と同じくシンプル・スイッチャ・シリーズの第5世代の製品です．LM22676はスイッチング周波数が500 kHzに固定されていますが，LM22670は200 kHz〜1 MHzまで可変できます．スイッチング周波数を変えることによって，LM22676よりも広い範囲にわたって，効率重視やサイズ重視の最適化が可能です．

　スイッチング周波数が高いほど周辺部品を小型にできますが，スイッチング損失が増えるので効率は低下します．スイッチング周波数が低いほど周辺部品は大型になりますが，効率が上がります．周波数固定型の制御ICでは，周波数を変えるには制御IC自体を別のものに置き換えるしかありません．しかし，LM22670は周波数可変型なので，スイッチング周波数を操作して最適化の効果を上げることができます．

■ 周波数は抵抗1本で設定できる

　LM22670はLM22676と同じ500 kHzの発振回路を内蔵しており，その周波数は外付け抵抗1本で設定できます．また，外部のクロック源でも駆動できます．複数のLM22670を同じ外部クロックで駆動すれば，スイッチング周波数を同期させられます．さらに外部クロックを使わなくても，LM22670どうしを直接接続して，すべての内蔵発振回路を同期発振させることができます．

▶ LM22676の置き換えもできる

　外付け抵抗と外部クロック源のどちらも接続しなければ，LM22676と同じ500 kHzで発振します．LM22676をLM22670に置き換えることができます．

　抵抗1本だけでもサイズとコストは増加するので，スイッチング周波数を変える必要がなければ，LM22676を使います．IC自体の価格も，LM22676の方が少し安いようです．

WEBENCHツールによる設計処理を考察

■ コストを重視した推奨回路

　WEBENCHツールを使い，固定出力電圧タイプのLM22670-5.0（以降，LM22670）を選んで，入力電圧 V_{in} = 9〜14 V，出力電圧 V_{out} = 5 V，出力電流 I_{out} =

本当の目的はEMI対策

column

　LM22670はスイッチング周波数を可変にすることで最適化の範囲を広げていますが，本当の目的はEMI対策です．スイッチング周波数が回路の信号周波数や放送電波と干渉するとノイズになります．周波数が同じ帯域に重ならなければ，ノイズはフィルタで除去できますが，同じ帯域に重なると，除去できなくなります．

　また，複数の制御ICを搭載したシステムでは，それぞれのスイッチング周波数の微妙な差からうなり（ビート）を発生します．元の周波数の差がうなり

の周波数になるので，うなりは可聴周波数などの低周波のノイズになる場合があります．

　このLM22670を使えば，スイッチング周波数をほかと干渉しにくい帯域に変更したり，複数の制御ICを同期動作させられます．

　すべての制御ICのスイッチング動作が同期していれば，うなりは生じにくくなります．また，スイッチングによるノイズが特定の周波数に集中するので，フィルタの設計も容易になります．

図1 WEBENCHツールが設計したLM22670を使った電源回路（コスト重視）

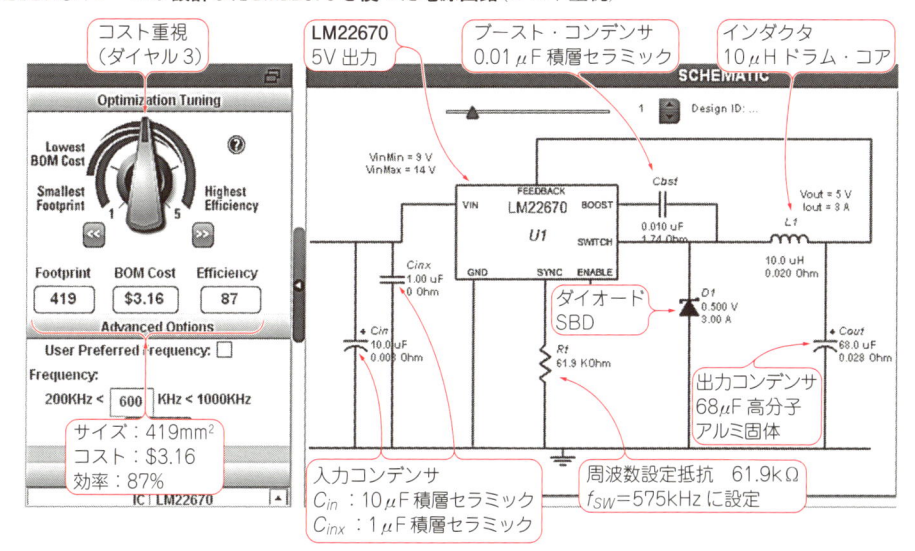

- コスト重視（ダイヤル3）
- LM22670 5V出力
- ブースト・コンデンサ 0.01μF積層セラミック
- インダクタ 10μHドラム・コア
- サイズ：419mm²
- コスト：$3.16
- 効率：87%
- ダイオード SBD
- 出力コンデンサ 68μF高分子アルミ固体
- 入力コンデンサ C_{in}：10μF積層セラミック / C_{inx}：1μF積層セラミック
- 周波数設定抵抗 61.9kΩ f_{SW}=575kHzに設定

3Aの電源回路を設計してみます．この要求仕様は，第6章〜第7章で設計した回路と同じです．

図1は，WEBENCHツールで自動設計した回路です．LM22670は，入力コンデンサC_{in}およびC_{inx}，出力コンデンサC_{out}，インダクタL_1，周波数設定用抵抗R_t，フリーホイール・ダイオードD_1，ブースト・コンデンサC_{bst}の7個の外付け部品で動作します．

周波数固定型のLM22676に比べて周波数設定用抵抗R_tが増えていますが，サイズやコストへの影響はわずかです．この回路ではR_t = 61.9kΩで，スイッチング周波数は575kHzに設定されています．

■ スイッチング周波数は上げれば良いというものではない

● スイッチング損失が増える

スイッチング周波数が500kHzを越えると，いろいろな制限事項が出てきます．LM22670はON時間の最小値／最大値が決められているので，デューティ比の可変幅が制限されます．入出力電圧比によっては，スイッチング周波数の上限が1MHzより低く制限されます．

また，スイッチング損失の増加によってスイッチング周波数の上限が1MHzより低く制限されることもあります．

● LやCの形状が思ったほど小さくならない

第1章でも触れたように，位相遅れによってフィードバック制御が不安定になるのを防ぐため，LM22670は強力な位相補償回路を内蔵しています．しかし，その特性はスイッチング周波数500kHz付近で最適化されているようです．そのため，500kHz以上ではLやCの値を大きめに選ぶ必要があり，小型化の効果はやや少なくなります．

導電性高分子アルミ固体コンデンサ　　　column

アルミ電解コンデンサは低コストで小型・大容量が得られることから電源回路の平滑用コンデンサとして最も多く用いられています．内部では，酸化皮膜に接触する電解液が陰極として電流を伝えるため，内部抵抗（ESR）が大きい，耐電圧が低い，極性がある，高周波数特性が悪い，高温にも低温にも弱い，寿命が短いなどのさまざまな問題があります．電解液の改良によって，より特性が良く，信頼性が高い製品も作られていますが，根本的な解決は困難です．

一方，電解液の代わりに，電気伝導度の高い高分子薄膜を使用したのが導電性高分子アルミ固体コンデンサです．ポリチオフェン，ポリピロールなどの導電性高分子は，柔軟なフィルムに金属と同程度の導電率をもたせることができるもので，ESR，周波数特性，温度特性を大幅に改善できます．また，液体を使用しないためドライアップ（電解液の蒸発によって容量が減少していく）や過電流による内部圧力の増加が根本的に解消され，信頼性も大幅に改善されます．最近では価格も手ごろになり，使いやすくなっています．

LM22670の設計（本文の**図1**）では，この導電性高分子アルミ固体コンデンサが選択されています．

8-2 LM22670ではどのような最適化が可能か？

スイッチング周波数を変更することで,効率やコストを最適化できる

■ 制御ICの温度と周波数比較グラフから最適化の傾向を読む

LM22670は，スイッチング周波数f_{SW}を200 kHz〜1 MHzと広範囲に変えることができます．これによって，LM22676よりも柔軟な最適化が可能です．

WEBENCHツールの最適化データを見ながら，どのように最適化されるかを検討してみましょう．**図2**に示すように，WEBENCHツールの最適化ツールを起動すると，LM22676のときと同様に四つのグラフが表示されます．

LM222676のグラフ（第7章の図2，p.101）と比較すると，どのグラフも変化の幅が広いことが一目でわかります．これまで見てこなかった左から2番目のIC温度/周波数比較グラフ（IC Temperature and Frequency Chart）に注目してみましょう．

● 小型化するときはスイッチング周波数を上げ，高効率化するときは下げる

IC温度/周波数比較グラフは，制御ICの接合温度T_jとスイッチング周波数f_{SW}をプロットしたものです．LM22676のグラフを**図3**に，LM22670のグラフを**図4**に示します．

スイッチング周波数f_{SW}に注目すると，LM22676は500 kHzで一定なのに対して，LM22670では，ダイヤル1で1 MHz，ダイヤル2で800 kHz，ダイヤル3で600 kHz，ダイヤル4で400 kHz，ダイヤル5で200 kHzに設定されており，直線的に変化しています．このことから，WEBENCHツールはスイッチング周波数を変更しながら，サイズ重視の設計をしたり，効率重視の設計をしたりしていることがわかります．

● スイッチング周波数を上げると内部損失が増えて接合温度が上がる

ICの接合温度T_jについて見ると，LM22676はダイヤル5を除いて一定，LM22670ではスイッチング周波数f_{SW}にほぼ比例して直線的に変化しています．これは制御ICが同じなら，ICの内部損失がスイッチング周波数の変化にほぼ比例して変化することと，周囲温

図3 周波数固定のLM22676のスイッチング周波数と制御ICの温度（WEBENCHツールによる計算結果）

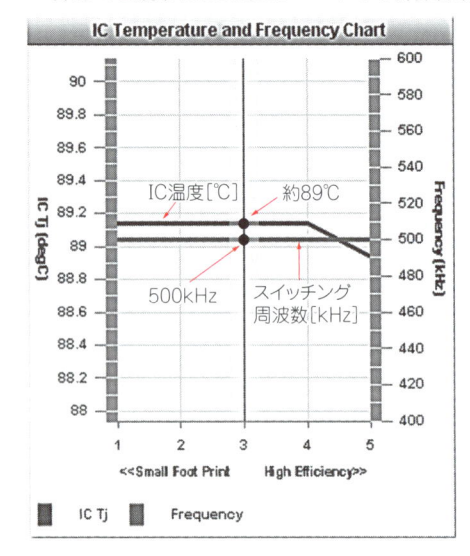

図2 WEBENCHツールによるLM22670を使った電源の計算結果

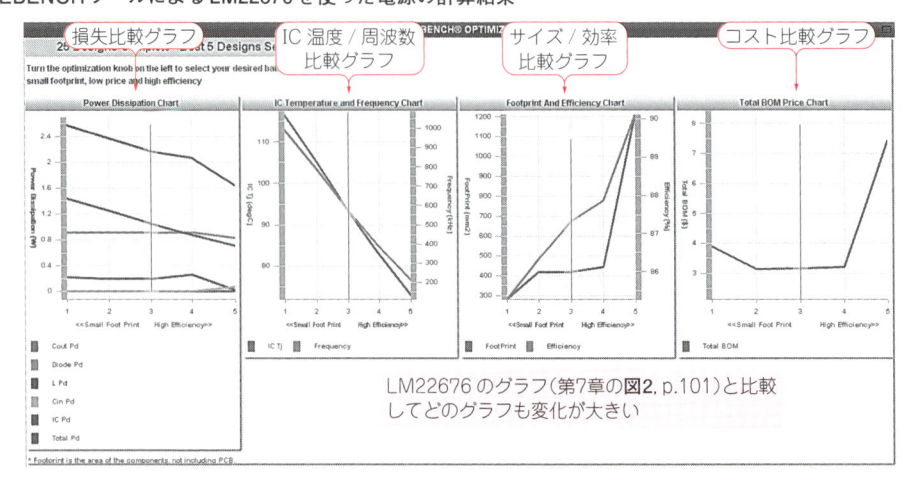

LM22676のグラフ（第7章の図2, p.101）と比較してどのグラフも変化が大きい

第**8**章 LM22670による降圧型DC-DCコンバータの設計

度が同じなら接合温度が制御ICの内部損失にほぼ比例することを示しています．

LM22670では，ダイヤル2（387 kHz）での接合温度は約83℃，ダイヤル3（575 kHz）での接合温度は約93℃です．LM22676（500 kHz）の接合温度は約89℃でそれらの中間です．この程度の周波数で動作させれば，LM2267xシリーズの接合温度は低く保たれます．しかし，ダイヤル1（991 kHz）では120℃近くまで上昇しています．

LM22676ではダイヤル5だけ接合温度がやや低くなっています．LM22676のダイヤル5の推奨設計（第7章の図7, p.104）では，トータルの損失が少なくなった分，デューティ比が小さくなり，スイッチのON時間が短くなっています．そのため，スイッチング周波数は同じでもスイッチの定常損失が少なく，制御ICの内部損失も少なくなっているのです．グラフでは違いが見分けられませんが，ダイヤル1では逆にトータルの損失がわずかに増えてデューティ比が大きくなり，接合温度もわずかに高くなります．

● スイッチング周波数とサイズ/効率の関係を確認する

WEBENCHツールがダイヤルを回したときにスイッチング周波数を大きく変化させることを念頭に置いて，コスト比較グラフ（図5）と効率/サイズ比較グラフ（図6）を見てみましょう．

効率重視（ダイヤル5）の設計では，周波数を下げることでスイッチング損失を減らし，効率を大幅に改善していますが，コストやサイズは悪化しています．サイズ重視（ダイヤル1）の設計では，周波数を上げることでサイズを改善していますが，効率は悪化し，コストも少し悪化しています．

■ スイッチング周波数が実装面積と効率のトレードオフ・バランスを決める

これまで見てきたように，WEBENCHツールはスイッチング周波数f_{SW}を変えることで，効率重視とサイズ重視の電源回路を作り分けています．

L_1とC_{out}で構成されるLCフィルタの周波数特性は，おおざっぱにはスイッチング周波数f_{SW}に比例して変化し，f_{SW}が高いほどL_1とC_{out}の定数を小さくできます．LM22670の回路の最適化による，スイッチング

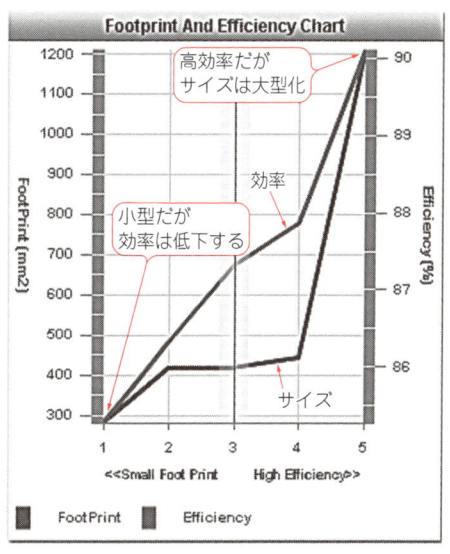

図4 周波数可変のLM22670のスイッチング周波数と制御ICの温度（WEBENCHツールによる計算結果）

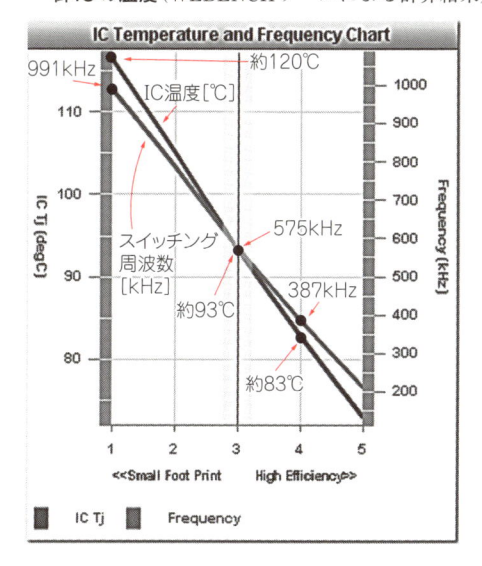

図5 コスト比較グラフ

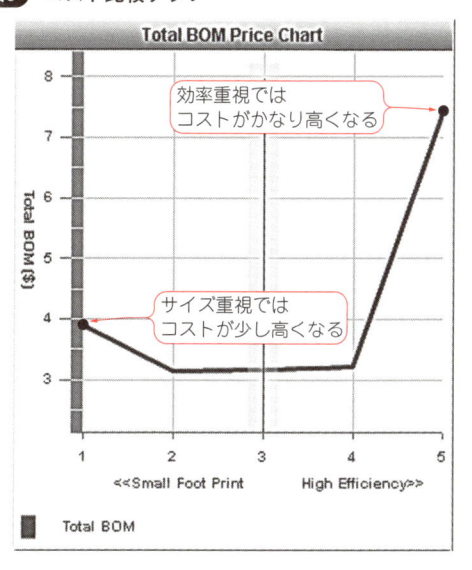

図6 サイズ／効率比較グラフ

図7 サイズ重視/コスト重視/効率重視の回路のスイッチング周波数と共振周波数(WEBENCHツールによる計算結果)

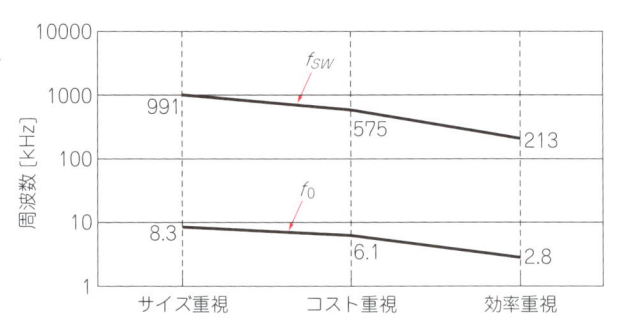

周波数f_{SW}とフィルタの共振周波数f_0の変化を**図7**に示します.

共振周波数f_0は,サイズ重視(ダイヤル1)ではf_{SW}の1/100弱,コスト重視(ダイヤル3)と効率重視(ダイヤル5)ではf_{SW}の1/100強に選ばれています.スイッチング周波数が高くなるほど,共振周波数は比例関係よりも少し小さめになるように選ばれており,その分L_1やC_{out}はやや大きくなります.

このように,効率とサイズのトレードオフには,スイッチング周波数がきわめて大きな影響をもちます.電源回路を小型化するには,より高いスイッチング周波数で動作する制御ICを選ぶことが有効です.その代わり,スイッチング損失の増大による発熱,ノイズの増加,外付け部品の選択,プリント・パターンや実装にもさまざまな注意が必要です.

8-3 効率を重視した最適化の事例は?
スイッチング周波数を低めに選び,部品も効率重視で選択する

■ 高効率化重視で最適化してみる

ダイヤル5を選んで効率重視の最適化を行うと,回路図は**図8**のように変わります.サイズは1210 mm²,コストは$7.42,効率は90%となりました.効率$\eta$はダイヤル3の87%から90%にアップしました.LM22676の場合に比べると,サイズやコストはさらに増大していますが,効率改善の効果も大きいことがわかります.

図8 効率重視で最適化した推奨回路

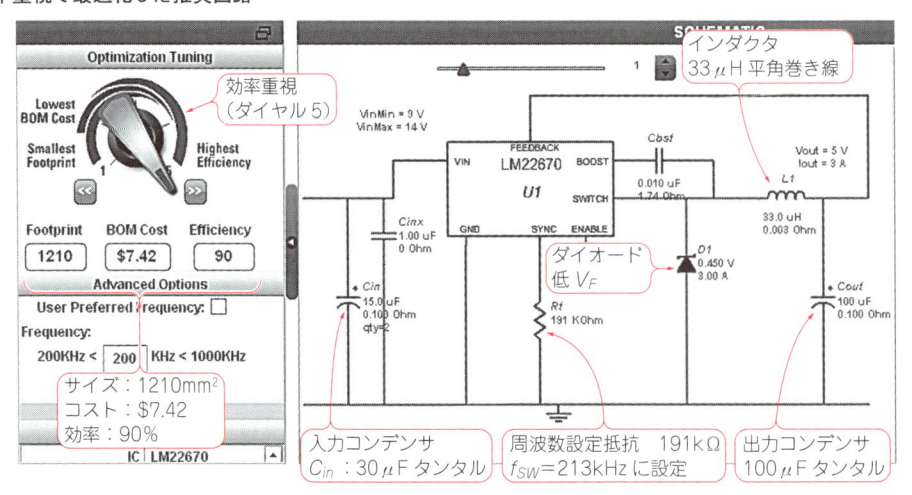

第**8**章 LM22670による降圧型DC-DCコンバータの設計

● WEBENCHツールはスイッチング周波数を下げて C と L を大型化させた

コスト重視の最適化結果と比較すると，サイズが419 mm² から1210 mm² と3倍近くに拡大し，コストも＄3.16から＄7.42と2倍以上にアップしています．

それぞれの回路の部品を比較したのが**表1**です．効率重視の最適化では，WEBENCHツールは周波数設定用抵抗を R_t = 191 kΩ（E96系列）に選び，スイッチング周波数を約200 kHzに下げています．実際の周波数の設計値は213 kHzです．

WEBENCHは周波数の低下に合わせて，C_{in} を10 μFから3倍に増やし，L_1 のインダクタンスと C_{out} の静電容量も増やしています．L_1 は特に低 ESR のインダクタを選定しており，実装面積はコスト重視の場合の4倍以上，コストも4倍以上に増加しています．また，C_{in} もサイズ，コストが増加しています．

表1 コストと効率を重視したときにWEBENCHツールが選んだ部品

部品	仕様	型名/定数	ESR [Ω]	V_F [V]	実装面積 [mm²]	コスト [＄]
入力コンデンサ	C_{in}	10 μF	0.003	–	23.4	0.20
	C_{inx}	1 μF	0.000	–	13.0	0.02
出力コンデンサ	C_{out}	68 μF	0.028	–	53.3	0.38
ブースト・コンデンサ	C_{bst}	0.01 μF	1.740	–	13.0	0.01
インダクタ	L_1	10 μH	0.020	–	210.0	0.43
周波数設定抵抗	R_t	61.9 kΩ	–	–	13.0	0.01
ダイオード	D_1	B340A-13-F	–	0.5	37.3	0.13
制御IC	U_1	LM22670	–	–	55.6	1.98
合計	–	–	–	–	418.6	3.16

（a）コスト重視の最適化（ダイヤル3）

部品	仕様	型名/定数	ESR [Ω]	V_F [V]	実装面積 [mm²]	コスト [＄]
入力コンデンサ	C_{in}	30 μF	0.050	–	117.2	2.98
	C_{inx}	1 μF	0.000	–	13.0	0.02
出力コンデンサ	C_{out}	100 μF	0.100	–	58.6	0.29
ブースト・コンデンサ	C_{bst}	0.01 μF	1.740	–	13.0	0.01
インダクタ	L_1	33 μH	0.0026	–	895.0	1.99
周波数設定抵抗	R_t	191 kΩ	–	–	13.0	0.01
ダイオード	D_1	B340LB-13-F	–	0.45	44.2	0.14
制御IC	U_1	LM22670	–	–	55.6	1.98
合計	–	–	–	–	1209.6	7.42

（b）効率重視の最適化（ダイヤル5）

平角巻き線インダクタ column

スイッチング電源用のパワー・インダクタは，一般にドラム型やトロイダル型のフェライト・コアに線を巻いて作られます．巻き線を太く，巻き数を減らすことは ESR の低減に大きな効果があるため，巻き数を数回～十数回程度に抑えたものも多くなっています．

交流電流は周波数が高いほど電線の表面に集中して流れる（表皮効果）ため，単に線を太くするより，表面積が大きい平角線の方が ESR 低減の効果が大きくなります．また，平角線を平面方向に巻けば，線と線の間のすきまがなくなり，巻き線密度を高めることができます．線を密集して巻くほど線間浮遊容量は増えるのですが，小型化に有利です．

このような特徴から，最近は平角巻き線を採用したインダクタ製品も増えています．LM22670の効率重視の設計（p.120の**図8**）やサイズ重視の設計（p.122の**図9**）では，この平角巻き線タイプのインダクタが選択されています．

8-4 サイズを重視した最適化の事例は？
スイッチング周波数を高めに選び，部品もサイズ重視で選択する

■ 小型化重視で最適化してみる

ダイヤル1を選んでサイズ重視の最適化を行うと，回路図は**図9**のように変わります．サイズは283 mm²，コストは＄3.90，効率は85％です．サイズはコスト重視の場合の419 mm²から，約2/3に小型化されました．

LM22676の場合に比べると，コストや効率はやや悪化していますが，小型化の効果は大きいことがわかります．

図9 WEBENCHツールを使ってサイズ重視で最適化した結果

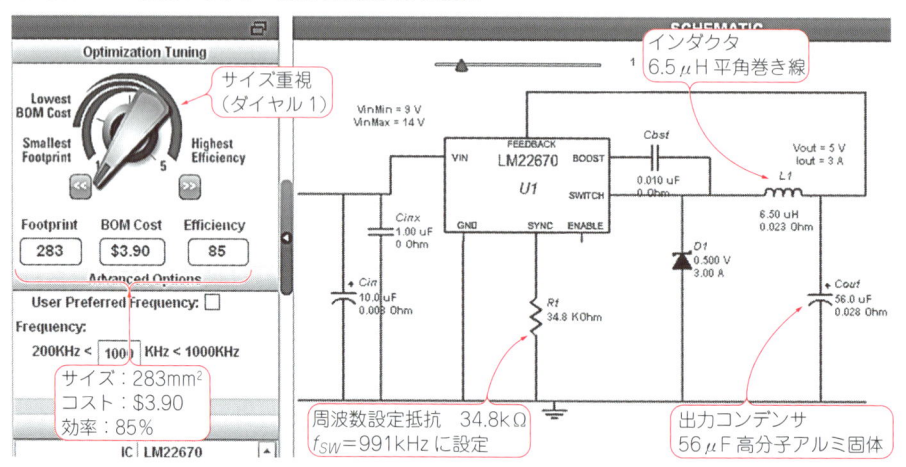

表2 コストと小型化を重視したときにWEBENCHツールが選んだ部品

部品	仕様	型名/定数	ESR [Ω]	V_F [V]	実装面積 [mm²]	コスト [＄]
入力コンデンサ	C_{in}	10 μF	0.003	−	23.4	0.20
	C_{inx}	1 μF	0.000	−	13.0	0.02
出力コンデンサ	C_{out}	68 μF	0.028	−	53.3	0.38
ブースト・コンデンサ	C_{bst}	0.01 μF	1.740	−	13.0	0.01
インダクタ	L_1	10 μH	0.020	−	210.0	0.43
周波数設定抵抗	R_t	61.9 kΩ	−	−	13.0	0.01
ダイオード	D_1	B340A-13-F	−	0.5	37.3	0.13
制御IC	U_1	LM22676	−	−	55.6	1.98
合計	−	−	−	−	418.6	3.16

(a) コスト重視の最適化(ダイヤル3)

部品	仕様	型名/定数	ESR [Ω]	V_F [V]	実装面積 [mm²]	コスト [＄]
入力コンデンサ	C_{in}	10 μF	0.003	−	23.4	0.20
	C_{inx}	1 μF	0.000	−	13.0	0.02
出力コンデンサ	C_{out}	68 μF	0.028	−	53.3	0.38
ブースト・コンデンサ	C_{bst}	0.01 μF	0.000	−	10.1	0.01
インダクタ	L_1	6.5 μH	0.023	−	80.1	1.17
周波数設定抵抗	R_t	34.8 kΩ	−	−	10.1	0.01
ダイオード	D_1	B340A-13-F	−	0.5	37.3	0.13
制御IC	U_1	LM22676	−	−	55.6	1.98
合計	−	−	−	−	282.9	3.90

(b) サイズ重視の最適化(ダイヤル1)

● WEBENCHはスイッチング周波数を上げてインダクタを小型化した

コスト重視の最適化結果と比較すると，効率が87％から85％に低下し，コストも＄3.16から＄3.90とややアップしています．スイッチング周波数を高くした分，効率が低下したと考えられます．

それぞれの回路の部品を比較したのが表2です．WEBENCHツールは，スイッチング周波数を約1 MHzに上げるために，周波数設定用抵抗をR_t＝34.8 kΩ（E48系列）としています．実際の周波数の設計値は991 kHzです．

入力コンデンサとダイオードはコスト重視の場合と共通です．出力コンデンサは，静電容量が小さくなっていますが，コストやサイズは変わりません．このことから，主にインダクタの変更で小型化を実現していると判断できます．

周波数の上昇に合わせて，L_1のインダクタンスを10 μHから6.5 μHに下げ，さらに平角巻き線タイプを採用することでサイズを1/2以下に減らしています．その代わり，コストも2倍以上に増加しています．

WEBENCHツールはシリーズ横断的にインダクタを選ぶ　column

スイッチング電源用のインダクタを探す場合，インダクタンスの値が変わったら，同じシリーズではなく，違うシリーズからも最適のインダクタを探さなければなりません．これによってサイズやコストも変わります．

LM22676のコスト重視設計では，L_1としてBourns社SRR1260シリーズの中から，インダクタンスが15 μHのものが選ばれました．直流電流定格は4.6 A，等価直列抵抗は0.027 Ωです．一方，LM2596のコスト重視設計では，Bourns社PM2110シリーズの中から，インダクタンスが39 μHのものが選ばれました．直流電流定格は6.8 A，等価直列抵抗は0.020 Ωです．PM2110シリーズは，SRR1260シリーズに比べてサイズが約4倍，コストも約2.5倍になっています．WEBENCHツールはなぜ，わざわざシリーズを変えたのでしょうか（図A）．

● 同じシリーズのインダクタでも電気的には同じシリーズとして扱えない

多くのインダクタ・メーカは，共通のコアを使った製品を同一のシリーズとしています．同一シリーズのインダクタは，サイズは同じなのですが，コイルの巻き数の違いから直流電流定格と等価直列抵抗が大きく異なります．

LM22676のコスト重視設計で選ばれたSRR1260シリーズには39 μHの製品もありますが，直流電流定格が2.7 Aに下がり，等価直列抵抗は0.070 Ωと高くなります．WEBENCHツールは，LM2596を使ったコスト重視設計を実行する際，SRR1260シリーズから選んだのでは「直流電流定格が不足し，今回のLM2596の設計（出力電流3 A）に使うことはできない」と判断したのです．

PM2110シリーズにも15 μHの製品があります．これは，直流電流定格が10.7 Aと大きく，等価直列抵抗は0.008 Ωと低くなります．これを今回のLM22676の設計に使うことは可能ですが，効率が向上する代わりに大型化してしまいます．

図A WEBENCHツールが選んだインダクタの形状

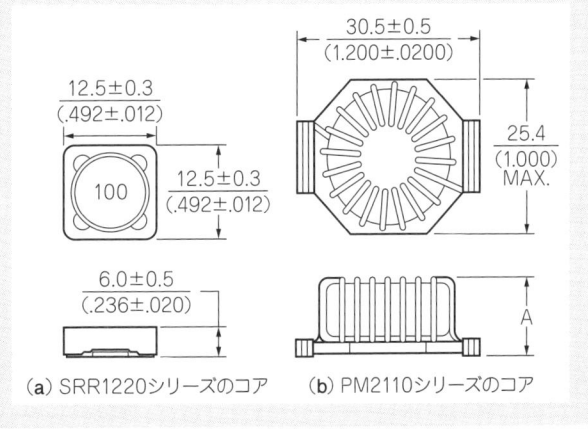

(a) SRR1220シリーズのコア　(b) PM2110シリーズのコア

徹底図解★はじめての電源回路設計 Q&A集

Appendix
WEBENCHツールで計算した結果を比較・整理してみよう

効率，サイズ，コストの関係を整理すると

● 制御ICと外付け抵抗の分でわずかにコストアップ

 コスト重視で最適化した，LM22676とLM22670の推奨設計の部品を比較したのが **表3** です．C_{in}，C_{inx}，C_{bst} および D_1（V_F = 0.5 V）は，両方の回路で同じです．コスト増の要因は，周波数設定用抵抗R_tが加わったことと，制御IC自体のコストがLM22676よりも少し高いためです．

■ スイッチング周波数が上がりLCの積が小さくなった

 LM22676のスイッチング周波数は500 kHzですが，LM22670の回路では，スイッチング周波数を約600 kHzに設定しています．そのため，出力コンデンサC_{out}やインダクタL_1の定数がLM22676と少し異なります．

 本文の **図1** では，周波数設定用抵抗R_tは61.9 kΩです．600 kHzちょうどに合わせようとすると抵抗値が半端な値になるので，E48系列から61.9 kΩを選んでいます．このとき，スイッチング周波数の設計値は575 kHzです．

 おおざっぱにいえば，制御ICの特性が同じであれば，インダクタL_1と出力コンデンサC_{out}で構成されるLCフィルタの周波数特性は，スイッチング周波数f_{SW}に比例して変化します．

 WEBENCHツールで設定したLM2596，LM22676，LM22670のスイッチング周波数f_{SW}と，出力されたLCフィルタの共振周波数f_0の関係を **図10** に示します．共振周波数f_0は，LM2596ではf_{SW}の1/200弱，LM22676とLM22670ではf_{SW}の1/100弱に選ばれています．

 図1 の回路は，LM22676の回路と比較してf_{SW}が500 kHzから575 kHzに上がったため，共振周波数$f_0 = 1/2\pi\sqrt{LC}$を上げることができ，LCの積をその分だけ小さくできます．

図10 従来IC LM2596／周波数固定の最新IC LM22676／周波数可変の最新IC LM22670による電源回路のスイッチング周波数と共振周波数（WEBENCHによる計算結果）

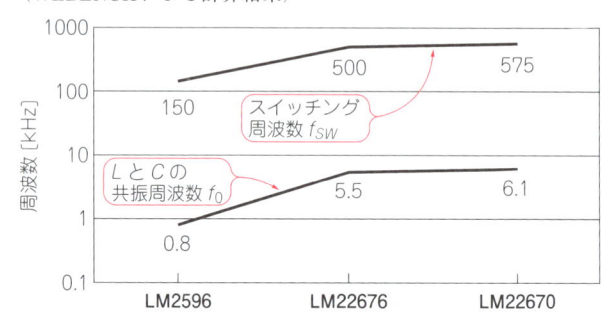

表3 周波数可変型のLM22676と固定型のLM22670を使った電源の部品の仕様（WEBENCHツールによるコスト重視検討の結果）

部品	仕様		LM22676				LM22670			
			型名／定数	ESR [Ω]	V_F [V]	実装面積 [mm²]	コスト [\$]	型名／定数	ESR [Ω]	V_F [V]	実装面積 [mm²]	コスト [\$]

部品			型名／定数	ESR [Ω]	V_F [V]	実装面積 [mm²]	コスト [\$]	型名／定数	ESR [Ω]	V_F [V]	実装面積 [mm²]	コスト [\$]
入力コンデンサ		C_{in}	10 μF	0.003	–	23.4	0.20	10 μF	0.003	–	23.4	0.20
		C_{inx}	1 μF	0.000	–	13.0	0.02	1 μF	0.000	–	13.0	0.02
出力コンデンサ		C_{out}	56 μF	0.040	–	53.3	0.36	68 μF	0.028	–	53.3	0.38
ブースト・コンデンサ		C_{bst}	0.01 μF	1.740	–	13.0	0.01	0.01 μF	1.740	–	13.0	0.01
インダクタ		L_1	15 μH	0.027	–	210.0	0.43	10 μH	0.020	–	210.0	0.43
周波数設定抵抗		R_t	–	–	–	–	–	61.9 kΩ	–	–	13.0	0.01
ダイオード		D_1	B340A-13-F	–	0.5	37.3	0.13	B340A-13-F	–	0.5	37.3	0.13
電源IC		U_1	LM22676	–	–	55.6	1.92	LM22670	–	–	55.6	1.98
合計			–	–	–	405.6	3.07	–	–	–	418.6	3.16

第9章 電子負荷で実験検証

低電圧・高速応答電源を調べる

　現代の電子システムの多機能化と処理の高速化に伴い，PLD（Programmable Logic Device）やマイコンは，高集積化とクロック周波数UPが進んでいます．

　ICの内部では数万～数千万個ものトランジスタが，数百MHzのクロックで高速にスイッチングしており，大きな損失を発生させています．この損失による発熱は高集積化の大きな壁になっており，半導体メーカ各社はコアの電源電圧を1.8 V→1.2 V→0.9 Vというふうに低くしてきました．

　高集積化したICは，短時間に数Aから数十Aの大電流を引き込みます．**図1**に示すようにICが数A～数十Aの大きな電流を短時間（数µs）で出し入れすると，電源の出力電圧は変動しますが，CPUコアの電圧が1.2 VのFPGAなどはこの電圧変動が50 mV以下であることが動作条件です．

　コアの電源電圧の低下によって，**図2**に示すように電源には高い電圧精度が要求されるようになってきました．電源メーカやICメーカは，この過酷な条件を満たす各種の小型電源モジュールやICを提供しています．

● 負荷として小規模FPGAを想定

　PLDと一口に言っても，数千ゲートのCPLDから

図1 ICのコアの消費電流が変化すると電源の出力電圧も変動する

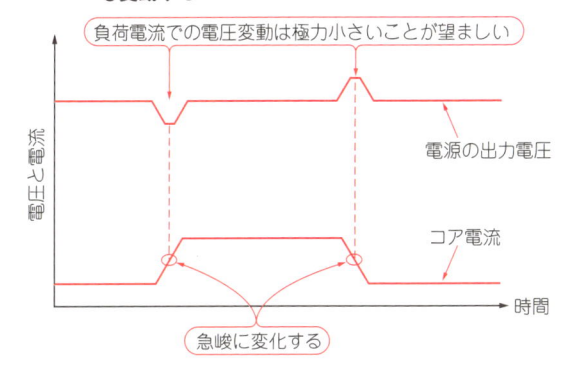

- 負荷電流での電圧変動は極力小さいことが望ましい
- 電源の出力電圧
- コア電流
- 急峻に変化する

図3 産業用のCPUボードによく見られる構成

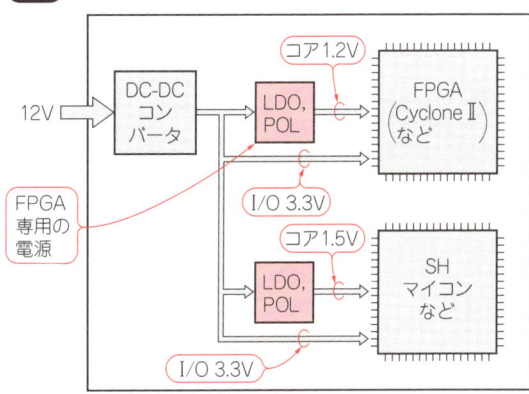

12V → DC-DCコンバータ → LDO, POL → コア1.2V FPGA（Cyclone II）など
FPGA専用の電源
I/O 3.3V
LDO, POL → コア1.5V SHマイコンなど
I/O 3.3V

図2 コアの電源電圧が低下するほど，電源には高い出力電圧精度が要求される

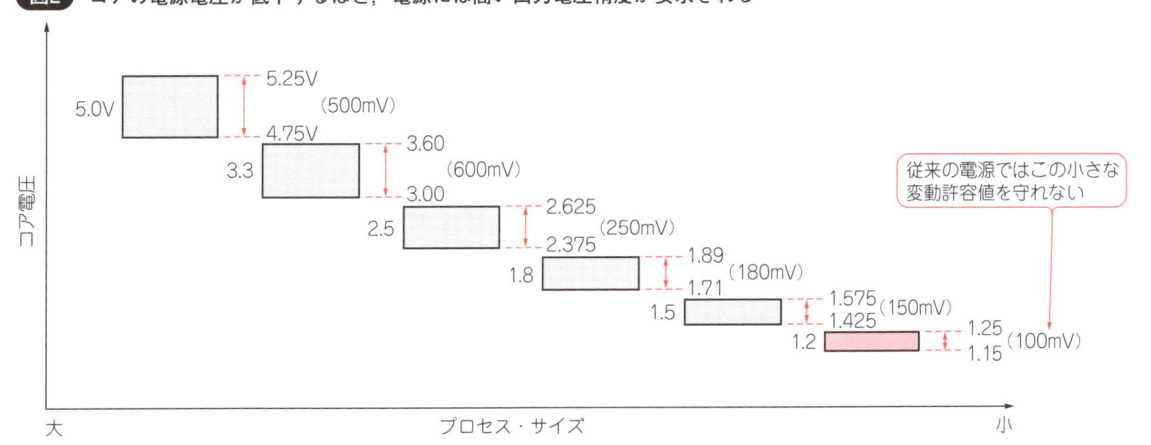

コア電圧:
- 5.0V: 5.25V / 4.75V (500mV)
- 3.3: 3.60 / 3.00 (600mV)
- 2.5: 2.625 / 2.375 (250mV)
- 1.8: 1.89 / 1.71 (180mV)
- 1.5: 1.575 / 1.425 (150mV)
- 1.2: 1.25 / 1.15 (100mV)

従来の電源ではこの小さな変動許容値を守れない

プロセス・サイズ 大 → 小

9-1 POLとLDOのしくみと動作は？

数百万ゲート以上のFPGAまでさまざまです．そこで，負荷としてあるターゲットを想定しました．それは産業用のCPUボードに多く見られる**図3**のような構成のものです．

9-1 サイズや効率などを考えて目的に合ったものを選ぼう
POLとLDOのしくみと動作は？

最近のFPGAには，次の2種類の電源が利用されます．

- POL（Point of Load）
- LDO（Low Drop-Out Regulator）

どちらも高い電圧を低い電圧に変換する回路ですが，その動作原理はまったく異なります．

● 使いかた次第で高効率な電源を作れるLDO

図4に示すリニア・レギュレータの損失 P_D [W] は，次式で求まります．

$$P_D = (V_{in} - V_{out})I_{out}$$

V_{in} と V_{out} の差が小さいほど損失は小さくなります．

図5 と **図6** に，7805などの3端子レギュレータとLDOの回路構成を示します．

いずれもパワー・トランジスタを可変抵抗器のように動作させて，出力電圧を一定に保ちます．いずれも入力電圧を出力電圧より高くしなければ動作しません．

LDOが3端子型と違うのは，パワー・トランジスタの極性が逆になっている点です．両者の違いはたったこれだけですが，3端子型は入力電圧と出力電圧の差が2V以下になるとパワー・トランジスタが正常に動作しなくなります．一方LDO型のパワー・トランジスタは，その電圧が0.3～0.5Vでも正常に動作します．

リニア・レギュレータの効率は次式で求まります．

$$\eta = V_{out}/V_{in} \quad \cdots\cdots\cdots\cdots\cdots\cdots\cdots (9\text{-}1)$$

ただし，η：効率，V_{out}：出力電圧[V]，V_{in}：入力電圧[V]

前述のように，LDO型は V_{out} と V_{in} の比が小さくても使えますから，3端子型より高効率な電源を作れる可能性があります．ここで可能性といったのは，たとえLDO型を使っても，入出力間電圧を2V以上にして使うと，その高効率性能は台無しになるからです．

● 効率90％以上の電源を作れるPOL

電源電圧が1.2Vなどと低いICは，電流を吸い込んだときにプリント・パターンの影響で少しでも電圧が降下すると誤動作してしまいます．この電圧降下をできるだけ軽減するには，負荷であるFPGAのすぐ近くに電源を実装し，ピンポイント供給する必要があります．

図4 リニア・レギュレータの損失は V_{in} と V_{out} の差が小さいほど損失は小さくなる
V_{in} と V_{out} の差が小さくても安定化動作するLDOは発熱の面で有利

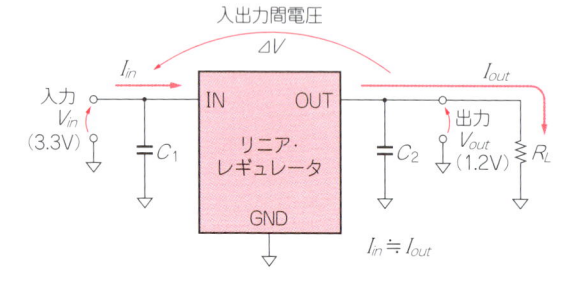

図5 3端子レギュレータの一般的な回路構成

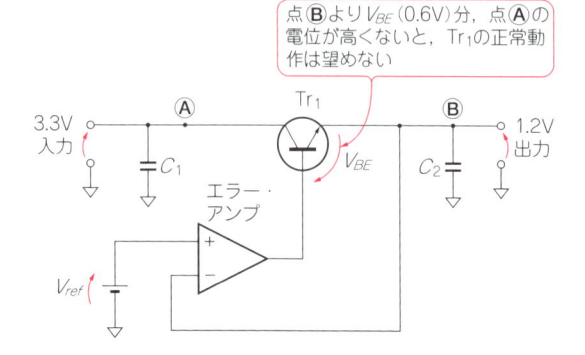

点Ⓑより V_{BE}（0.6V）分，点Ⓐの電位が高くないと，Tr_1 の正常動作は望めない

図6 LDO型レギュレータの一般的な回路構成

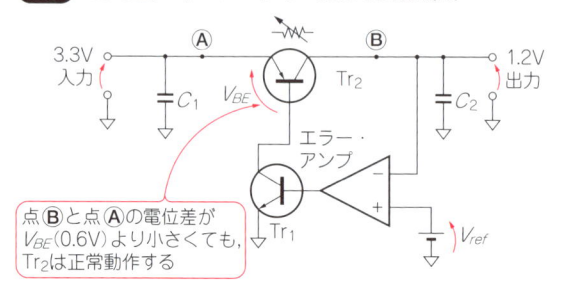

点Ⓑと点Ⓐの電位差が V_{BE}（0.6V）より小さくても，Tr_2 は正常動作する

LDOもこのような使い方をすることが多いのですが，POLといったらスイッチング・タイプの電源を指すのが一般的です．

図7にブロック図を示します．これは非絶縁型の降圧型DC-DCコンバータの一般的な構成です．

POLは効率が高く，90％以上のものもたくさんあります．0.5Aを越えるような大電流用途では，特にこの高効率性能が生きてきます．ハイエンドのFPGAが要求する高速応答性にとことんこだわったものもあります．現在，各メーカともスイッチング周波数を上げて，小型化と高速応答化を進めています．

● LDOとPOLの違い

LDOはPOLより小型で，小電流負荷の用途によく使われます．

小電流での使用ではLDOの損失自体が小さいので，効率が多少悪くても気になりません．またLDOは，一般にPOLより安価です．携帯電話やディジタル・カメラなどのモバイル機器にたくさん使われています．

図7 POLの一般的な回路構成

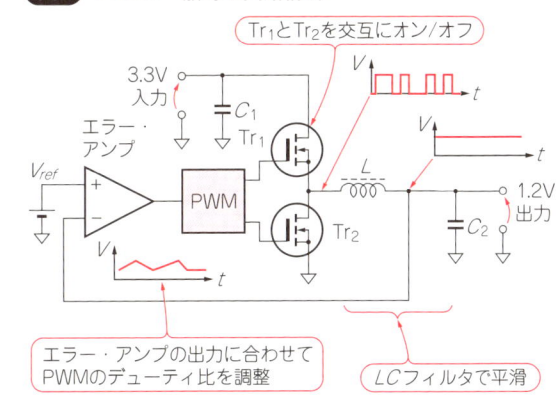

9-2 高速応答試験の方法とターゲット・デバイスの種類は？
7種類のデバイスを試験した

表1に試験用に集めたPOLとLDOの型名を示します．パッケージの都合からメーカ製の評価ボードを使ったものもあります．

POLやLDOは3.3Vを1.2Vに変換するタイプから選びました．LDOはパッケージが少々大きいのですが，1A品から選びました．

図8 POLモジュール BSV-3.3S3R0M のテスト回路

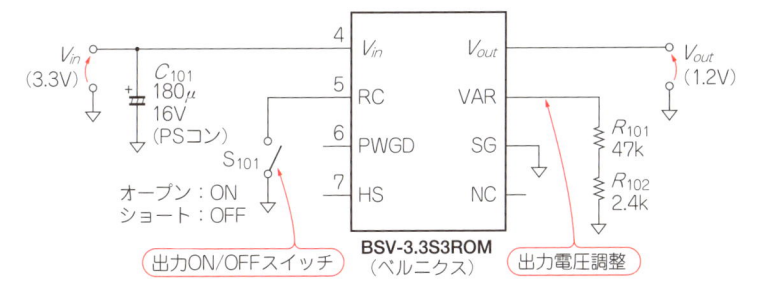

写真1 ハイエンドFPGAにも使える高速POL BSV-3.3S3R0M

表1 応答特性をテストした電源デバイス一覧

方式	型式	入力電圧	出力電圧	出力電流	サイズ	備考
LDO	TPS79601 (テキサス・インスツルメンツ)	VO+〜6V	1.2〜5.5V	0〜1.5A	TO-263, SOT-223	TO-263の場合最大1W以下の損失で使うとよい
LDO	LM1085-ADJ (テキサス・インスツルメンツ)	最大入出力間電圧29V	1.2〜27V	0〜3A	TO-220, TO-263	TO-263の場合最大1W以下の損失で使うとよい
LDO	L6932D1.2 (STマイクロエレクトロニクス)	2〜14V	1.2〜5V	0〜2.5A	SO-8	最大0.5W以下の損失で使うとよい
POL	BSV-3.3S3R0M (ベルニクス)	3.0〜5.5V	1.0〜3.3V	0〜3A	24×15mm	高速負荷応答
POL	PTH04070W (テキサス・インスツルメンツ)	3.0〜5.5V	0.9〜3.6V	0〜3A	12.57×10.16mm	小形
POL	EN5312Q (エンピリオン)	2.4〜5.5V	0.6〜3.3V	0〜1A	5×4mm	超小形
POL	LTM4600 (リニアテクノロジー)	4.5〜20V	0.6〜5V	0〜10A	15×15mm	高出力

■ POL

● BSV-3.3S3R0M(ベルニクス)

どんなハイエンドFPGAにも使える高速POLです．**図8**にテスト回路を，**写真1**に製作したテスト基板の外観を示します．

出力電圧は，外付け抵抗で調整(1.0〜2.5V)できます．S_{101}で，出力をON/OFFできます．入力のC_{101}は今回のテスト用にほかのボードにも共通に設けているもので，BSV-3.3S3R0Mの標準的な使い方では不要です．

● PTH04070W(テキサス・インスツルメンツ)

図9にテスト回路を，**写真2**に外観を示します．

外付け抵抗で出力電圧を設定(0.9〜3.6V)できます．出力電圧+1.1Vを入力電圧とします．入出力に47μFのセラミック・コンデンサを設けます．

● EN5312Q(エンピリオン)

図10にテスト回路を，**写真3**に外観を示します．コイルも内蔵したとても小さい(5×4mm)電源ICです．内部のスイッチング周波数は5MHzと高く，こ

れが小型化のかぎになっています．

V_{in}またはグラウンドにV_{S0}〜V_{S2}のポートを接続することで，出力電圧を0.8，1.2，1.25，1.5，1.8，2.5，3.3Vに設定できます．外付け抵抗で，自由な電圧に設定することも可能です．標準的な使い方では，ソフト・スタート用と入出力用のセラミック・コンデンサを設けるだけです．

● LTM4600(リニアテクノロジー)

図11にテスト回路を，**写真4**に外観を示します．

入出力コンデンサと出力電圧設定用の抵抗を外付けするだけで使えるモジュールです．出力電圧は0.9〜5Vに設定できます．入力電圧は4.5〜20Vで，3.3Vでは使えません．

最大出力電流が10Aと大きいので，12Vから3.3Vや5Vのバス電源を作るときなどに利用します．出力電圧を1.2Vにして使うときは，入力電圧を5〜12Vとする必要があります．入出力コンデンサの容量や種類も細かく決められています．最近，3.3V入力が可能なLTM4604/LTM4608がリリースされました．

図9 POLモジュール PTH04070Wのテスト回路

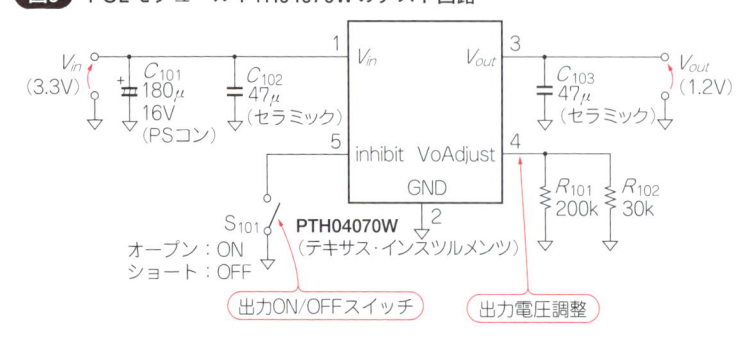

写真2 テキサス・インスツルメンツのPOL PTH04070W

■ LDO

● TPS79601（テキサス・インスツルメンツ）

図12 にテスト回路を，写真5 に外観を示します．

外付け抵抗で1.2～5.5 Vに設定できます．1.2 Vの場合では外付け抵抗も不要になります．

1.0 A出力時，入出力間電圧0.26 V（25℃）でも安定化動作します．例えば，3.3 V→2.5 Vに変換する場合にも安心して使えます．

● LM1085-ADJ（テキサス・インスツルメンツ）

図13 にテスト回路を，写真6 に外観を示します．定番の出力可変リニア・レギュレータLM317のLDO版です．外付けの抵抗で，出力電圧を設定できます（1.2 Vから）．固定電圧版もあります．

1.0 A出力時の入出力間電圧は1.0 V（25℃）ほどにもなり，TPS79601の0.26 V（25℃）に比べて大きいのですが，3.3 V→1.2 Vに変換する場合は，その差は大きな問題にはなりません．今回は，過酷なテストにも耐えられるようにTO-220タイプを使って大きなヒー

図10 POLワンチップIC EN5312Qのテスト回路

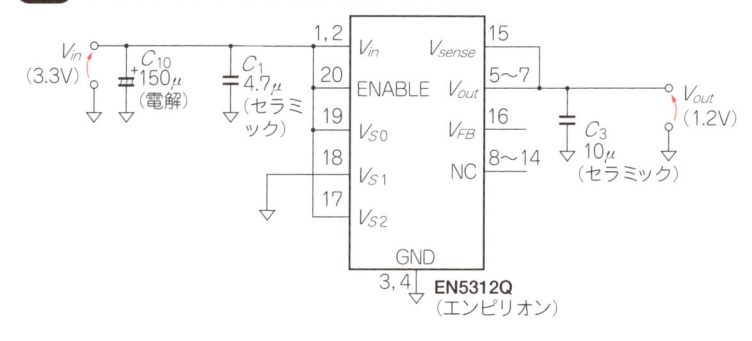

図11 POLモジュール LTM4600のテスト回路

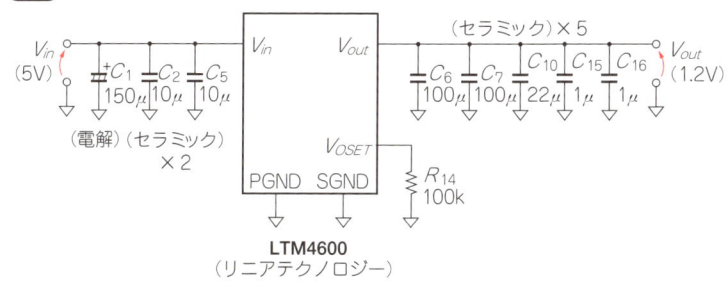

図12 LDO TPS79601のテスト回路

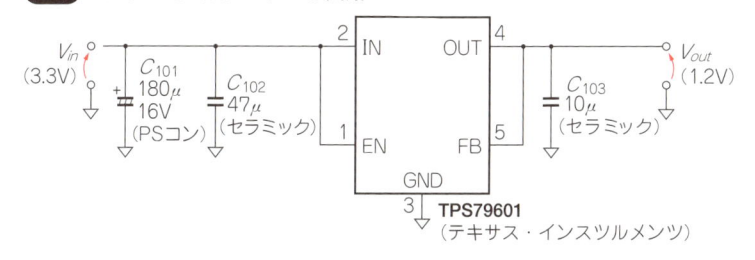

図13 LDO LM1085-ADJのテスト回路

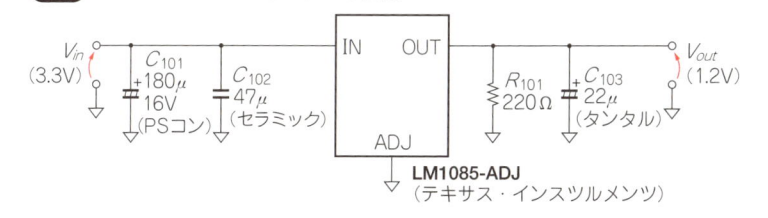

写真3 コイルも内蔵した小型電源IC EN5312Q（エンピリオン）

写真4 リニアテクノロジーのPOLモジュール LTM4600

写真5 入出力間電圧が0.26 Vしかなくても1 Aまで安定化動作するTPS79601（テキサス・インスツルメンツ）

9-2 高速応答試験の方法とターゲット・デバイスの種類は？

ト・シンクに取り付けましたが，実際には小型の面実装パッケージのTO-263を使います．

● L6932D1.2(STマイクロエレクトロニクス)

図14にテスト回路を，写真7に外観を示します．負荷モジュールに使ったFPGAボード ACM-014-8に搭載されているLDOです．最大2.5 Aを出力します．パッケージがSO-8で熱抵抗が大きく，3.3 V→1.2 V出力の条件では0.3～0.4 A以下でしか使えません．

■ そのほかの電源回路

技術的な興味から，3端子レギュレータやディスクリートで作ったLDOでもテストしてみました．高速応答とはどのようなものかの物差しを与えてくれるはずです．

● LM317(テキサス・インスツルメンツ)

図15にテスト回路を示します．

定番中の定番の3端子レギュレータです．外部に設けた抵抗で1.2～37 Vまで自由に出力電圧を設定できます．無負荷にすると動かないので，R_{101}で軽く負荷電流を流しています．最大出力電流は1.5 Aです．

LDOではないので，通常2.5 V以上の入出力間電圧が必要です．今回の試験条件(入力電圧3.3 V，出力電圧1.2 V)では，十分に入出力間電圧が確保できているので，負荷電流は0.5 Aとしました．

パッケージはTO-220を選びましたが，実際に使う

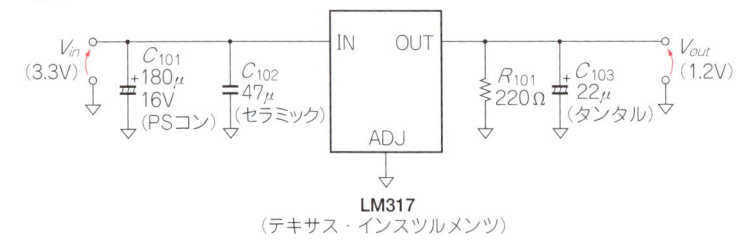

写真6 定番リニア・レギュレータ LM317のLDO版 LM1085-ADJ(テキサス・インスツルメンツ)

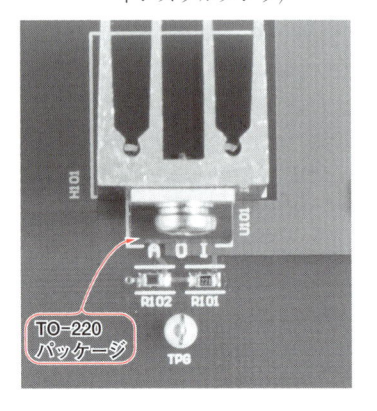

写真7 負荷モジュールに使ったFPGAボード ACM-014-8に搭載されているLDO L6932D1.2(STマイクロエレクトロニクス)

図14 LDO L6932D1.2のテスト回路

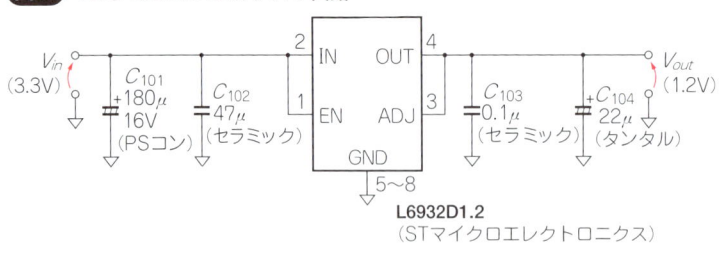

図15 3端子レギュレータ LM317のテスト回路

写真8 OPアンプとパワー・トランジスタを組み合わせたディスクリート・リニア・レギュレータ

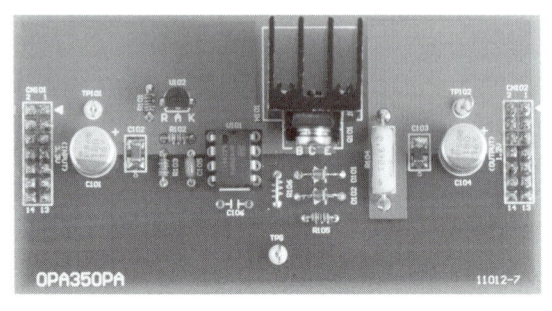

第9章 低電圧・高速応答電源を調べる

場合はSOT-223やTO-263などの小型の面実装パッケージがよいでしょう．

● OPアンプ＋バイポーラ・トランジスタ

図16にテスト回路を，写真8に外観を示します．

高速OPアンプとバイポーラ・トランジスタを組み合わせて，リニア・レギュレータを作ってみました．OPアンプは，OPA350(テキサス・インスツルメンツ)です．GB積38 MHz，スルー・レート22 V/μsのレール・ツー・レール入出力の高速タイプです．

トランジスタは，すでに廃品種となった2SC3298(東芝，f_T = 200 MHz，V_{CBO} = 160 V，I_C = 1.5 A)です．現行品なら2SC5171が相当品です．

基準電圧はTL431で1.2 Vを生成します．D_{101}とD_{102}は過負荷保護回路で，約1.6 A(実測)で動作します．

● 1.2 V出力のニッケル水素2次電池

図17にテスト回路を示します．写真9に外観を示します．単一型で，公称9000 mAhです．ニッケル水素2次電池は内部抵抗が数mΩと低いので，その高速応答性を期待しました．電池の素の特性が見たいので出力コンデンサは設けていません．

図16 ディスクリート・リニア・レギュレータのテスト回路

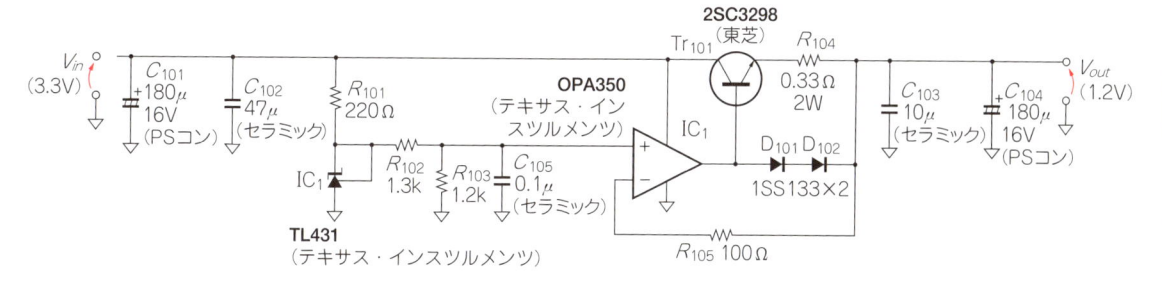

図17 1.2 V出力のニッケル水素2次電池のテスト回路

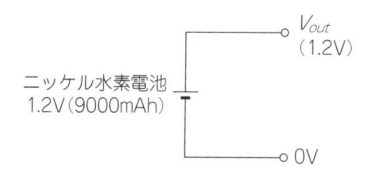

写真9 ニッケル水素2次電池

9-2 高速応答試験の方法とターゲット・デバイスの種類は？

9-3 電子負荷装置を使った高速応答テストの結果は？
10種類のデバイスを試験した

■ テストの準備

● 電子負荷装置のあらまし

写真10にテストのようすを示します．電子負荷装置が逆さまになっているのは，製作した後述のテスト・フィクスチャの＋と－のパターンを間違えて設計したからです．

高速電子負荷装置ELS-304（計測技術研究所）を使いました．表2にスペックを示します．ELS-304は，電流スルー・レート最大200 A/μsの高速負荷を電源に加えることができます．

この電子負荷装置は，負荷電流のパターンをプログラミングできます．今回のテストでは，図18に示すようなプロファイルをプログラミングしました．電流スルー・レートは，実用的な値である3 A/μsに設定しました．

● 電子負荷装置と電源デバイスとの接続

ターゲットである電源デバイスと電子負荷装置を安易に接続すると，配線のインダクタンスによって，波形にリンギングが生じて正しいテストができません．電源の出力電圧も1.2 Vと低いため，インダクタンスだけでなく抵抗も極力低くなければなりません．

そこで，写真11に示す専用のテスト・フィクスチャを製作しました．図19に回路を示します．インダクタンスと配線抵抗が小さくなるようにベタで配線さ

図18 電子負荷装置に設定した負荷電流のプロファイル

表2 電子負荷装置 ELS-304 の主なスペック

項　目	値など	
	レンジ1	レンジ2
最大電力	30 V，120 A，300 W	
電圧レンジ	〜4 V	〜30 V
電流レンジ	〜12 A	〜120 A
電流スルー・レート・レンジ	〜20 A/μs	〜200 A/μs

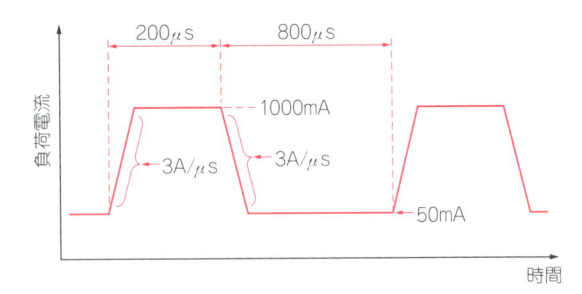

写真10 電子負荷装置を使った応答特性試験のようす

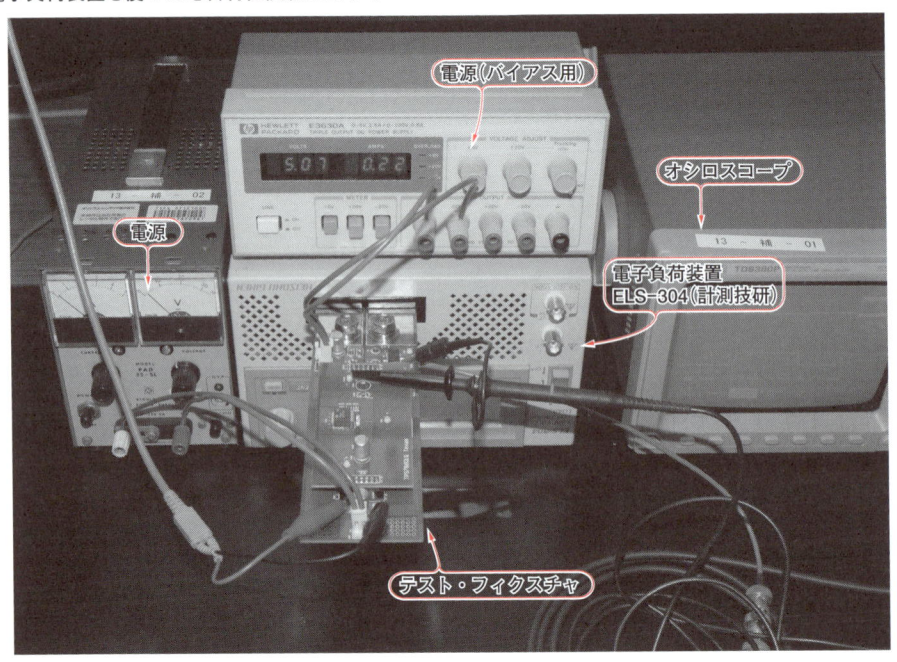

れています．このテスト・フィクスチャに，写真1
～写真9のターゲット・デバイスを差し替えながら
テストします．

電源の出力電圧が1.2 Vと低いので，E3630A（アジレント・テクノロジー）から5 Vのバイアス電源を供給し，トータル6.2 Vを電子負荷装置に接続しています．E3630Aの負荷テストとなってはいけないので，C_3～C_6で十分にデカップリングしています．

電圧波形は各電源の出力端で，電流波形はテスト・フィクスチャのR_1で観測します．

■ テストの結果

● ロード・レギュレーション特性

まず0 Aと1.0 Aの出力電圧の静特性を測りました．結果を表3に示します．

各電源ともだいたい10 mV以下の電圧降下でした．

写真11 電源デバイスと電子負荷装置を接続する専用のテスト・フィクスチャを製作

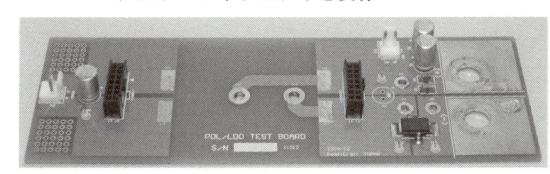

表3 電源デバイスのロード・レギュレーション特性（実測）

測定条件：入力3.3 V，出力1.2 V

型　名	出力電圧		変動分（差電圧）
	0 A出力時	1.0 A出力時	
BSV-3.3S3R0M	1.1809 V	1.1762 V	4.7 mV
PTH04070W	1.2036 V	1.2019 V	1.7 mV
EN5312Q	1.2024 V	1.1945 V	2.9 mV
LTM4600（5 V入力）	1.2048 V	1.2039 V	0.9 mV
TPS79601	1.2358 V	1.2312 V	4.6 mV
LM1085-ADJ	1.2473 V	1.2437 V	3.6 mV
L6932D1.2	1.1989 V	1.1864 V	12.5 mV
LM317（0.5 A出力）	1.2537 V	1.2519 V	1.8 mV
OPA350＋バイポーラ・トランジスタ	1.2030 V	1.2001 V	2.9 mV
1.2 Vニッケル水素2次電池（9000 mAh）	1.2999 V	1.2945 V	5.4 mV

図19 電源デバイスと電子負荷装置をインターフェースする手作りのテスト・フィクスチャの回路

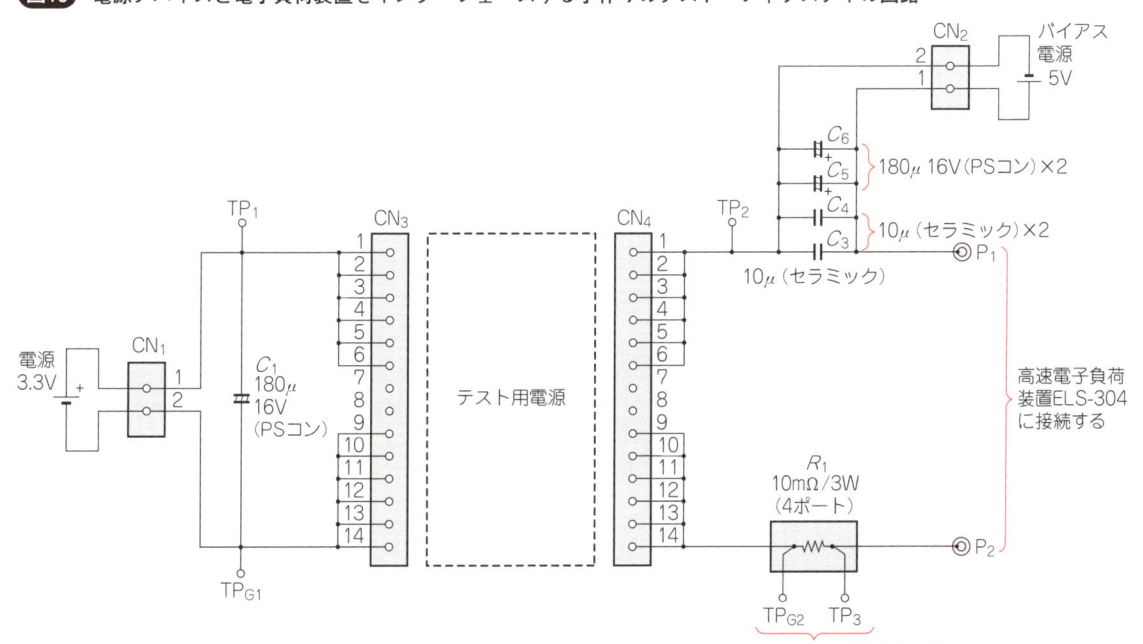

● 高速応答テスト特性
▶ POL

　もっとも安定していたのがBSV-3.3S3R0Mで，変動値は約20 mVです（図20）．PTH04070Wは少々大きく100 mVを少し越えています（図21）．EN5312Qは約50 mVです（図22）．LTM4600はBSV-3.3S3R0Mと同程度（20 mV）でした．

▶ LDO

　TPS79601（図23）もLM1085も40 mV程度の変動が見られます．L6932D1.2は60 mVほどの変動でしたが，0.4 A程度で使うなら20 mV程度に小さくなります．

▶ そのほかの電源

　LM317の変動は60 mVほどで十分に応答しています（図24）．OPA350を使ったディスクリート電源の変動は10 mV程度でした（図25）．ニッケル水素2次電池の変動は20 mV程度で十分に高速です（図26）．

● どのように電源を選ぶべきか

　以上，さまざまなテストをしてきましたが，実際のところどのようにPOLとLDOを使い分ければよいのでしょうか．ここで整理してみます．

　まずFPGAの消費電流を求めます．通常どんなICでも，データシートには消費電流が記載されていますが，FPGAの場合はその記載がありません．これは作り込む内部回路によって大きく変動するからです．そこで，FPGAの内部回路を論理合成したのち，シミュレーションで予測することになります．

　次にPOLやLDOを選択します．次のような順序で選択するのがよいでしょう．

（1）まずLDOを検討し損失を計算する
（2）損失が0.5 W以下ならLDOに決定
（3）損失が1 Wを越えるのならPOLを検討
（4）損失が0.5～1 Wの間にある場合は，
● 基板に実装したときの熱抵抗が50℃/Wを十分に下回り，電源の効率があまり問われない場合はLDOに決定
● 廃熱のためのパターン領域を確保できなかったり，効率が問われる場合はPOLに決定
（5）高速性が問われる場合は，損失に関係なく高速性を保証しているPOLに決定

〈浜田　智〉

◆参考文献◆

（1）BSV-m3，m6，m8　データシート，ベルニクス．
（2）PTH04070W　データシート，テキサス・インスツルメンツ．
（3）EN5312Q　データシート，エンピリオン．
（4）LTM4600　データシート，リニアテクノロジー．
（5）TPS78601　データシート，テキサス・インスツルメンツ．
（6）LM1085-ADJ　データシート，ナショナル セミコンダクター．
（7）L6932D1.2　データシート，STマイクロエレクトロニクス．
（8）LM317　データシート，ナショナル セミコンダクター．
（9）OPA350　データシート，テキサス・インスツルメンツ．

図20 POLモジュール BSV-3.3S3R0Mの応答特性

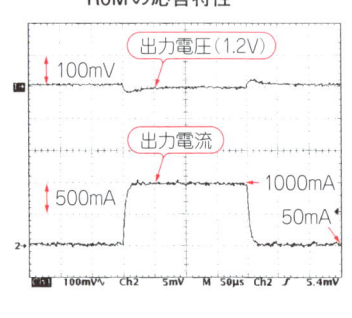

図21 POLモジュール PTH04070Wの応答特性

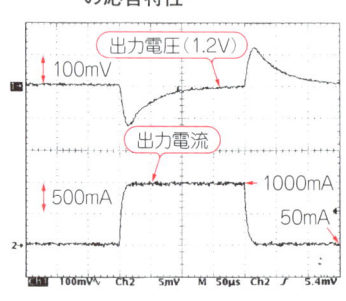

図22 POLワンチップIC EN5312Qの応答特性

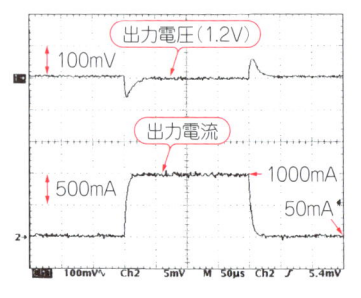

図23 LDO TPS79601の応答特性

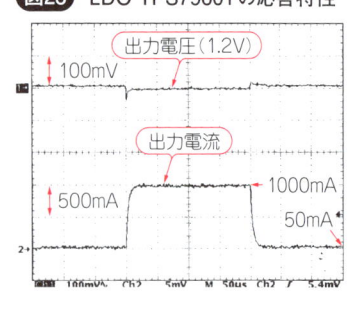

図24 3端子レギュレータ LM317の応答特性

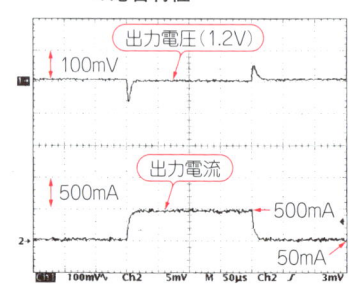

図25 ディスクリート・リニア・レギュレータの応答特性

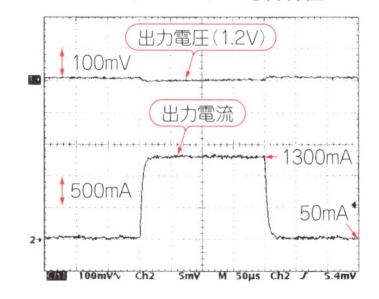

図26 ニッケル水素2次電池の応答特性

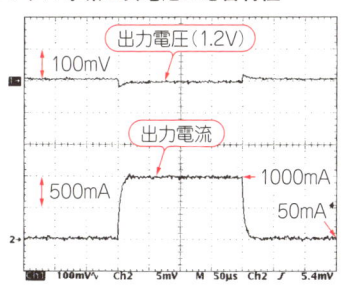

(10) 2SC3298 データシート，東芝．
(11) Cyclone Ⅱ データシート，アルテラ．
(12) Power Supply Technical Application Note For Altera's FPGA，ベルニクス．

（初出：「トランジスタ技術」2007年8月号）

最新POLの応答特性 column

　記事執筆後に新しいPOL電源が手に入りました．電子負荷と同等の性能をもつ実物のFPGA負荷による追加テストをしました．

● PTH04T260W（テキサス・インスツルメンツ）
　写真Aに外観を示します．ターボ・トランス（Turbo Trans）という機能が搭載され応答が改善されています．テストの結果を図Aに示します．電圧変動は±20mVほどで，PTH04070Wに比べてたいへん小さくなっています．

　図Bに示すのは，出力の180μF/16VのPSコンデンサを外して，PTH04070Wのテスト条件（図C）に合わせて測定した結果です．リンギング波形が見られますが電圧変動幅は小さいままです．スイッチング周波数を調べたところ283kHzと意外と低いことが分かりました．PTH04070Wは683kHzです．

写真A 最新のPOLモジュール PTH04T260W

図A 最新のPOLモジュール PTH04T260Wの応答特性（FPGA負荷モジュールで実測，PSコンデンサあり）

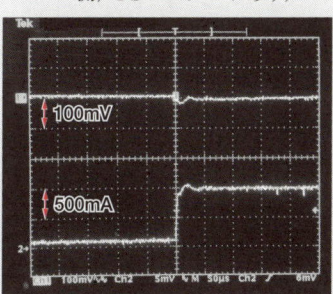

図B 最新のPOLモジュール PTH04T260Wの応答特性（FPGA負荷モジュールで実測，PSコンデンサなし，図Cと比較してほしい）

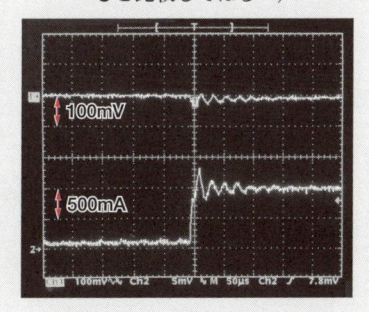

図C POLモジュール PTH04070Wの応答特性（FPGA負荷モジュールで実測）

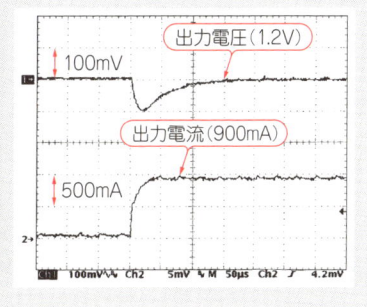

Supplement　DC-DCコンバータICの種類と特徴

表A　主なDC-DCコンバータIC（TI：テキサス・インスツルメンツ，AD：アナログ・デバイセズ，LT：リニアテクノロジー，マキシム：マキシム・インテグレーテッド・プロダクツ，トレックス：トレックス・セミコンダクター，SII：セイコーインスツル）

型　番	入力電圧 [V] *2		出力電圧 [V] *2			出力電流 [mA]	最大効率 [%]	回路方式		
	最小	最大	最小	固定・ステップ	最大			昇・降・反	制御	周波数 [kHz]
ADP2108	2.3	5.5	1	1.1/1.2/…/3.0/3.3	3.3	600	95	降	PWM	3000
ADP2503	2.3	5.5	2.8	3.3/3.5/4.2/4.5	5	600	92	昇降	PWM	2500
BD8303MUV	2.7	14	−	可変	−	−	−	昇降	PWM	600
BD9122GUL	2.5	5.5	1	可変	2	300	−	降	PWM	1000
EN5311QI	2.4	5.5	0.8	1.2/1.25/…/1.8/2.5	3.3	1000	95	降	PWM	4000
EN5312QI	2.4	5.5	0.8	1.2/1.25/…/1.8/2.5	3.3	1000	95	降	PWM	4000
EN5335QI	2.4	5.5	0.8	1.2/1.25/…/1.8/2.5	3.3	3000	93	降	PWM	5000
ISL97519	2.3	55.5				2000	90	昇	PWM	600/1200
LT1073	1.25	30 (降)	−	可変 /5/12	(50)	130		昇/降	PWM	19
LT1110	1	30 (降)	−	可変 /5/12	(50)	120		昇/降	PWM	70
LT1300/1/3	1.8	(10)	1.8	可変 /3.3/5/12	(25)	220	88	昇	PSM	155
LT1307	1	5	1	可変	(30)	100		昇	PWM	600
LT1316	1.5	12	1.5	可変	(30)	100	85	昇	PSM	120
LT1377	2.7	30	2.7	可変	(35)	350		昇/降/反	PSM	1000
LTC3400	0.85	(6)	2.5	可変	5	100	92	昇	PWM	1200
LTC3405/6	2.5	5.5	0.8	可変 /1.5/1.8	5	300/600	96	降	PWM	1500
LTC3411	2.63	5.5	0.8	可変	5	1250	95	降	PWM	4000
LTC3423	0.5 + 2.7	5.5	1.5	可変	5.5	600	95	昇	PWM	3000
LTC3429	0.5	(4.4)	2.5	可変	4.3	600	96	昇	PWM	500
LTC3441	2.4	5.5	2.4	可変	5.25	1200	95	昇降	PWM	1000
LTM4600	4.5	20	0.6	可変	5	10000	92	降	PWM	−
MAX1605	0.8 + 2.4	5.5	0.8	可変	30	500	88	昇	PSM	500
MAX1674/5/6	1.1	5.5	2	可変 /3.3/5	5.5	200	94	昇	PFM	500
MAX1678	0.87	5.5	2	可変 /3.3	5.5	90	90	昇	PFM	
MAX1760	1.1	5.5	2.5	可変 /3.3	5.5	800	94	昇	PWM	1000
MAX1771	2	16.5	2	可変 /12	16	2000	90	昇	PFM	300
MAX1920/1	2	5.5	1.25	可変 /1.5/1.8/…/3.3	5	400	90	降	PSM	1200
MAX608	1.8	16.5	3	5	16.5	1500	85	昇	PFM	300
MAX629	0.8 + 2.7	5.5	1.25	可変	± 28	100	89	昇/反	PFM	300
MAX635	2.3	16.5	− 1.31	可変 / − 5/ − 12/ − 15	− 16.5	50	85	反	PSM	50
MAX669	1.8	28	1.25	可変	28	1000	90	昇	PWM	100 〜 500
MAX761/2	2	16.5	1.5	可変 /12/15	6.5	150	86	昇	PFM/PWM	300
MAX848/9	0.7	5.5	2.7	可変 /1.2	5.5	200	95	昇	PFM	300
MAX856/7/8/9	0.8	6	2.7	可変 /3.3/5	6	150	85	昇	PFM	500
MAX863	1.5	11	1.25	可変 /3.3/5	24	1000	90	昇	PFM	〜 100
NJU7600	2.2	8	−	可変	−	−	−	昇	PWM	1000
NJU7601	2.2	8	−	可変	−	−	−	昇	PWM/PFM	1000
NJU7602	2.2	8	−	可変	−	−	−	昇	PWM	1000
NJU7610	2.2	8	−	可変	−	−	−	昇	PWM	1000
NJU7620	2.2	8	−	可変	−	−	−	昇	PWM	1000
RN5RKxxxx	0.9	8	2	0.1V ステップ	5.5	100	85	昇	VFM	100
S8353/4	0.9	10	1.5	0.1V ステップ	6.5	100	85	昇	PWM/PFM	50/250
S8550/1	2	5.5	1.1	可変	4	600	92	降	PWM	1200
LM1770	2.8	5.5	0.8	可変	5.5	−	95	降	PWM	1000
LM22670	4.5	42	1.29	可変 /5	42	3000	90	降	PWM	500
LM22671	4.5	42	1.29	可変 /5	42	500	90	降	PWM	500
LM22672	4.5	42	1.29	可変 /5	42	1000	90	降	PWM	500

*1：ゲーテッド・オシレータ制御，*2：絶対最大定格から，*3：かっこ有りが可変タイプ

DC-DCコンバータICには多くの種類があります．主なDC-DCコンバータICを**表A**に示します．

入力電圧は，1V未満からあります．また，出力電圧は可変のもののほかステップ状に設定するものがあります．外部部品数は参考数値です．

入力＞出力の降圧型（降），入力＜出力の昇圧型（昇），入出力の極性が反対になる反転型（反），入力＞出力でも入力＜出力でも一定電圧が得られる昇降圧型（昇降）の4タイプがあります．また，複数のタイプに使い分けられるものもあります．制御方式はPWMが多い中，ナショナル セミコンダクターのゲーテッド・オシレータ制御という独自の制御方式のものもあります．リコー

イネーブル/シャットダウン	外部部品数*3	ピン数	パッケージ	主な用途	特徴・備考	メーカ
有	3	5	WLCSP/TSOT	携帯機器	同期整流	AD
有	3	10	QFN	携帯機器	同期整流	
有	17	16	QFN	携帯機器	FET 外付け，Li×1～2	ローム
有	7	8	VCSP	携帯機器	同期整流	
有	2	20	QFN	携帯機器	インダクタ内蔵	エンピリオン
有	2	20	QFN	携帯機器	インダクタ内蔵	
有	3	44	QFN	ノートPC	インダクタ内蔵	
有	10	8	MSOP	TFL－LCD	高精度	インターシル
無	3 (5)	8	PDIP/SO	携帯機器	NiMH1セル可	LT
無	3 (5)	8	PDIP/SOIC	バッテリ機器	NiMH1セル可	
有	4 (6)	8	DIP/SOIC	携帯機器	2セル，バースト・モード	
有	8	8	MSOP/DIP/SO	バッテリ機器	1セル，バースト・モード	
有	7	8	MSOP/SO	バッテリ機器	2セル	
有	9	8	PDIP/SO	ノートPC	全スイッチング方式対応	
有	5	6	SOT23	バッテリ機器	同期整流，1セル	
有	3 (6)	6	SOT23	携帯機器	同期整流，Li×1	
有	8	10	MSOP/DFN	携帯機器	同期整流，Li×1	
有	10	10	MSOP	携帯機器	同期整流，Vbias ≥ 2.7V 要	
有	5	6	SOT23	携帯機器	同期整流，0.5Vまで動作	
有	7	12	DFN	ノートPC	同期整流，外部同期可	
無	2	104	LGA	POL	インダクタ内蔵	
有	8	6	TDFN/SOT23	LCDバイアス	Vbias ≥ 2.4V 要	マキシム
有	4	8, 10	μMAX	携帯機器	同期整流，0.7Vまで動作	
有	3	8	μMAX	バッテリ機器	同期整流，1～2セル，0.7Vまで動作	
有	6	10	μMAX/TDFN	携帯機器	外部同期可	
有	8 (11)	8	DIP/SO	バッテリ機器	FET 外付け	
有	5 (6)	6	SOT23	携帯機器	同期整流	
有	7	8	DIP/SOP	バッテリ機器	FET 外付け，2～3セル	
有	8	8	SO	LCDバイアス	全スイッチング方式対応，Vbias ≥ 2.7V 要	
無	4 (7)	8	DIP/SO/Dice	携帯機器		
有	11	10	μMAX	携帯機器	FET 外付け，外部同期可	
有	5 (7)	8	DIP/SO	バッテリ機器	SBD 外付け	
有	7	16	nSO	携帯機器	ADC 内蔵，1～3セル	
有	5	8	μMAX/SOIC	バッテリ機器	SBD 外付け	
有	19	16	QSOP	携帯機器	デュアル，FET 外付け	
無	14	8, 10	DMP/TVSP	携帯機器	FET 外付け	新日本無線
無	14	8, 10	DMP/TVSP	携帯機器	FET 外付け	
有	14	8, 10	DMP/TVSP	携帯機器	FET 外付け	
無	14	8	DMP/TVSP	携帯機器	FET 外付け	
無	14	8	TVSP	携帯機器	FET 外付け	
無	4	5	SOT23	バッテリ機器		リコー
有/無	4	3, 5	SOT23/SOT89	携帯機器		SII
有	6	5	SOT23	携帯機器	同期整流	
無	9	5	SOT23	汎用	同期整流，FET 外付け	TI
有	5 (7)	7, 8	TO263/SO	汎用	SW 周波数可変	
有	5 (7)	8	SO	汎用	SW 周波数可変	
有	5 (7)	8	SO	汎用	SW 周波数可変	

表Aつづき 主なDC-DCコンバータIC(TI：テキサス・インスツルメンツ，AD：アナログ・デバイセズ，LT：リニアテクノロジー，マキシム：マキシム・インテグレーテッド・プロダクツ，トレックス：トレックス・セミコンダクター，SII：セイコーインスツル)

型番	入力電圧 [V] *2		出力電圧 [V] *2			出力電流 [mA]	最大効率 [%]	回路方式			
	最小	最大	最小	固定・ステップ	最大			昇・降・反	制御	周波数 [kHz]	
LM22673	4.5	42	1.29	可変 /5	42	3000	90	降	PWM	500	
LM22674	4.5	42	1.29	可変 /5	42	500	90	降	PWM	500	
LM22675	4.5	42	1.29	可変 /5	42	1000	90	降	PWM	500	
LM22676	4.5	42	1.29	可変 /5	42	3000	90	降	PWM	500	
LM22677	4.5	42	1.29	可変 /5	42	5000	90	降	PWM	500	
LM22678	4.5	42	1.29	可変 /5	42	5000	90	降	PWM	500	
LM22679	4.5	42	1.29	可変 /5	42	5000	90	降	PWM	500	
LM22680	4.5	42	1.29	可変 /5	42	2000	90	降	PWM	500	
LM2621	1.2	14	1.24	可変	14	1000	90	昇	GATED *1	2000	
LM2733	2.7	14	2.7	可変	40	330	92	昇	PWM	1600	
LM2830	3	5.5	0.6	可変	4.5	1000	93	降	PWM	3000	
LM2852	2.85	5.5	0.8	1/1.2/…/2.5	3.3	2000	95	降	PWM	1500	
LM2853	3	5.5	0.8	1/1.2/…/2.5	3.3	3000	95	降	PWM	550	
LM2854	2.95	5.5	0.8	1/1.2/…/2.5	3.3	4000	95	降	PWM	1000	
LM3100	4.5	36	0.8	可変	7	1500	−	降	PWM	500〜1000	
LM3102	4.5	42	0.8	可変	7	2500	−	降	PWM	500〜1000	
LM3103	4.5	42	0.6	可変	7	750	−	降	PWM	500〜1000	
LM3670	2.5	5.5	0.7	可変 /1.2/…/2.5/3.3	5.5	350	95	降	PWM/PFM	1000	
LM3671	2.7	5.5	0.5	可変 /1.2/…/2.8	3.3	600	85	降	PWM/PFM	2000	
LM3674	2.7	5.5	1	可変 /1.2/1.5/…/2.8	3.3	600	85	降	PWM	2000	
LM5000	3.1	40	3.1	可変	(80)	1850		昇	PWM	1300	
TPS53310	2.9	6	0.6	可変	4.2	3000	95	降	PWM/PFM	1100	
TPS53311	2.9	6	0.6	可変	4.2	3000	95	降	PWM/PFM	1100	
TPS53314	3	15	0.6	可変	5.5	6000	95	降	PWM/PFM	1000	
TPS53315	3	15	0.6	可変	5.5	12000	95	降	PWM/PFM	1000	
TPS53317	1	6	0.6	可変	4.2	6000	95	降	PWM/PFM	1000	
TPS53321	2.9	6	0.6	可変	4.2	5000	95	降	PWM/PFM	1100	
TPS61130/1/2	1.8	6.5	2.5	可変 /1.5/3.3	5.5	300	90	昇降	PWM	500	
TPS61200/1/2	0.3	5.5	1.8	可変 /3.3/5	5.5	600	95	昇	PWM	1250	
TPS62000 など	2	5.5	0.8	可変 /0.9/…/3.3	5	600	95	降	PWM/PFM	1000	
TPS62020/1/6	2.5	6	0.7	可変 /3.3	6	600	95	降	PWM	1250	
TPS62040 など	2.5	6	0.7	可変 /1.5/1.6/1.8/3.3	6	1200	95	降	PWM	1500	
TPS62300 など	2.7	6	0.6	可変 /1.5/1.6/1.8/1.875	5.4	500	93	降	PWM	3000	
TPS62700	2.5	6	1.3	可変 /(外部×2.5)	3.09	650	87	降	PWM	2000	
TPS63000/1/2	1.9	5.5	−	可変 /3.3/5	−	1200	96	昇降	PWM	1500	
XC6367/8	0.9	10	1.5	可変 /0.1V ステップ	6.5	200	84	昇	PWM/PFM	300	
XC9213	4	25	1.5	可変	15	−	−	降	PWM/PFM	300	
XC9220	2.8	16	0.9	可変	15	−	−	降	PWM	300〜1000	
XC9221	2.8	16	0.9	可変	15	−	−	降	PWM/PFM	300〜1000	
XC9223/4	2.5	6	0.9	可変	6	1000	−	降	PWM/PFM	1000	
XC9242	2.7	6	0.9	可変	6	2000	−	降	PWM	1000	
XC9243	2.7	6	0.9	可変	6	2000	−	降	PWM/PFM	1000	
XCL201	2	6	0.8	1/1.2/…/3/3.3	4	400	−	降	PWM	1200	
XCL202	2	6	0.8	1/1.2/…/3/3.3	4	400	−	降	PWM/PFM	1200	

*1：ゲーテッド・オシレータ制御，*2：絶対最大定格から，*3：かっこ有りが可変タイプ

のVFM(Variable Frequency Modulation)はPFM(Pulse Frequency Modulation)と同じ制御方式です．PSM (Pluse Skipping Modulation)はパルスを間引いて制御する方法でPFMに似ています．〈漆谷 正義/宮崎 仁〉

イネーブル/シャットダウン	外部部品数*3	ピン数	パッケージ	主な用途	特徴・備考	メーカ
無	5 (7)	7, 8	TO263/SO	汎用	可変電流制限	
有	5 (7)	8	SO	汎用		
有	5 (7)	8	SO	汎用		
有	5 (7)	7, 8	TO263/SO	汎用		
有	5 (7)	7	TO263	汎用	SW周波数可変	
有	5 (7)	7	TO263	汎用		
無	5 (7)	7	TO263	汎用	可変電流制限	
有	5 (7)	8	SO	汎用	SW周波数可変	
有	10	8	miniSO	携帯機器	BiCMOS, 0.65Vまで動作	
有	8	5	SOT23	携帯機器	FET内蔵，電流モード	
有	7	5, 6	SOT23/LLP	ノートPC	コア電源	
有	4	14	TSSOP	携帯機器	コア電源	
有	4	14	TSSOP	携帯機器	同期整流	
有	8	16	TSSOP	POL	同期整流	
有	10	20	TSSOP	汎用	同期整流	
有	10	20	TSSOP	汎用	同期整流	
有	10	16	TSSOP	汎用	同期整流	
有	3 (7)	5	SOT23	携帯機器	Li×1，またはNiMH×3	TI
有	3 (7)	5	SOT23/mSMD	携帯機器	同期整流，Li×1	
有	3 (7)	5	SOT23	携帯機器	同期整流，Li×1	
有	13	16	TSSOP/LLP	携帯機器	カレント・モード	
有	15	16	QFN	携帯機器		
有	15	16	QFN	携帯機器		
有	11	40	VQFN	携帯機器	SW周波数可変	
有	11	40	VQFN	携帯機器	SW周波数可変	
有	10	20	VQFN	携帯機器	SW周波数可変	
有	14	16	QFN	携帯機器	SW周波数可変	
有	15	16	QFN/TSSOP	携帯機器	SEPIC，逆接保護，LDO内蔵	
有	6	10	QFN	バッテリ機器	NiMH1セル可	
有	5	10	MSOP	携帯機器	外部同期可	
有	7	10	MSOP/QFN	ノートPC	Li×1，またはNiMH×3	
有	3	10	MSOP/QFN	ノートPC	Li×1，またはNiMH×3	
有	3	8, 10	QFN/CSP	携帯機器	Li×1，またはNiMH×3	
有	3	8	WCSP	携帯機器	RFアンプ，外部電圧設定	
有	−	10	QFN	携帯機器	Hブリッジ，外部同期可	
有	5 (8)	5	SOT25	電子手帳		
有	15	16	TSSOP	携帯機器	FET外付け，同期整流	
有	8	5, 6	SOT25/USP	携帯機器	FET外付け	
有	8	5, 6	SOT25/USP	携帯機器	FET外付け	トレックス
有	8	10	MSOP/USP	携帯機器		
有	7	10	USP	携帯機器	同期整流	
有	7	10	USP	携帯機器	同期整流	
有	2	6	CL2025	携帯機器	インダクタ内蔵	
有	2	6	CL2025	携帯機器	インダクタ内蔵	

索引

【数字・アルファベットなど】

3端子レギュレータ ……………………………… 126
7805 …………………………………………………… 126
AC ……………………………………………………… 8
ACライン・フィルタ ………………………………… 18
ASO …………………………………………………… 79
Bang-Bang制御方式 ………………………………… 71
BOM …………………………………………………… 91
BSV-3.3S3R0M …………………………………… 128
CCM …………………………………………………… 29
CPLD ………………………………………………… 125
Cyclone Ⅱ …………………………………………… 126
DC ……………………………………………………… 8
DC-DCコンバータ ………………………………… 22
DCM …………………………………………………… 29
ELS-304 …………………………………………… 132
EMC規格 ……………………………………………… 17
EMI ……………………………………………… 17, 116
EMS …………………………………………………… 17
EN5312Q …………………………………………… 128
ESR …………………………………………………… 35
FCC …………………………………………………… 84
FPGA ………………………………………………… 125
FRA …………………………………………………… 47
L6932D1.2 ………………………………………… 130
LDO ………………………………………………… 126
LM1085-ADJ ……………………………………… 129
LM22670 …………………………………………… 116
LM22676 …………………………………………… 100
LM2596 ……………………………………………… 86
LM317 ……………………………………………… 130
LTM4600 …………………………………………… 128
OVP …………………………………………………… 82
PFC …………………………………………………… 12
PFM …………………………………………… 67, 139
PLD ………………………………………………… 125
POL …………………………………………… 25, 126
PSM ………………………………………………… 139
PTH04070W ……………………………………… 128
PTH04T260W ……………………………………… 135
PWM …………………………………………………… 12
PWM制御 …………………………………… 20, 53
RCC …………………………………………………… 21
SBD …………………………………………………… 51
TL431 ……………………………………………… 131
TPS79601 ………………………………………… 129
VCCI …………………………………………………… 84
VFM ………………………………………………… 139
WEBENCH …………………………………………… 85
ZCS …………………………………………………… 11
ZVS …………………………………………………… 11

【あ・ア行】

アクティブ・クランプ方式 ………………………… 61
アナログ・デバイセズ …………………………… 136
アブソーバ …………………………………………… 83
アモルファス・ビーズ ……………………………… 79
安全規格 ……………………………………………… 17
位相遅れ ……………………………………………… 33
位相角 ………………………………………………… 14
位相余裕 ……………………………………………… 55
インターシル ……………………………………… 137
インダクタ ………………………… 30, 105, 108, 111
うなり ……………………………………………… 116
エラー・アンプ ……………………………………… 10
エンピリオン ……………………………………… 137
オシロスコープ ……………………………………… 14
オフ時間 ……………………………………………… 27
オン時間 ……………………………………………… 27
オン抵抗 ……………………………………………… 38
オンボード電源 ……………………………………… 25

【か・カ行】

外部クロック ……………………………………… 116
過電圧保護 …………………………………………… 82
過電流保護 …………………………………………… 81
還流ダイオード ……………………………………… 20
共振周波数 ………………………………………… 124
共振電源 ……………………………………………… 11
共通インピーダンス ………………………………… 46
許容損失 ……………………………………………… 75
クランパ ……………………………………………… 83

クローバ回路	82	昇降圧型DC-DCコンバータ	38
ケース温度	75	ショットキー・バリア・ダイオード	51
ゲーテッド・オシレータ制御	139	シリーズ	10
コア	125	シリーズ・レギュレータ	22
降圧型チョッパ	24	自励式フライバック・コンバータ	21
降圧型DC-DCコンバータ	27	新日本無線	139
高速応答	125	スイッチング・ノイズ	11
高速応答テスト特性	134	スイッチング・ノード	83
効率	34, 124	スイッチング・レギュレータ	20
効率重視で最適化	102	スイッチング周波数	31, 114, 116, 124
効率とサイズ	120	スイッチング素子	56
効率と損失	107, 110, 113	スイッチング損失	11, 35, 115
効率を重視	120	スイッチング電源	10
交流	8	ステップ・ダウン	24
小型化	122	スナバ	83
誤差増幅器	10	制御IC	114
コスト	124	制御ICの温度	118
コスト比較	104	セイコーインスツル	136
コッククロフト・ウォルトン回路	72	整流回路	8
コレクタ-エミッタ間飽和電圧	38	積層セラミック・コンデンサ	33
コンデンサ	40	絶縁	9, 18
【さ・サ行】		絶縁型	52
サージ	79, 83	接合温度	119
サージ・アブソーバ	18	ゼロ電圧スイッチ	11
サイズ	124	ゼロ電流スイッチ	11
サイズ重視で最適化	103	ソフト・スイッチング	11
サイズとコスト	107, 110, 113	損失	34, 36
サイズ比較	104	損失比較	104
サイズを重視	122	**【た・タ行】**	
最適化	92, 101	ターボ・トランス	135
雑音端子電圧	84	ダイオード整流	57
差動プローブ	14	タイム・シーケンス	49
実効値	14	チャージ・ポンプ	22, 64
実装面積	119	チャネル温度	74
遮断型	81	チャネル-外気間熱抵抗	74
ジャンクション温度	74	チャネル-ケース間熱抵抗	74
シャント	10	中間バス	25
シャント・レギュレータ	22	直流	8
集中型電源	25	直流電流定格	123
周波数	14	チョッパ	22
周波数可変型	116	ディジタル・パワー・メータ	14
出力コンデンサ	105, 110, 111	ディジタル・マルチメータ	13
出力電圧	108	定常損失	35
出力電流	111	定抵抗モード	13
出力フィルタ回路	9	低電圧	125
昇圧型チョッパ	24	定電圧モード	13

定電流電圧垂下型	81
定電流モード	13
定電力モード	13
ディレーティング	74
デカップリング・コンデンサ	42
テキサス・インスツルメンツ	136
デューティ比	27, 53
電圧共振電源	11
電圧精度	125
電圧変動	125
電圧モード制御方式	10
電圧レベル変換	9
電子負荷	13, 132
電流共振電源	11
電流プローブ	14
電流モード制御方式	10
等価直列抵抗	35, 123
同期整流	57
同期整流コンバータ	31
同期発振	116
動作特性表	89
東芝	139
特性グラフ	89
トレックス・セミコンダクター	136
ドロップアウト電圧	26

【な・ナ行】

内部損失	118
ナショナル セミコンダクター	136
ニッケル水素2次電池	131
入力コンデンサ	105, 110
入力電圧	105
熱抵抗	75
ノイズ	79

【は・ハ行】

ハード・スイッチング	11
ハーフ・ブリッジ・コンバータ	21
バック・コンバータ	24
発振	33
ハニカム巻き線	73
パルス・スキップ	67
ビート	116
非共振電源	11
非絶縁型	52
皮相電力	14
フィードバック制御	20
ブースト・コンデンサ	100

ブースト・コンバータ	24
ブートストラップ・コンデンサ	65
フェライト・コア	18
フォワード・コンバータ	20
輻射ノイズ	84
プッシュプル・コンバータ	21
フの字型	81
部品	104
部品選択	105, 108, 111
部品表	91
フライバック・コンバータ	20
フリー・インプット仕様	12
ブリッジ・コンバータ	21
フルブリッジ・コンバータ	21
不連続伝導モード	29
ブロードライザ	41
分散型電源	25
ベタ・グラウンド	78
への字型	81
放熱器	76
保護回路	9

【ま・マ行】

マキシム・インテグレーテッド・プロダクツ	136
ミツミ電機	139
無効電力	14

【や・ヤ行】

| 有効電力 | 14 |

【ら・ラ行】

リード・インダクタンス	41
力率	14
力率改善	12
力率コントローラ	18
リコー	139
リニア	22
リニアテクノロジー	136
リニア電源	10
リプル電流	29
リモート・センシング	62
リンギング・チョーク・コンバータ	21
ルネサス	139
レギュレーション	9
レギュレータ	9
連続伝導モード	29
ロード・レギュレーション特性	133
ローパス・フィルタ	32
ローム	137

■執筆担当一覧
- Introduction…宮崎 仁
- 第1章
  - 1-1～1-4…嵯峨 良平
  - 1-5…瀬川 毅
  - 1-6…鈴木 正太郎
  - 1-7…庄司 孝
  - 1-8…宮崎 仁
- 第2章…宮崎 仁
- 第3章
  - 3-1～3-12…鈴木 正太郎
  - Column…瀬川 毅
- 第4章
  - 4-1～4-5, 4-10～4-13, 4-20～4-22, Column…鈴木 正太郎
  - 4-6～4-9, 4-14～4-19, Column…弥田 秀昭
- 第5章
  - 5-1, 5-2, Column…浅井 紳哉
  - 5-3, 5-4…鈴木 正太郎
  - 5-5…長井 真一郎
  - 5-6, 5-7, 5-8, 5-9…吉岡 均
  - Column…宮崎 仁
- 第6章…宮崎 仁
- 第7章…宮崎 仁
- 第8章…宮崎 仁
- 第9章…浜田 智
- Supplement…漆谷 正義/宮崎 仁

■編著者紹介

宮崎 仁(みやざき・ひとし)
　1957年生まれ．
　有限会社宮崎技術研究所で開発設計およびコンサルタントに従事．

- ●本書記載の社名，製品名について ─ 本書に記載されている社名および製品名は，一般に開発メーカーの登録商標です．なお，本文中では™，®，©の各表示を明記していません．
- ●本書掲載記事の利用についてのご注意 ─ 本書掲載記事は著作権法により保護され，また産業財産権が確立されている場合があります．したがって，記事として掲載された技術情報をもとに製品化をするには，著作権者および産業財産権者の許可が必要です．また，掲載された技術情報を利用することにより発生した損害などに関して，CQ出版社および著作権者ならびに産業財産権者は責任を負いかねますのでご了承ください．
- ●本書に関するご質問について ─ 文章，数式などの記述上の不明点についてのご質問は，必ず往復はがきか返信用封筒を同封した封書でお願いいたします．勝手ながら，電話での質問にはお答えできません．ご質問は著者に回送し直接回答していただきますので，多少時間がかかります．また，本書の記載範囲を越えるご質問には応じられませんので，ご了承ください．
- ●本書の複製等について ─ 本書のコピー，スキャン，デジタル化等の無断複製は著作権法上での例外を除き禁じられています．本書を代行業者等の第三者に依頼してスキャンやデジタル化することは，たとえ個人や家庭内の利用でも認められておりません．

JCOPY 〈出版者著作権管理機構委託出版物〉
本書の全部または一部を無断で複写複製(コピー)することは，著作権法上での例外を除き，禁じられています．本書からの複製を希望される場合は，出版者著作権管理機構(TEL：03-5244-5088)にご連絡ください．

はじめての電源回路設計 Q＆A集

編　集　トランジスタ技術SPECIAL編集部	2011年10月1日　初版発行
発行人　寺前 裕司	2020年4月1日　第4版発行
発行所　CQ出版株式会社	©CQ出版株式会社 2011
〒112-8619　東京都文京区千石4-29-14	(無断転載を禁じます)
電　話　編集 03(5395)2148	定価はカバーに表示してあります
販売 03(5395)2141	乱丁，落丁はお取り替えします
	編集担当者　鈴木 邦夫
ISBN978-4-7898-4916-6	DTP・印刷・製本　三晃印刷株式会社
	Printed in Japan